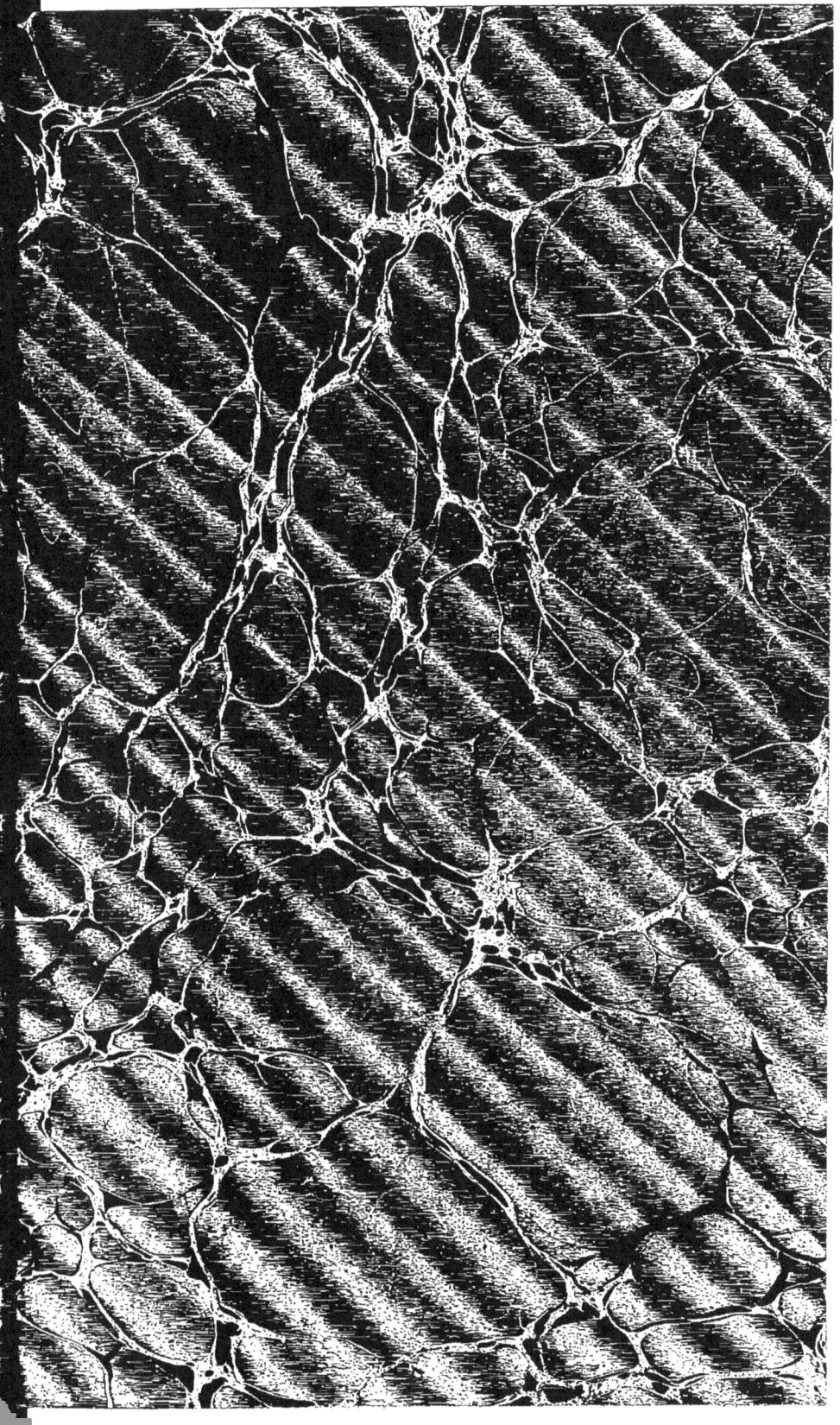

COURS

DE

GÉOLOGIE AGRICOLE

PROFESSÉ DEVANT LA SOCIÉTÉ D'AGRICULTURE DE CHATEAUROUX

Par M. V. GODEFROY

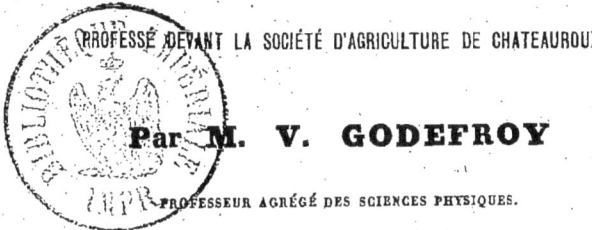

PROFESSEUR AGRÉGÉ DES SCIENCES PHYSIQUES.

Ouvrage accompagné de vingt planches représentant 524 fossiles,
lithographiées par E. MOTTE.

PARIS
LIBRAIRIE CENTRALE D'AGRICULTURE ET DE JARDINAGE
RUE DES ÉCOLES, 82, PRÈS LE MUSÉE DE CLUNY
— Auguste GOIN, éditeur —
1867

CHATEAUROUX, IMPRIMERIE Vᵉ MIGNÉ.

A Monsieur A. THAYER, sénateur,

Président de la Société d'Agriculture de Châteauroux.

Monsieur et honoré Président,

Ce Livre a été écrit sous les auspices de notre Société, qui pense, avec Olivier de Serres, que la connaissance des sols et des engrais forme la base de l'agriculture.

Qu'il me soit donc permis de vous témoigner toute ma gratitude de l'appui bienveillant que vous m'avez prêté. Je désire également remercier les Membres du Bureau de leur concours empressé et surtout rendre hommage à la mémoire de notre Vice-Président, M. MASQUELIER, que son activité infatigable, son intelligence nette et pratique, disposaient si admirablement à triompher de tous les obstacles dans les grandes choses qu'il a accomplies.

V. GODEFROY.

COURS

DE

GÉOLOGIE AGRICOLE.

DISCOURS D'OUVERTURE.

MESSIEURS,

Il est important pour le succès de ce cours qu'il s'établisse un lien de sympathie entre le professeur et ceux qui l'écoutent. Je pense que ce lien de sympathie naîtra d'autant plus vite, acquerra d'autant plus de force que vous connaîtrez mieux les tendances générales de mon esprit et le but que je veux atteindre. Permettez-moi donc de vous soumettre quelques idées simples de philosophie scientifique. Je voudrais discuter et résoudre, s'il est possible, cette question : Quelle doit être l'attitude de l'agriculteur devant la science ? En d'autres termes : Jusqu'à quel point l'agriculteur doit-il s'efforcer de s'assimiler les connaissances scientifiques de notre époque ?

I.

OBJET ET BUT DE LA SCIENCE.

Toute la difficulté réside dans la conception de l'objet et du but de la science. C'est de ce côté que nous allons porter notre attention. Ne vous effrayez pas, Messieurs : la science est humaine et capable d'être comprise par toutes les intelligences. D'ailleurs, bon gré mal gré, vous faites de la science et beaucoup de science parfois sans le savoir. Ne craignez donc pas le mot, puisque la chose ne vous répugne point.

L'homme est placé dans la nature au milieu de phénomènes nombreux et variés, qui se succèdent, se croisent, s'entrechoquent avec une variété véritablement infinie. Comme nous voyons que le monde ne penche point à chaque instant vers sa ruine, comme nous comprenons plus ou moins vaguement qu'il est fait pour durer, nous concluons qu'il existe de l'harmonie dans l'univers entier; car le désordre conduit nécessairement et promptement à la destruction. C'est sur cette conception de l'existence d'un ordre réel, véritable dans le monde, que repose toute la science. En effet, puisque l'ordre existe, il doit y avoir un rapport constant qui lie les diverses circonstances d'un phénomène. C'est l'existence de ce rapport constant et invariable qui constitue la loi, et la recherche des lois qui régissent l'univers forme le premier objet de la science. Remarquez, Messieurs, que nous n'inventons pas la nature ; nous l'observons fidèlement, scrupuleusement, et nous constatons ce que nous avons observé. Permettez-moi de vous dire tout ce qu'il a fallu de patience, de sagacité, de génie même pour démêler la loi au milieu de la complexité des faits. Le but a été atteint cependant; non que nous connaissions toutes les lois, mais ce que nous savons actuellement forme véritablement un ensemble magnifique et imposant.

Mais, Messieurs, les efforts de l'homme ne se sont point arrêtés là. Il a voulu connaître les causes des phénomènes. Ici la difficulté s'accroît; car nous ne voyons que des faits, et ce n'est point une raison parce que deux faits se succèdent pour que l'un soit la cause de l'autre. Nous n'avons pour nous guider que l'induction; c'est-à-dire qu'entre plusieurs faits qui se suivent ou s'accompagnent nous cherchons celui qui engendre les autres; or, dans cette circonstance, l'induction est fort trompeuse. Pour vous donner une idée de la facilité avec laquelle on tombe dans l'erreur, je choisirai un exemple vulgaire. Vous savez tous que quand on soulève le piston d'une pompe, l'eau monte par derrière. Pourquoi cela? Raisonnons un peu : Si par un moyen quelconque j'empêche l'eau de monter, qu'y aura-t-il entre le piston et l'eau? Rien, le vide. — Mais l'eau remplit constamment ce vide; il est donc tout simple de penser que le vide ne peut pas se faire, et l'on conclut immédiatement que la nature a horreur du vide. Ce raisonnement est vraiment spécieux, et il n'est pas étonnant qu'il ait été admis universellement; cependant il pèche par un point, c'est qu'il suppose que l'on ne peut pas faire le vide. On le fait cependant. On se trompait donc, et il a fallu le génie de Galilée, de Torricelli et principalement de Pascal pour établir victorieusement que l'ascension de l'eau dans un corps de pompe était due uniquement à la pression atmosphérique. Ainsi, Messieurs, la découverte des causes était difficile. Toutefois on a vaincu tous les obstacles et surmonté toutes les difficultés : la constitution de la matière est mieux connue; on est fixé sur la nature du son et de la lumière; on entrevoit que les phénomènes de la chaleur, de la lumière et de l'électricité pourraient bien se rattacher à une seule et même cause.

Nous ne sommes pas encore arrivés au terme des aspirations de l'homme et de ses succès. S'emparant des forces de la nature, bien qu'il ne connût point leur essence, il est parvenu à les pousser dans une direction déterminée et à les faire agir au gré de ses désirs; avec leur concours, il a voulu reconstruire, si je puis m'exprimer ainsi, une nature parallèle à la première, se confondant souvent avec elle, s'en séparant sur beaucoup de points. Il a réussi au-delà de toute espérance. En effet, on sait produire la plupart des minéraux qui se trouvent dans le sein de la terre; on en fait même beaucoup d'autres. Dans ces dernières années, on a même obtenu indépendamment de la vie un grand nombre de corps qui ne prennent naissance d'ordinaire que sous son influence. Ainsi, au lieu d'obtenir l'alcool par l'action d'un ferment sur le sucre, comme cela se fait toujours, M. Berthelot, l'un des chimistes les plus distingués de notre époque, est parvenu à le produire avec de l'eau et l'élément volatil de la pierre à chaux, c'est-à-dire l'acide carbonique. De plus, avec les matières provenant des êtres vivants, on fait une foule de corps dont les uns se trouvent dans la nature, les autres ne s'y rencontrent point ; de telle sorte que l'on peut dire que la nature créée par l'homme complète la nature créée par Dieu.

Ainsi, Messieurs, en la considérant sous son véritable aspect, la science a un triple objet : 1° la connaissance des lois de l'univers ; 2° la connaissance des causes ; 3° la reproduction des phénomènes et des corps de la nature. — Son but définitif, c'est la connaissance pleine, entière, approfondie du mécanisme du monde. — Pour atteindre ce but, elle a deux instruments : l'observation, c'est-à-dire la constatation patiente, laborieuse, impartiale des faits ; l'expérimentation, c'est-à-dire la mise en œuvre des forces que la nature met à sa disposition. — Mais l'exécution de ce plan magnifique serait impossible, si elle ne faisait appel à chaque instant aux facultés les plus élevées de l'homme, la mémoire, l'imagination et surtout le jugement.

Voilà bien la science dans toute sa noble simplicité, dans toute sa grandeur. Loin d'abaisser l'homme, elle l'élève ; loin de l'amoindrir, elle lui communique, pour ainsi dire, une force surhumaine, loin de l'enchaîner à la matière qu'elle maîtrise, elle l'élève vers les plus hautes sphères.

J'ai dû, pour vous faire comprendre la science, la débarrasser de toute idée accessoire ; j'ai supposé l'homme spectateur désintéressé des merveilles de l'univers ; il s'en faut beaucoup qu'il en soit ainsi. — La nature veille avec une extrême sollicitude sur tout ce qu'elle a créé ; elle est sous ce rapport d'une impartialité désespérante pour l'homme ; partout où il y a possibilité de vie, il y a des êtres, et les conditions nécessaires à la vie sont beaucoup moins limitées qu'on ne l'avait cru jusqu'ici. En effet, l'acide carbonique est d'ordinaire un poison violent pour les plantes et les animaux ; eh bien! M. Pasteur vient de découvrir des animalcules microscopiques qui ne se développent bien que dans l'acide carbonique.

Il faut que l'homme en prenne son parti, et qu'il ne se révolte, ni ne se désespère de ce que tout n'a pas été créé pour la satisfaction de ses besoins et de ses plaisirs. Mais ici éclate la puissance de l'homme : il peut multiplier, dans de certaines limites, ce qui lui convient ; il peut souvent détruire ce qui lui est nuisible. Plus faible que la plupart des animaux à cause de la délicatesse de sa constitution et de ses nombreux besoins, grâce à la force de son intelligence et de la science qui en est la fille aînée, il se relève et devient maître de la situation. Il s'empare des moyens d'action de la nature ; il les manie, les dirige, pour ainsi dire, à son gré. Mais on doit être convaincu que l'homme ne peut rien faire de durable qui soit contraire aux lois de la nature ; il ne peut ni les changer ni les modifier ; son grand art consiste dans l'imitation de ses procédés. Celui qui le premier a semé un grain de blé avait observé que le grain de blé était susceptible de germer et de reproduire la plante tout entière ; celui qui le premier a arraché une branche d'arbre et l'a enfoncée dans la terre reproduisait un fait naturel. J'ajoute que ces deux hommes, fondateurs de l'agriculture, avaient observé et expérimenté ; donc ils faisaient de la science.

Vous faites donc aussi de la science, Messieurs ; mais venus à une époque d'une civilisation plus compliquée, dans des circonstances beaucoup plus difficiles, votre tâche est plus rude. Ajoutons que vos moyens d'action sont plus puissants.

Pour cela, il y a une condition, condition indispensable,
C'est que vous pourrez puiser aux trésors de la science pure.
C'est là et nulle part ailleurs que vous verrez se dévoiler le
mécanisme des forces naturelles; c'est là que vous trouverez
l'ensemble des faits, des observations, des expériences qui
pourront vous aider dans la voie que vous parcourez. Ne
serait-ce pas folie que de ne pas utiliser les découvertes de
ses ancêtres et de ses contemporains, et de vouloir reconstruire à soi-seul la science tout entière ?

II.

FONCTIONS DE L'AGRICULTEUR ; SECOURS QU'IL TIRE DE LA SCIENCE.

Permettez-moi pour pénétrer plus avant dans ce sujet,
de rechercher quelles sont les fonctions de l'agriculteur; il
me semble qu'elles se réduisent à trois : l'agriculteur est
administrateur, il achète et il vend, enfin il est producteur.

Comme administrateur il a un pouvoir presque absolu,
limité seulement par les lois de sa conscience. Dans son
gouvernement, je retrouve toutes les fonctions principales
de l'État; en effet, il est ministre des affaires étrangères,
puisqu'il doit entretenir des fonctions souvent délicates avec
ses voisins, solliciter dans certains cas une action commune,
conclure parfois avec eux de véritables traités; il est ministre
de la guerre quand il combat les animaux nuisibles, quand
il arrête les projets d'envahissement d'un voisin audacieux;
il est ministre de la justice, quand il distribue à ses gens
des récompenses, quand il punit leurs fautes, quand il règle
leurs différends, ce qu'il ne doit faire, du reste, qu'avec une
grande circonspection ; il est ministre de l'instruction
publique, c'est son devoir, il est aussi de son intérêt le plus
immédiat, et aucun des grands publicistes agricoles n'a
manqué d'insister sur ce point, de veiller à la moralité de

ses subordonnés et de pousser à leur instruction, du moins, sous le rapport agricole; il est ministre des finances, c'est là la pierre de touche de tout bon agriculteur, la tâche est d'autant plus délicate qu'il est à peu près certain qu'un bon système de comptabilité est difficile à établir. Je ne poursuis pas plus loin et je signale immédiatement les qualités de l'administrateur : outre une connaissance approfondie de son état, l'administrateur doit avoir l'esprit droit et juste; il doit être ferme et bienveillant. Toutes ces qualités, à mon avis, sont subordonnées au tact des appréciations, à la droiture et à la justesse de l'esprit.

L'agriculteur achète et vend; il est commerçant; en cette qualité, il doit être instruit des cours; c'est la moindre difficulté; il doit surtout avoir une idée exacte de la marchandise qui lui est offerte et de celle qu'il offre. Il paraît que cette qualité n'est pas commune, car un homme du métier me disait un jour : — A une foire, il y a toujours de bonnes affaires à faire; il y a toujours des gens qui s'exagèrent les défauts de leurs produits. Il en est d'autres qui se trompent en sens contraire; aussi manquent-ils souvent des ventes avantageuses. — Là, encore, nous trouvons que l'agriculteur doit avoir, en premier lieu : la connaissance approfondie de son état, un esprit droit et juste.

Enfin, l'agriculteur est producteur; c'est là vraiment le cœur de sa tâche, c'est vers le maximum du produit aux moindres frais possibles dans les circonstances où il est placé que doivent tendre toutes les forces de son esprit. — Ce but sera atteint, s'il a une connaissance exacte, aussi complète que possible des forces dont il dispose et s'il sait les faire converger vers le but qu'il a en vue. Connaissez-vous vos terres, vos fumiers, vos plantes, votre bétail...? Si vous me répondez: je n'ai qu'une faible idée de tout cela; je les connais superficiellement, mais non d'une manière intime; je sais que mes terres sont plus ou moins fortes, craignent plus ou moins l'humidité; mais j'ignore leur composition intime et je ne sais comment m'y prendre pour la connaître; de même pour les fumiers, les plantes et les bêtes; je vous dirai : vous n'êtes pas agriculteur. — Que si vous me dites : je sais à peu près sur toutes ces choses ce qu'on en sait à cette époque, ou du moins, à un moment donné, je puis m'en rendre compte; je vous dirai : vous êtes digne du nom d'agriculteur; vous êtes savant et très-savant. — Et, en effet, pour arriver à ce point, il aura fallu étudier d'une manière suffisamment approfondie, je ne dis pas une, mais toutes les sciences physiques et naturelles. Chacune d'elles a fourni son contingent. La physique aura appris les actions de la pesanteur, de la chaleur, de la lumière. La chimie donne la connaissance de la structure intime des corps et de ces actions si complexes s'accomplissant dans le sein de la terre et ne pouvant être étudiées avec fruit que dans les laboratoires; la géologie donne la connaissance exacte du sol; les autres sciences naturelles, la connaissance de la structure des plantes et des animaux, des lois de leur croissance et de leur reproduction.

Mais, me dira-t-on, vous exagérez!.. Cherchez à vous rendre compte par une analyse scrupuleuse et attentive des opérations agricoles, et vous verrez que je suis dans le vrai.

Je veux faire valoir une autre considération. Il n'est pas bon de s'attacher au char de tous les succès. Mais pour l'agriculture le succès ne paraît être dévolu qu'à celui qui possède de sérieuses qualités. — Comptez donc les succès agricoles; ils sont rares, du moins à ce que j'entends dire partout. Ils sont plus nombreux, seulement, dans les pays où l'instruction est la plus répandue. Je suis donc en droit de dire qu'il faut se préparer par des études sérieuses et complexes sur les sciences à la carrière d'agriculteur.

Comparons les deux fonctions civiles, les plus belles à mes yeux, parce qu'elles reposent sur une valeur incontestable des hommes qui les exercent, valeur due spécialement à leurs études scientifiques; je veux parler de la fonction de l'ingénieur et de celle de l'agriculteur. — Pour être ingénieur, il faut avoir fait de fortes études scientifiques, puis à la suite d'un concours sérieux passer deux ans à l'école polytechnique. — Fortement imbu des principes de la science pure, le futur ingénieur doit consacrer encore trois ans aux études pratiques dans une école d'application. — Quand l'agriculteur voudra se mettre au niveau de l'ingénieur, voilà ce qu'il fera : après de fortes études scientifiques dans les lycées, il ira passer deux ans près d'une faculté des sciences; puis après avoir consacré ce temps à la science pure, il passera quelques années dans une ferme bien tenue où il achèvera son instruction.

Plusieurs penseront que tous ces travaux, bons pour l'ingénieur, dépassent le but pour l'agriculteur. C'est que l'on se figure l'ingénieur confectionnant de grands travaux, chefs-d'œuvre de la science moderne. Qu'il y en a peu d'appelés à ces belles destinées, et que je trouverais d'agriculteurs qui pourraient, s'ils avaient la science, produire d'aussi belles œuvres!.. Ne nous laissons point éblouir : le travail des ingénieurs se borne, le plus souvent, à entretenir des routes, des ponts, à raccorder des portions de voie de peu d'étendue; heureux quand ils sont chargés de construire quelques routes d'une médiocre importance. En somme, la fonction de l'ingénieur n'est qu'une portion minime de tous les travaux de l'agriculteur; — mais partout où il passe, on sent que la main d'un maître, d'un savant, s'y exerce.

N'allez pas croire cependant que je m'exagère la richesse scientifique de l'ingénieur; un vaste savoir n'est le partage que d'un nombre d'hommes très-restreint. Voici donc ce qu'il a retiré de plus certain de ses fortes études : d'abord il a la méthode, c'est-à-dire qu'il sait considérer une question sous son véritable point de vue et qu'il connaît la meilleure marche à suivre pour la résoudre; ensuite il peut lire dans les livres et les mémoires originaux toutes les solutions qu'on a données de la question qui le préoccupe ; enfin, il a des tendances manifestes à la justesse de l'esprit. La justesse de l'esprit est la qualité par excellence. Je définis l'homme pratique, ingénieur ou agriculteur, médecin ou savant : celui qui aime la mesure, le vrai, partout et toujours, et qui a la possibilité d'y atteindre. A quelle école acquerrez-vous spécialement la rectitude du jugement, la droiture de l'esprit ? Je n'hésite pas à le dire, c'est surtout à l'école des sciences mathématiques et physiques. Étudiez ces sciences, en effet, et vous verrez qu'elles donnent toujours d'une manière impersonnelle la valeur d'une conception. — Vous soupçonnez qu'une planète pourrait bien exister dans un point du ciel ; raisonnez et calculez ; déterminez la position de Neptune, et Neptune, s'il existe, viendra se placer au bout de votre lunette. — Je conçois une nouvelle manière de faire le sucre ; j'expérimente, et l'expérience confirme ou renverse mes prévisions.

Ainsi, Messieurs, les sciences nous obligent à peser toutes les circonstances, à les comparer entre elles, à n'en négliger aucune ; si nous nous écartons de la vérité, elles nous y ramènent violemment. Par conséquent, elles nous contraignent à acquérir la droiture de l'esprit, que j'ai reconnue si importante chez l'agriculteur.

Je crois donc pouvoir conclure de cette discussion que l'étude des sciences donnera à l'agriculteur, outre des connaissances indispensables pour la culture de son art, la méthode et la justesse de l'esprit.

Rendons pleine justice à la fonction de l'agriculteur ; partie intégrante de la science, cette noble profession participe à ses mérites ; par suite, elle contribue pour sa part, et d'une manière remarquable, au développement de ses qualités, et si l'agriculteur avait la bonne fortune de pouvoir lire avec fruit les livres de science, il pourrait en grande partie réparer les défauts de sa première éducation.

III.

PLAN DU COURS ET APERÇU GÉNÉRAL SUR LA GÉOLOGIE.

C'est sous cet aspect, Messieurs, que se présente à moi le cours dont vous m'avez fait l'honneur de me charger. — Je voudrais qu'après m'avoir entendu vous puissiez lire avec fruit les travaux de géologie qui se trouveront sur votre passage. — Si ce but était atteint, je n'en doute pas, Messieurs, vous étudieriez avec soin vos propriétés, et vous en tireriez des indications précieuses qui vous montreraient la voie la plus rapide et la plus sûre pour les améliorer progressivement.

Je fuirai dans ce cours toutes les discussions oiseuses ; je chercherai la méthode, la clarté, la simplicité. — Ne vous attendez pas à une exposition brillante, à des mots scientifiques venant à chaque pas embarrasser votre route, à des phrases plus ou moins prétentieuses ; mon intention est de vous parler le langage sévère de la science, mais en ayant soin d'expliquer nettement tous les termes étrangers au langage ordinaire que je serais forcé d'employer. Vous jugerez, Messieurs, si je m'approche de la réalisation de ce programme. Puissé-je ne pas trop tromper votre attente !

J'espère, du reste, pouvoir mettre sous vos yeux la plupart des objets dont je vous entretiendrai, et exécuter, autant du moins que le permettront les exigences de votre salle des séances, les expériences que je citerai.

Ce cours comprendra dix leçons :

I. — Les Principes.

1° Étude des roches qui constituent l'écorce terrestre.
2° De l'origine de ces roches, de leurs transformations et de leur configuration géologique.
3° Des fossiles et de leur utilité pour l'étude des terrains.

II. — Terrains sédimentaires.

4° Étude des terrains de transition.
5° Étude des terrains secondaires.
6° Étude des terrains tertiaires.
7° Étude des terrains quaternaires.

III. — Terrains éruptifs.

8° Étude des formations ignées, des filons et des gites métallifères.

IV. — Époque moderne.

9° De l'air et de l'eau à l'époque actuelle.
10° De la terre végétale.

Comme vous le voyez, Messieurs, c'est là un programme de géologie générale ; toutefois, je mettrai tous mes soins à exposer la constitution du département de l'Indre, autant du moins que le permet l'état actuel de nos connaissances.

Permettez-moi, maintenant, de vous soumettre quelques aperçus destinés à mettre en relief l'importance de la science que nous allons étudier :

L'étude du sol que nous foulons sous nos pieds et qui constitue la géologie, nous présente à un degré éminent le double caractère de haute philosophie et d'utilité incontestable qui attire aux sciences d'universelles sympathies.

Au point de vue philosophique, la géologie nous apprend que notre globe a été le théâtre de nombreuses révolutions. Ces révolutions n'ont point été fortuites, mais soumises à l'ensemble des lois qui règlent la marche de l'univers, et il serait impossible de trouver ailleurs, pour démontrer la stabilité de ces lois, une suite de faits aussi nombreux, échelonnés sur une aussi vaste période de temps. Nul, si ce n'est le Créateur, n'a pu supporter le nombre des siècles écoulés. Mais, en prenant la science pour guide, nous pouvons remonter le cours de ces âges mystérieux, et, paisibles spectateurs, assister aux commotions et aux évolutions de notre planète.

Nous verrons que ces révolutions ne se sont point succédées sans interruption, et, qu'entre deux révolutions successives, il y a eu une période de calme dont la durée relative nous est connue par les remaniements de la surface du globe qui en ont été les contemporains et qui en restent pour nous les témoins irrécusables. Toutes les forces physiques et chimiques que nous connaissons actuellement suffisent pour expliquer ces grands changements ; mais, il s'est produit souvent un tel concours de circonstances que ces forces ont pu agir dans toute leur plénitude et produire des effets qui étonnent l'imagination la plus hardie. Que sont auprès de ces manifestations gigantesques nos expériences de laboratoire ou même les plus vastes entreprises des hommes ? Ne les dédaignons pas, cependant, puisqu'elles nous éclairent, souvent d'une manière fort heureuse, sur le mécanisme admirable des forces naturelles.

Ce qui doit nous frapper le plus assurément, c'est le mode d'action de la force créatrice ; car, dans les périodes de calmes, la vie existait ; elle existait même avec une multiplicité de formes, un luxe de développement que nous ne retrouvons plus guère que dans les régions intertropicales les plus favorisées, et qui, tout nous l'atteste, régnait alors par toute la terre. A chaque révolution, tous les êtres qui existaient étaient anéantis, même à une grande distance du centre de l'ébranlement ; mais, dès que le calme renaissait et qu'une stabilité convenable s'était établie, apparaissaient de nouvelles générations qui, tout en offrant des caractères spéciaux, avaient des relations plus ou moins étroites avec les générations de l'âge précédent. Tous ces êtres sont morts ; mais leurs débris sont restés, et ce sont pour nous des médailles qui nous font entrer parfois dans l'histoire la plus intime de la terre. L'examen de ces débris, tout en nous démontrant, d'une manière complète, cette grande loi de la corrélation intime des milieux et des êtres qui s'y développent, nous prouve aussi que, depuis l'apparition première de la vie à la surface de notre globe, la force créatrice ne s'est pas mue dans un cercle de circonstances bien différentes de celles dont nous sommes les contemporains; en effet, dès l'origine, nous voyons apparaître les quatre grands types de l'animalisation, c'est-à-dire, les vertébrés représentés par des reptiles et des poissons, les annelés par des crustacés, les mollusques et les zoophytes par des êtres aussi nombreux que variés. De plus, l'appareil respiratoire, qui est le plus sensible aux influences climatériques, a traversé le cours des âges sans modifications profondes; il présente toutes les dispositions que nous connaissons actuellement et n'en a jamais offert d'essentiellement différentes; enfin, si beaucoup de genres et d'espèces ont disparu, il en est un certain nombre que nous reconnaissons toujours semblables à eux-mêmes à travers toutes les révolutions de notre globe. Tels sont quelques-uns des résultats acquis à la science, et nul ne peut nier leur valeur et leur intérêt philosophiques.

Au point de vue de l'utilité, l'étude du sol n'est pas moins importante. — La constitution du sol imprime aux hommes et aux animaux des caractères spéciaux. Qui n'a remarqué la différence qui existe entre les habitants des montagnes et ceux des plaines? Demandera-t-on aux pauvres habitants de la Brenne et de la Sologne, tant que l'homme n'aura pas transformé le sol de ces contrées, les qualités physiques et morales qui distinguent les habitants des riches vallées? — L'industrie d'un pays dépend des richesses que l'on trouve dans le sein de la terre. A Carrare, tout le monde est statuaire. Partout où existent des minerais métalliques abondants naît l'industrie minière. — L'Angleterre doit sa prospérité commerciale et industrielle à la constitution de son sol où de riches minerais de fer se présentent au milieu de puissantes couches de houille. La houille lui donne la force; le minerai de fer, le métal industriel par excellence. — En parcourant une contrée un peu étendue telle que la France, on est frappé de la différence que présentent les habitations des hommes, et cette différence s'explique naturellement par les diverses constitutions du sol. C'est au granit que le Limousin doit l'aspect sévère de ses édifices; Tours doit sa coquetterie à la craie tufau si facile à tailler. Des deux monuments de Châteauroux, l'un, le Château-Raoul, manque un peu de caractère architectural parce qu'il est fait avec la pierre lithographique que l'on est obligé de revêtir d'un enduit pour la soustraire aux influences atmosphériques; l'autre, le clocher de Déols, a l'aspect majestueux et grave qui sied si bien aux édifices religieux; mais il est presque dépourvu d'ornementation, sans doute parce qu'il est fait d'un calcaire dur et résistant. Enfin, Paris doit la splendeur de ses monuments non-seulement au génie de ses habitants, mais surtout au calcaire grossier et au plâtre, qui sont si abondants, soit dans la ville même, soit aux environs.

Mais c'est surtout au point de vue agricole que le sol joue un rôle prédominant. — Tant que les communications furent difficiles et la science peu avancée, l'homme n'influa guère sur le sol qui porte ses récoltes; il rechercha les pays naturellement riches et délaissa les autres. Mais quand, au moyen de l'analyse des terres, on se fut aperçu que tous les bons sols avaient partout à peu près la même constitution, on fut porté à conclure que l'introduction de corps nouveaux dans les mauvais sols suffirait pour les rendre profitables à la culture. — On sait combien cette donnée scientifique a eu de succès. Les beaux produits fournis par le marnage et le chaulage sont là pour le montrer. — Depuis que l'on sait que les plantes n'ont pas moins besoin pour vivre de certaines matières minérales que de matières organiques, on s'est mis à chercher partout des gisements de ces substances, et la découverte des phosphates fossiles est devenue une source de richesse pour certains pays. Souvent la constitution géologique du sol donne des indications précieuses, qui peuvent suppléer à l'analyse chimique si l'on veut savoir le fond de réserve que contient le sol que l'on cultive.

Messieurs, j'ai essayé de vous montrer les secours considérables que vous retirerez de l'étude des sciences et spécialement de la géologie. Je terminerai par un dernier argument. — Un philosophe, après avoir exposé minutieusement et scrupuleusement toutes les preuves de l'existence de Dieu, disait : croyez et vous verrez quelle force nouvelle vous communiquera cette croyance. Je vous dis aussi : tous mes raisonnements peuvent ne pas avoir apporté la conviction dans vos esprits ; eh bien ! sachez et vous verrez ce que votre savoir vous communiquera de puissance.

I. — LES PRINCIPES.

PREMIÈRE LEÇON.

DES ROCHES ET DES MOYENS DE LES RECONNAITRE.

CONSIDÉRATIONS GÉNÉRALES.

La portion de la couche terrestre qui offre le plus d'intérêt pour l'agriculteur est certainement celle qui porte ses récoltes, c'est-à-dire la couche végétale. Mais cette couche, dont les éléments sont assez nombreux et les origines très-variées, ne pourra être étudiée avec fruit qu'à la fin du cours. Ne vous étonnez donc pas si, pour le moment, je la laisse complètement de côté. Je me propose d'examiner aujourd'hui la nature de la partie placée au-dessous d'elle et qui constitue ce que l'on appelle le sol géologique.

Il suffit d'un examen superficiel pour reconnaître que sa constitution est loin d'être partout la même. En effet, à Châteauroux ou aux environs nous trouvons le calcaire lithographique, de l'argile propre à la fabrication des briques et des tuyaux de drainage; parfois, mais rarement, cette argile contient assez de minerai de fer pour qu'on l'exploite avec avantage pour la préparation de ce métal; dans certains endroits cette argile est assez pure et assez blanche pour qu'on puisse l'employer à faire de la poterie fine et des briques capables de résister aux plus hautes températures. Le sable n'est pas rare; tantôt il contient peu d'argile et devient excellent pour les constructions; tantôt il contient de nombreux cailloux que l'on exploite pour faire la chaussée de nos routes. Autrefois nos rues étaient pavées de morceaux de quartz très-résistants, mais aussi très-désagréables, que l'on prenait dans la forêt de Châteauroux; on les remplace maintenant par un grès tendre de Levroux, ou mieux par celui des environs de Vierzon, qui s'use beaucoup moins vite. — A Argenton, on trouve un calcaire d'un aspect complètement différent du calcaire lithographique, et qui est formé d'une multitude de grains arrondis. — A Saint-Benoît-du-Sault, on voit le granit. — On pourrait beaucoup étendre cette liste, mais elle suffit pour faire comprendre combien, sur un espace restreint, il est possible de trouver de matériaux différents, et nous pouvons dire, suivant une expression heureuse de M. Élie de Beaumont, que, si la couche végétale était enlevée, le sol nous offrirait l'exemple d'une vaste marqueterie.

Les matières qui en constituent les compartiments se nomment des roches. Ainsi, le mot roche a une extension plus grande en géologie que dans le langage ordinaire; il s'applique à toutes les masses minérales assez abondantes pour être considérées comme des parties constituantes de l'écorce terrestre, quelle que soit, du reste, leur cohésion et leur ténacité. Le sable, qui est dur, mais sans cohésion, l'argile, qui est molle et tenace, sont aussi bien des roches que le calcaire et le granit.

Ces roches elles-mêmes peuvent être formées d'un seul élément; c'est ce qui arrive pour le calcaire et le plâtre purs; mais souvent aussi elles en comprennent un nombre plus ou moins grand; tels sont le granit et le porphyre. Ce sont les éléments des roches que l'on nomme des minéraux.

Ainsi, les minéraux forment les roches, et les roches à leur tour l'écorce terrestre.

Je ne puis vous dissimuler que l'étude des roches passe pour offrir de grandes difficultés. Ces difficultés ne résultent pas du nombre des éléments qui les constituent, car il n'y en a pas plus de vingt. Mais ces éléments se groupent et se mélangent de manière à former une quantité assez considérable de roches. De plus, une même roche peut offrir des aspects différents, par suite de l'introduction de substances étrangères, en proportion parfois minime, qui en changent la couleur. Enfin, l'état d'agrégation des éléments et la cohésion de la masse peuvent varier d'une manière, pour ainsi dire, illimitée, et tromper une personne peu exercée. Cependant l'étude des roches est fondamentale ; car, comment pourrions-nous, dans la suite de ces leçons, vous parler de la formation de l'écorce terrestre sans citer à chaque instant ses éléments constituants ? Comment l'agriculteur pourrait-il se livrer à la recherche des amendements, s'il n'a les moyens de les reconnaître. Du reste, la difficulté est plus apparente que réelle. En effet, le calcaire se présente sous les aspects les plus divers, et cependant si l'on utilise la propriété qu'il possède de faire effervescence avec les acides, on s'assure facilement de son existence. Je puis vous citer, comme second exemple, l'argile. Tout le monde connaît cette substance grasse au toucher, molle et tenace ; il en est de blanches, de grises, de bleues, de blanches nuancées de rouge ou de jaune, de rouges, etc. ; il en est qui sont mélangées de sable, d'autres de calcaire ; malgré tout, les caractères principaux qui la distinguent persistent, et, avec un peu d'attention, on ne peut pas être induit en erreur.

Dans le premier exemple, nous avons reconnu le calcaire par un moyen emprunté à la chimie ; dans le second, nous nous sommes contenté de l'examen des propriétés physiques. La seconde méthode est certainement plus simple que la première, mais elle exige une grande habitude, et même souvent elle est incertaine et insuffisante. La méthode chimique est seule susceptible de donner la certitude ; elle n'offre point, du reste, de difficultés véritables, et, avec son concours, si l'agriculteur ne parvient pas à savoir le nom des roches qui l'intéressent, il en saura, ce qui est bien plus important, la composition élémentaire d'une manière sûre et précise. On ne peut plus, du reste, se contenter de notions vagues, d'approximations grossières. C'est pourquoi je me propose de signaler avec soin les caractères physiques des roches, et en même temps je vous ferai connaître les moyens chimiques les plus simples propres à les distinguer.

Toutes les roches qui nous intéressent, et même toutes les roches connues les plus importantes, rentrent, d'après M. Élie de Beaumont, dans les cinq groupes suivants :

1° Roches où la silice domine, ou roches siliceuses ;
2° Roches où le calcaire domine, ou roches calcareuses ;
3° Roches où le charbon domine, ou roches carbonifères ;
4° Roches où le fer domine, ou minerais de fer ;
5° Sel gemme, identique au sel de cuisine quant à la composition.

Les deux premiers groupes renferment les roches les plus répandues ; ce sont les seules que nous étudierons pour le moment. Les autres ont été formées dans des conditions spéciales, et leur étude sera plus fructueuse en la reculant au moment où nous parlerons de leur gisement. Disons cependant que les composés du fer ont eu une diffusion considérable ; il n'est peut-être aucune portion un peu importante de l'écorce terrestre qui en soit complètement dépourvue ; ce sont eux principalement qui ont donné aux roches leurs couleurs ; les teintes les plus fréquentes de cette origine sont le rouge plus ou moins foncé, le jaune, puis le noir tirant sur le vert, le vert et toutes les nuances que l'on peut former avec les couleurs précédentes associées au blanc.

I. — ROCHES SILICEUSES.

Les roches siliceuses sont formées par la silice, soit pure, soit unie à des substances assez variées. En supputant la silice contenue dans l'écorce terrestre, M. Cordier a trouvé qu'elle formait les 73/100es de sa masse. C'est donc une substance très-répandue, et à ce titre elle mérite une attention spéciale.

Au point de vue chimique, elle est formée de deux substances : l'oxygène et le silicium.—Le silicium est sans emploi et difficile à isoler; quant à l'oxygène, tout le monde sait le rôle immense qu'il joue dans la nature comme agent de la combustion et de la respiration. Au point de vue physique, la silice affecte des aspects fort variés, et elle prend alors des noms différents; mais il est toujours possible de la ramener à une forme particulière connue sous le nom de silice gélatineuse. Cette forme est caractéristique, et nous allons indiquer comment on peut l'obtenir.

Prenez quelques cailloux, de ceux qui servent à faire le macadam de nos routes; mettez-les dans le feu, de manière à les faire rougir, et, quand ils sont rouges, jetez-les dans l'eau froide. Ils seront alors très-cassants, et on pourra facilement les réduire en une poussière très-fine. — On mêle intimement cette poussière avec quatre fois son poids de carbonate de potasse; on met le tout dans un creuset, que l'on porte et que l'on maintient une heure environ à une température très-élevée. Dans le creuset refroidi, on trouve une substance fondue, ayant l'apparence du verre et qui est soluble dans l'eau chaude; c'est du silicate de potasse, ou vulgairement la liqueur des cailloux, que l'on a proposée pour empêcher la combustion des étoffes, et que M. Kullman a utilisée pour durcir les pierres. Elle est ordinairement opalescente; en y versant de l'acide chlorhydrique, elle devient parfaitement transparente; l'addition de potasse en quantité suffisante en précipite de la silice gélatineuse.

Vous trouverez peut-être que ces opérations, très-simples cependant, ne sont pas toujours facilement exécutables. Heureusement que les caractères physiques suffisent dans la plupart des cas pour caractériser les roches siliceuses.

Elles ont un éclat vitreux d'autant plus prononcé que leur texture est plus cristalline. Je vous rappellerai que le verre ordinaire a une composition analogue à ces roches, puisqu'il est formé de silice unie à de la chaux et à de la potasse ou de la soude. L'analogie dans la composition entraîne la ressemblance physique. Toutefois, elles sont presque toujours plus dures que le verre et elles le raient quand elles sont cristallisées. N'oublions pas que l'argile, qui est une de ces roches, ne possède aucun de ces caractères.

Maintenant que nous connaissons la silice, nous pouvons aborder l'étude des éléments minéralogiques qui constituent les roches siliceuses. Ceux qui nous intéressent sont :

1° Le quartz ;
2° Le feldspath ;
3° Le mica.

Ces trois éléments peuvent exister seuls ; mais souvent aussi ils se trouvent réunis dans la même roche, et, quand même l'un d'eux domine, les deux autres ne sont point tout-à-fait absents et se rencontrent presque toujours en petite quantité.

1° DU QUARTZ.

Le quartz est de la silice tantôt pure, tantôt contenant des substances étrangères en proportion minime. Il offre des aspects très-variés ; pour en donner une idée, nous citerons les variétés les plus remarquables, qui, parfois, ont un certain prix :

Le *cristal de roche* (quartz hyalin) est transparent

comme le verre; il est parfaitement cristallisé sous forme de prismes à six pans surmontés d'une pyramide. Les variétés les plus recherchées sont l'améthyste de couleur violette et la pierre nommée œil-de-chat, dont l'aspect chatoyant est dû à l'interposition de filaments d'amiante. C'est au cristal de roche que l'on doit rattacher le sable et les cailloux roulés, si abondants dans notre pays, et aussi les grès, parce qu'ils sont formés par des grains de sable agglutinés.

L'*agate*, dont la pâte est fine et translucide, n'offre pas de structure cristalline. Elle peut être incolore, colorée en jaune, en rouge, en vert-pomme; ses couleurs peuvent offrir des dispositions variées et surtout la rubanée concentrique, comme dans l'onyx, dont on fait des pierres gravées et surtout des camées.

Le *silex* n'a pas non plus de texture cristalline; sa pâte est plus ou moins grossière; il est presque opaque; lorsqu'on le casse, il donne fréquemment des fragments tranchants sur les bords qui font feu au briquet (pierre à fusil, pierre à briquet). Ses couleurs, habituellement ternes, sont le noir, le gris foncé et le blond.

La *meulière* se rattache au silex. La pâte en est souvent grossière, presque complètement opaque; quand elle est criblée de cavités, elle devient propre à faire des meules de moulin. On la trouve à Villejovet (près d'Ardentes), dans la forêt de Châteauroux et sur quelques points de la vallée de la Creuse.

Le quartz et ses variétés ne paraît jouer qu'un rôle purement physique dans les terres arables; il les rend meubles, d'un accès facile aux agents atmosphériques, perméables à l'eau. — N'oublions pas que la silice entre en proportion notable dans les tiges de certaines plantes, et surtout de celles appartenant à la famille des graminées; quand elle manque, leur rigidité n'est plus assez considérable, et elles versent.

2° DU FELDSPATH.

On donne le nom de feldspaths à des substances présentant entre elles une grande ressemblance, bien que leur constitution chimique ne soit point identique. L'analyse chimique nous apprend qu'ils renferment de la silice unie à deux bases au moins; l'une de ces bases est toujours l'alumine, l'autre le plus souvent la potasse; il est rare que cette simplicité de composition se maintienne, et, dans la plupart des feldspaths, on trouve des quantités plus ou moins notables de soude, de chaux, d'oxyde de fer. Ce qu'il importe de remarquer, c'est que, d'un côté, la potasse, la soude, la chaux; de l'autre, l'alumine et l'oxyde de fer, ont un certain air de famille, et il n'est pas extraordinaire qu'il se conserve dans les feldspaths.

Les feldspaths sont très-répandus; ils forment, d'après M. Cordier, les 48/100es de l'écorce terrestre. Quand ils n'ont point subi de décomposition, ils sont assez durs pour rayer le verre; tous sont plus ou moins fusibles en un émail blanc, plus rarement en un verre bulbeux. Ils sont généralement cristallisés, et les cristaux, presque toujours opaques, même quand ils appartiennent à des systèmes différents, se ressemblent beaucoup. Ils sont naturellement blancs, mais il n'est pas rare de leur trouver des teintes variées dues à la présence d'une petite quantité de fer. Le blanc-rose est très-fréquent.

On a fait avec raison ressortir leur importance en agriculture. En effet, quand ils sont décomposables, et ils le sont plus souvent qu'on ne serait disposé à le croire de prime-abord sous les influences atmosphériques, ils donnent naissance d'un côté au silicate d'alumine, principe constitutif des argiles, d'un autre à des carbonates de potasse, de soude et de chaux. On voit qu'ils fournissent les substances minérales qui jouent le principal rôle dans la constitution des plantes. C'est à leur décomposition dans les temps anciens, à l'entraînement de ces produits par les eaux que l'on doit attribuer la grande diffusion de l'argile, des carbonates de potasse et de soude, et même quelquefois du calcaire.

3° DU MICA.

Les micas, de même que les feldspaths, offrent entre eux un grand air de famille, bien que leur constitution chimique varie dans certaines limites. Ils se présentent sous la forme de substances susceptibles de se diviser en feuillets excessivement minces et très-élastiques. Ces feuilles sont parfois assez grandes et présentent assez de transparence pour qu'on puisse en faire des vitres; c'est ainsi qu'on les emploie en Sibérie. Leurs couleurs, toujours brillantes, sont très-nombreuses; d'un côté, elles passent du noir au vert foncé, au vert clair, au brun, au rouge; dans d'autres cas, les teintes vont du blanc au gris, au jaune, au rose, au violet, etc. — Le blanc argentin, le vert grisâtre et le noir sont les couleurs les plus habituelles. Rappelez-vous que la faculté des micas de se diviser en feuillets minces, susceptibles de se ployer sans se casser, sans qu'il se produise de fissures, sert à les distinguer facilement des autres roches.

La constitution chimique des micas est extrêmement complexe. En effet, ils renferment de la silice, de l'alumine, des oxydes de fer, de la magnésie, de l'oxyde de manganèse, de la chaux, de la potasse, de l'eau et du fluor. Je ferai remarquer que cette dernière substance entre dans la constitution des os sous forme de fluorure du calcium; de plus, toutes ces substances sont les principaux minéraux qui entrent dans la constitution des plantes. Cependant l'acide phosphorique, qui joue un rôle si important dans les végétaux et les animaux, n'y est point représenté.

Les micas seraient donc des amendements extrêmement

précieux, s'ils étaient facilement décomposables. Il n'en est point ainsi; aussi, les rencontre-t-on sous forme de paillettes plus ou moins fines, toujours très-brillantes, d'un éclat doré et argenté (ce que le vulgaire considère comme des paillettes d'or ou d'argent), dans presque toutes nos matières sableuses et dans nos calcaires. Toutefois, si nous considérons qu'il n'est pas de substances absolument indécomposables sous l'influence des agents divers qui les attaquent dans les terres arables, on considèrera les micas, non pas comme des amendements, mais comme une réserve n'abandonnant qu'avec une extrême lenteur les éléments si importants de fécondité : la potasse, la soude, la chaux, etc.

Permettez-moi encore d'insister sur la valeur des feldspaths et des micas en agriculture; c'est certainement à la présence de leurs débris que certaines contrées volcaniques, quelques vallées telles que la Limagne, certains points du Limousin et même de notre département, doivent leur prospérité agricole.

Roches contenant les éléments précédents.

Le quartz, le feldspath et le mica ne restent pas toujours isolés; leur réunion constitue, au contraire, des roches très-nombreuses. Ces trois éléments sont loin d'être toujours associés dans les mêmes proportions; on passe d'une variété à une autre par des degrés insensibles. C'est toujours l'élément dominant avec la structure qu'il possède qui donne à la roche son caractère particulier. — La détermination de ces roches composées n'offre pas de difficultés spéciales, si l'on se rappelle ce que nous avons dit du quartz, du mica et du feldspath.

Les roches feldspathiques, bien que composées toujours à peu près des mêmes éléments, se présentent sous deux aspects différents. Tantôt leurs éléments constituants sont isolés, distincts, pouvant se séparer les uns des autres; c'est ce qui arrive dans les roches granitiques et leurs dérivés ; tantôt elles sont formées d'une pâte dure et compacte qui englobe des cristaux de substances variées, telles que les feldspaths et le quartz, moins souvent le mica ; tels sont les porphyres.

1° ROCHES GRANITIQUES.

I. *Granit.* — Le granit a été considéré comme la base de l'écorce terrestre. Ses éléments constituants sont : le feldspath, le quartz et le mica ; ils sont toujours discernables. Le feldspath y est blanc, rosé ou rougeâtre, divisible en lames plus ou moins minces ; le quartz est en grains translucides, blancs ou grisâtres ; le mica en paillettes brillantes passant du blanc au jaunâtre et même au noir. — Le feldspath y est plus répandu en général que le mica et le quartz. — Tous les éléments du granit sont en grains plus ou moins gros, mêlés confusément ensemble, sans aucun ordre, sans aucune disposition spéciale ; quelquefois ils atteignent une grandeur considérable.

Voici une analyse du granit, qui montre combien sont nombreuses et importantes les substances qu'on y rencontre :

Silice............	55 à 75	pour 100.
Alumine..........	20 à 25	—
Potasse..........	4 à 8	—
Soude............	1 à 2	—
Chaux............	1 à 2	—
Magnésie.........	2 à 6	—
Manganèse....... ⎫		
Phosphore....... ⎬	0 à 1	—
Fluor............ ⎭		

Ainsi, nous y trouvons tous les corps qui entrent dans les cendres des plantes, et même parfois une faible quantité de phosphore. Mais, pour que ces substances soient utilisées, il faut que le granit soit altérable. A cet égard, le granit présente de très-grandes différences. Il suffit de parcourir un terrain granitique, tel que les environs de Saint-Benoît-du-Sault, pour en trouver de nombreux fragments, facilement friables, s'écrasant et s'égrenant entre les doigts. Mais il en est qui ont pu résister aux actions atmosphériques pendant un temps considérable. Tout le monde connaît l'obélisque de Louqsor, que l'on voit à Paris et dont on admire la belle conservation, malgré son ancienneté. — Cependant dans nos contrées, le granit paraît altérable à la longue, même dans ses variétés les plus résistantes. Ainsi, M. Becquerel, en examinant le granit de la cathédrale de Limoges, a reconnu qu'il n'avait pas été altéré à l'intérieur, où les agents atmosphériques n'avaient pu exercer leur influence; mais, à l'extérieur, la décomposition est profonde de 7^{mm}. La décomposition des roches voisines de Limoges, possédant la même structure, est de 1^m 624. Cette comparaison ingénieuse l'a conduit à conclure que l'âge de ces granits est de 82,000 ans. C'est là un résultat vraiment curieux; toutefois ce nombre ne peut être considéré que comme une limite supérieure assez vraisemblable.

D'après un travail récent de M. Albert Leplay, travail qui a eu l'approbation de l'Académie des sciences, le feldspath à base de potasse seule ne serait guère altérable; mais celui qui contient de la magnésie et de la chaux l'est beaucoup, et la chaux résultant de cette décomposition suffit au besoin des plantes; car, dans la localité qui a servi de base à ces études, l'emploi de la chaux n'accroît pas la fécondité des terres d'une manière très-sensible.

Du reste, toutes choses égales d'ailleurs, la décomposition est facilitée quand de nombreuses fissures traversent le granit. Quand on examine de près comment elle s'opère, on reconnaît que les grains feldspathiques deviennent friables; ils perdent leur éclat vitreux; on ne voit bientôt plus qu'une terre argiloïde blanche ou blanchâtre. Quant aux paillettes du mica, leur altération est moins avancée; les grains du quartz sont restés intacts.

Les usages des granits sont assez nombreux ; on les emploie comme pierres pouvant résister à de hautes températures ; ils tiennent lieu parfois de marbre dans les constructions; quelques variétés offrent de riches couleurs et produisent un grand effet dans l'ornementation. — Mais le plus souvent ils servent à faire des piédestaux, des trottoirs, des pierres d'appareils de grande dimension, et même de simples moellons. — Leur dureté en rend le travail difficile et restreint leur emploi.

II. *Pegmatite.* — C'est un granit à gros éléments, formé de quartz et de feldspath seulement; le mica n'y est qu'accidentel, et souvent sous la forme de lames argentines qui atteignent de grandes dimensions. Quant à la proportion relative du feldspath et du quartz, elle est fort variable; on peut dire cependant que le feldspath domine le plus souvent. C'est la décomposition de cette roche qui, principalement, a fourni les argiles.

Les argiles sont des silicates d'alumine plus ou moins mélangés de quartz à l'état sableux. — Les bases qui faisaient partie du feldspath constituant n'ont point complètement disparu, car l'analyse de nombreux échantillons d'argiles a démontré à M. Mitscherlich qu'ils renfermaient tous de la potasse. Ce fait est important en agriculture, puisqu'il établit l'origine d'une partie de la potasse des plantes. — Quant aux propriétés physiques des argiles, on peut dire qu'elles sont toutes délayables dans l'eau, onctueuses au toucher, susceptibles de former une pâte plus ou moins tenace. Leurs couleurs et leur degré de pureté sont extrêmement variables; les plus recherchées sont les argiles blanches, susceptibles de résister aux plus hautes températures, et servant à la confection de poteries fines. — Parmi ces argiles, la plus importante est le kaolin ; il provient de la décomposition d'une pegmatite et est le plus souvent resté là où il s'est formé. Il est souvent mélangé d'un sable plus ou moins grossier, formé de fragments de pegmatite. — C'est le kaolin qui sert de base à la fabrication de la porcelaine.

III. *Gneiss*. — Le gneiss a la même composition que le granit; toutefois le quartz ne s'y trouve qu'en petites quantités. — Le mica y est déposé sur des lignes parallèles, ce qui donne à l'ensemble un aspect rubané et feuilleté. — Le feldspath qui entre dans le gneiss est le plus souvent magnésien et calcaire, ce qui rend cette roche d'une décomposition relativement facile sous les influences atmosphériques. — Le gneiss contient aussi de la pyrite de fer (sulfure de fer) qui, en se décomposant, donne naissance à l'acide sulfurique que l'on rencontre dans toutes les eaux des contrées granitiques. — Le gneiss est une des roches fondamentales de l'écorce terrestre; il recouvre le granit et s'y incorpore par alternance.

IV. *Micaschistes*. — Le micaschiste est formé principalement de quartz et de mica. — Les paillettes du mica, grandes et petites, mais toujours discernables à l'œil nu, forment des lits continus enveloppants, tandis qu'ils sont interrompus dans le gneiss. — Les micaschistes sont peu altérables; ils recouvrent le granit et le gneiss; parfois ils forment simplement des couches intercalées dans le gneiss et les roches semblables.

2° ROCHES PORPHYRIQUES.

Elles possèdent les mêmes éléments que le granit, mais avec une structure différente. Ainsi, tandis que dans le granit, tous les éléments sont isolés et forment des cristaux assez facilement discernables; dans les porphyres, les cristaux de quartz ou de feldspath sont enveloppés dans une pâte compacte. — L'analyse chimique montre qu'ils contiennent à peu près les mêmes substances que le granit, et dans des proportions moyennes semblables.

La pâte des porphyres est tenace, à cassure esquilleuse ; elle est colorée en rouge, jaune, brun, vert ou noir, ce qui tient à ce que le feldspath constituant renferme de l'oxyde ou du silicate de fer. Dans cette pâte on remarque des cristaux discernables, le plus souvent formés par le feldspath ou le quartz, rarement par le mica; quand le feldspath domine on a un porphyre feldspathique, quand c'est le quartz, un porphyre quartzifère. — Ces roches ne sont guère décomposables et font généralement feu avec l'acier; leur aspect est souvent très-favorable à l'ornementation. On recherche principalement les porphyres feldspathiques rouges et les porphyres bruns ou verts; leur emploi est d'un prix très-élevé, à cause de la difficulté de les tailler et de les polir.

Parmi les roches de ce groupe, nous citerons seulement les deux suivantes :

I. *Pétrosilex*. — Il est formé d'une pâte feldspathique, sans cristaux, à texture céroïde.

II. *Eurite*. — C'est un feldspath compact, grossier, ordinairement riche en silice et de couleurs sombres.

Telles sont les roches siliceuses dont nous avions l'intention de parler; il en existe beaucoup d'autres, mais elles ne se trouvent guère dans le département de l'Indre; du reste, lorsque nous étudierons d'une manière spéciale les roches éruptives, nous aurons soin de les caractériser nettement.

II. — ROCHES CALCAREUSES.

Ces roches, plus ou moins tendres, caractérisées par la présence de la chaux, ne forment qu'un centième de l'écorce terrestre, d'après M. Cordier; elles sont donc moins abondantes que les roches siliceuses. Elles jouent un grand rôle en agriculture, en fournissant aux plantes des aliments nécessaires à leur croissance et en modifiant souvent d'une manière remarquable les propriétés physiques du sol arable qui en est dépourvu. Pour reconnaître la présence de la chaux dans une roche, on doit la dissoudre dans l'eau ou dans un acide, puis verser dans la liqueur un peu d'oxalate d'ammoniaque; il se forme un précipité blanc d'oxalate de chaux caractéristique. On peut aussi se contenter de faire dissoudre du savon dans l'alcool et de verser un peu de cette solution dans le liquide que l'on veut essayer, il se produira des grumeaux blancs d'autant plus abondants que la chaux sera en proportion plus forte. Si l'on agite le liquide, il ne se forme de mousse persistante que quand les sels calcaires ont été décomposés. C'est en se fondant sur ce phénomène que l'on parvient à doser la quantité de chaux contenue dans les eaux qui coulent à la surface de la terre ou qui existent dans son sein.

Nous étudierons les calcaires, puis le sulfate de chaux ou plâtre, enfin le phosphate de chaux. Ce sont les principales roches calcareuses.

1° DES CALCAIRES.

Toutes ces roches ont pour élément principal le carbonate de chaux, formé par la combinaison de l'acide carbonique avec la chaux. Elles sont faciles à reconnaître; en effet, leur dureté, quoique très-variable, est telle qu'elles peuvent toujours être rayées par une pointe d'acier; de plus, quand on verse dessus un acide (l'acide sulfurique, l'acide azotique, l'acide chlorydrique ou même simplement le vinaigre), il se produit une vive effervescence; si l'on opère dans un flacon, et qu'au bout de quelques instants on y plonge une allumette enflammée, elle s'éteint; c'est que l'air a été remplacé par l'acide carbonique qui s'est dégagé par suite de l'action de l'acide sur le calcaire. Enfin, toutes se convertissent en chaux par une calcination plus ou moins prolongée.

Rien n'est comparable à la variété des aspects sous lesquels se présentent les calcaires. On peut cependant les rapporter aux cinq groupes suivants :

1° Chaux carbonatée cristallisée ;
2°   —   fibreuse ;
3°   —   saccharoïde ;
4°   —   compacte ;
5°   —   terreuse.

I. *Chaux carbonatée cristallisée.* — La chaux carbonatée est de toutes les substances connues la plus riche en variétés de cristaux ; on en compte plus de huit cents formes. Ils sont souvent parfaitement limpides et uniquement formés de carbonate de chaux. On les désigne alors sous le nom de spath-d'Islande, et ils possèdent des propriétés optiques fort remarquables. Parfois, la cristallisation a été confuse ; il en est résulté de la chaux carbonatée lamelleuse. Du reste, la chaux carbonatée cristallisée n'intéresse que le physicien ou le minéralogiste.

II. *Chaux carbonatée fibreuse.* — Cette variété est fort belle ; c'est elle qui constitue l'albâtre calcaire ou l'albâtre antique, bien supérieur à l'albâtre ordinaire, qui n'est que du plâtre cristallisé, et dont elle diffère par une plus grande dureté. On doit y rapporter le corail, qui forme des rescifs considérables dans les mers tropicales et qui est coloré en beau rouge par des matières organiques. Le corail contient 0,75 d'acide phosphorique.

III. *Chaux carbonatée saccharoïde.* — Ce groupe comprend tous les marbres. On sait quel rôle ils jouent dans l'ornementation et même parfois dans la construction. — Les plus beaux sont les marbres blancs, à grains fins, un peu translucides ; on les trouve principalement à Carrare ; ils sont réservés pour la confection des statues. — Tous les marbres sont susceptibles d'un beau poli. Ils présentent les couleurs les plus variées ; on peut juger jusqu'à un certain point de l'effet qu'ils produiront après avoir été polis, en mouillant leur surface avec un peu d'eau. — La recherche des marbres offre un certain intérêt et devrait être faite avec soin dans ce département, car ils peuvent devenir l'objet d'un commerce important.

IV. *Calcaire compacte.* — Dans ce groupe, on comprend tous les calcaires à grains fins ne présentant pas, comme les marbres, de traces de cristallisation. Au premier rang de ces calcaires, il faut citer le calcaire lithographique si abondant à Châteauroux et aux environs. Sa cassure est conchoïde, sa pâte blanche tirant légèrement sur le jaune ; parfois il est d'une grande beauté ; malheureusement il n'est pas rare de trouver des défauts dans les pierres de la meilleure apparence ; c'est peut-être pour cela qu'on ne les emploie guère que comme pierres de construction, qui doivent être recouvertes d'un enduit, parce qu'elles ne résistent pas à la gelée. Toutefois, elles peuvent donner de belles dalles lorsqu'on ne les emploie qu'après une assez longue exposition à l'air, ou bien lorsqu'elles doivent rester à l'abri de la pluie. Les moellons superficiels se divisent parfois en feuillets semblables à ceux d'un livre. — Aux environs de Douadic, on trouve un calcaire compacte susceptible d'un beau poli.

V. *Calcaires terreux.* — Ce sont les calcaires les plus nombreux et ceux qui offrent les usages les plus fréquents, soit pour l'agriculture, soit pour les constructions. — Les deux variétés qui nous intéressent le plus, au point de vue géologique, sont le calcaire oolitique et la craie. — Le calcaire oolitique est formé d'une multitude de grains en général arrondis, assez semblables à des œufs de poisson, toujours reliés par un ciment calcaire. Il est le plus souvent assez dur et forme de belles pierres d'appareil; on en trouve beaucoup dans ce département. — La craie est blanche, tendre, forme de belles pierres de taille faciles à tailler; on l'exploite aussi sur quelques points, notamment dans les environs d'Écueillé, de Châtillon, de Palluau.

La pureté des calcaires terreux est extrêmement variable, ainsi que leur résistance aux agents atmosphériques. — Quand ils se délitent facilement à l'air, on les emploie pour l'amendement des terres, sous le nom de marnes; il y a des marnes qui contiennent peu de substances différentes du carbonate de chaux, mais le plus souvent le carbonate de chaux y est mélangé à de fortes proportions de sable ou d'argile. Il est bon, dans tous les cas, de connaître la richesse d'une marne en carbonate de chaux, car c'est là un des éléments indispensables pour déterminer combien il faut en employer.

L'analyse des calcaires renseigne aussi sur les propriétés de la chaux qu'on obtiendra en les cuisant. — Le calcaire est-il à peu près pur, il donnera de la chaux grasse, foisonnant beaucoup et développant beaucoup de chaleur avec l'eau, durcissant à l'air; contient-il des proportions un peu fortes de sable, il donne une chaux maigre, ne foisonnant pas, ne développant que peu de chaleur avec l'eau, d'un mauvais emploi dans les constructions. — Quand le calcaire contient environ 15 p. 0/0 d'argile, il donne une chaux qui durcit sous l'eau et qu'on nomme chaux hydraulique. — C'est à M. Vicat qu'est due cette belle découverte, qui a apporté une si grande économie dans les constructions publiques. Si la proportion d'argile atteint 30 p. 0/0, la chaux est éminemment hydraulique. — Lorsque l'argile dépasse 30 p. 0/0, le calcaire ne peut être employé que comme marne. — Les chaux hydrauliques sont abondantes dans le département de l'Indre.

2° CHAUX SULFATÉE, PLATRE OU GYPSE.

La chaux sulfatée ou plâtre est plus tendre que le calcaire. Quand on la chauffe, elle blanchit, et, si l'on recueille les produits, on voit qu'il se dépose de la vapeur d'eau. Traitée par les acides, elle ne donne aucune effervescence; elle est un peu soluble dans l'eau; sa solubilité est un peu plus grande dans l'eau contenant de l'acide sulfurique. Ces caractères, en y joignant l'action de l'eau de savon que nous avons signalée plus haut, suffisent pour la faire reconnaître.

La chaux sulfatée se trouve souvent à l'état cristallin, et alors on peut, à l'aide d'un couteau, en détacher des feuillets très-minces. — Ces cristaux affectent souvent l'aspect d'une lance. Le plâtre des mouleurs est fabriqué avec cette variété, qui donne aussi l'albâtre fort employé dans l'ornementation.

Quant au plâtre ordinaire, sa texture est plus grossière. On le soumet à la cuisson avant de l'employer. La température ne doit pas être très-élevée; elle doit seulement être suffisante pour lui enlever l'eau qu'il contient. On le réduit ensuite en poudre. — Quand on mêle cette poudre avec l'eau, il y a un léger dégagement de chaleur; en remuant constamment, la pâte acquiert une dureté de plus en plus grande. Voici ce qui se passe : le plâtre se combine avec l'eau; il se forme des cristaux très-petits, qui se feutrent de telle sorte que l'ensemble devient solide. La présence d'une petite quantité de plâtre non cuit augmente la dureté de l'ensemble.

Le plâtre exerce, en général, une action remarquable sur toutes les plantes de la famille des légumineuses. Qu'il soit cuit ou non, l'effet produit paraît être le même; son emploi est avantageux sur tous les sols, pourvu qu'ils soient suffisamment fumés et assainis.

3° CHAUX PHOSPHATÉE OU PHOSPHATE DE CHAUX.

Cette substance entre dans la constitution des cendres de toutes les plantes. En particulier, 1,000 kilogrammes de blé en renferment 24 kilogrammes. Les plantes enlèvent donc chaque année au sol des quantités considérables d'acide phosphorique. L'air et les eaux pluviales ne lui en restituent que des traces. Aussi, l'agriculteur qui se préoccupe de maintenir la fertilité de ses terres ne doit jamais perdre de vue cette cause d'appauvrissement. L'emploi des os calcinés (noir animal) ou des os simplement broyés, a d'abord paru le seul mode de restitution convenable. Mais on a reconnu que les phosphates de chaux contenus dans le sein de la terre pouvaient être rendus assimilables pour les plantes, et la recherche des phosphates, entreprise avec ardeur, a montré que cette précieuse substance était plus répandue qu'on ne le croyait. On a reconnu que certaines marnes en contenaient jusqu'à 2 p. 0/0, et on s'explique de cette manière pourquoi deux marnes, en apparence semblables, peuvent produire des effets très-différents, suivant la quantité de phosphate de chaux qu'elles renferment.

Au lieu d'insister sur les propriétés physiques des phosphates de chaux, qui sont très-variables, nous allons faire connaître le procédé indiqué par M. Chancel, professeur à la Faculté des sciences de Montpellier, pour les reconnaître et les doser. Ce procédé est général; il s'applique à l'analyse des noirs, des os, des phosphates fossiles, et même à l'analyse des marnes phosphatées.

On dissout la substance à analyser dans de l'acide azotique en petite quantité. La partie insoluble ne contient pas de phosphates. On verse dans la liqueur de l'azotate d'argent et de l'azotate de baryte; s'il se forme un précipité, on filtre; de cette manière on enlève les chlorures et les sulfates qui nuiraient aux réactions. — Il suffit alors de verser dans le liquide une dissolution de sous-nitrate de bismuth dans l'acide azotique. S'il y a un précipité, la substance contenait du phosphate de chaux; on fait bouillir; le précipité se rassemble facilement, on le recueille, on le dessèche, et, du poids obtenu, on peut déduire par le calcul la quantité de phosphate de chaux.

Voici une méthode qui permet de découvrir des traces du phosphate de chaux : on dissout la substance dans l'acide azotique, et l'on sature par l'ammoniaque. S'il y a un précipité, il faut filtrer; puis on ajoute quelques gouttes de nitrate d'argent et l'on fait bouillir. La production d'un précipité jaune annonce la présence du phosphate de chaux.

Telles sont les roches que nous nous proposions d'étudier. Leurs principes constituants se retrouvent tous dans les cendres des plantes, de telle sorte que, tout en nous maintenant strictement dans notre programme, il se trouve que nous avons fait une véritable leçon d'agriculture.

DEUXIÈME LEÇON.

DE L'ORIGINE DES ROCHES, DE LEUR MODE DE FORMATION ET DE LEUR CONFIGURATION GÉOLOGIQUE.

Origine des Roches.

FORME DE LA TERRE.

La terre est isolée dans l'espace, elle est ronde, et de plus elle tourne sur elle-même en vingt-quatre heures. Ces vérités physiques, entrevues par Parménide, adoptées par les pythagoriciens et par Philolaüs en particulier, ont été démontrées en 1543 par Copernic, puis par Galilée. Plus récemment, en 1851, M. Foucault a donné, au moyen du pendule, une démonstration directe et ingénieuse de la rotation de la terre sur elle-même. — Jusque vers 1670, on crut que la terre était rigoureusement sphérique; à cette époque, on commença à soupçonner qu'elle pourrait bien être aplatie aux pôles et renflée à l'équateur; déjà, dans le siècle précédent, on avait constaté qu'il en était ainsi pour la planète Jupiter. De longues discussions s'élevèrent; on entreprit de nombreuses expériences qui, grâce au zèle des savants et du gouvernement français, acquirent bientôt un haut degré de précision, et, soit par des mesures directes prises à la surface de la terre, soit au moyen du pendule, on obtint des résultats parfaitement concordants. Il n'y eut plus de doute possible : la terre était aplatie aux pôles et renflée à l'équateur; Laplace, en calculant l'action que le renflement de l'équateur exerce sur le mouvement de la lune, fixa la valeur de cet aplatissement avec plus de rigueur que n'avaient pu le faire les géomètres illustres qui, avant lui, s'étaient occupés de cette question, et établit que la différence de longueur entre le rayon de l'équateur et le rayon des pôles était de 20,662 mètres.

LA TERRE A PASSÉ PAR L'ÉTAT PATEUX.

La rotation de la terre sur elle-même, son aplatissement aux pôles, son renflement à l'équateur, sont des données scientifiques de premier ordre, et, dès qu'elles sont solidement établies, on en tire les conséquences les plus importantes sur la constitution primitive de notre globe. Elles conduisent forcément à admettre qu'il a dû passer par l'état fluide ou du moins pâteux. En effet, rappelez-vous que le mercure versé sur une table donne des gouttelettes sphériques. Considérez ce verre : il contient un mélange d'eau et d'alcool, dans lequel est suspendue une goutte d'huile ; vous voyez que l'huile affecte une forme sphérique. Ainsi, les liquides soustraits à l'action de la pesanteur prennent naturellement la forme d'une sphère. Imprimons à cette goutte d'huile un mouvement de rotation, et vous la verrez s'aplatir aux pôles et se renfler à l'équateur. Un raisonnement bien simple suffit pour expliquer cette curieuse expérience, due à M. Plateau : quand la sphère d'huile tourne, les molécules placées à l'équateur sont animées d'un mouvement de rotation très-rapide; par suite, elles ont une tendance à s'éloigner du centre ; de là le renflement; celles qui sont placées dans le voisinage des pôles n'ont qu'un mouvement très-lent, mais, en vertu de leur liaison avec les premières, elles doivent se rapprocher du centre; de là l'aplatissement.

Ainsi la forme actuelle de la terre s'explique de la manière la plus heureuse, si l'on admet qu'à une époque fort reculée elle était dans un état de fluidité visqueuse plus ou moins semblable à celui de cette goutte d'huile, et nous nous demandons immédiatement ce qui pouvait rendre liquides tous les corps qui forment la croûte terrestre. Ici, nous nous trouvons en présence de deux explications : ou bien toutes ces roches désagrégées, pulvérisées, étaient en suspension dans l'eau; ou bien elles étaient fondues, par suite de la haute température que possédait notre globe. La première hypothèse, soutenue par le célèbre géologue Werner, donne lieu, de prime-abord, à une grave objection; la masse des eaux connues est tout-à-fait insuffisante pour tenir en suspension toutes les roches de la croûte terrestre; il faudrait admettre que les eaux disparues se sont retirées au centre du globe, ce qui est inadmissible; de plus, elle est en contradiction avec plusieurs des faits que nous aurons occasion de citer; de sorte qu'elle a été écartée définitivement de la science.

PREUVES DE L'INCANDESCENCE PRIMITIVE DE LA TERRE.

Nous restons en présence de la seconde hypothèse; il s'agit de savoir si, suivant l'expression de Descartes, notre globe n'est qu'un soleil encroûté. Faisons appel à l'expérience.

La température qui existe à la surface du globe est liée intimement avec la quantité de chaleur envoyée par le soleil. A quelques mètres de profondeur, un thermomètre n'en accuse plus les variations diurnes, mais seulement les grandes oscillations qui se manifestent avec les saisons. Voilà pourquoi, dans les villes, on n'enterre point près de la surface du sol les tuyaux qui servent à la conduite des eaux. Si l'on continue à descendre, on rencontre bientôt une couche dont la température reste stationnaire, non-seulement dans le cours d'une année, mais même pendant une longue suite d'années. C'est ainsi qu'un thermomètre, placé dans les caves de l'Observatoire, à une profondeur de 26 mètres, indique, sans aucune variation depuis quatre-vingts ans, la température de $11°88$. La chaleur solaire ne se fait donc point sentir jusque là; cette couche possède une température propre. Dans tous les lieux du globe, on rencontre également une couche à température invariable, mais vous comprendrez facilement que sa distance à la surface de la terre ne soit pas constante. L'ensemble des observations conduit à admettre que, dans nos climats, la couche invariable existe à environ 20 mètres de profondeur; sa température diffère peu de la température moyenne de la surface, elle est à peu près la même que celle des eaux de source. En descendant plus bas dans l'intérieur du globe, toutes les couches que l'on traverse ont également une température invariable, mais, ce qu'il faut surtout remarquer, c'est que le thermomètre accuse partout, à mesure que l'on avance, un accroissement continu dans la température. C'est là un fait capital; il a été établi d'une manière rigoureuse par M. Cordier, et ce travail constitue l'un de ses plus beaux titres de gloire. Des observations plus récentes, exécutées avec les soins les plus minutieux jusqu'à 800 mètres de profondeur, l'ont confirmé d'une manière éclatante.

Il en est de même du forage des puits artésiens profonds. L'eau de ces puits doit apporter, en effet, à la surface de la terre, une température très-voisine de celle de la couche d'où elle sort; pour le puits artésien de Grenelle, dont la profondeur est de 547 mètres, la température de l'eau jaillissante est de 28°, ce qui accuse une élévation de 1° pour 30 mètres. C'est ce nombre que l'on regarde comme l'expression de l'accroissement moyen de la température dans le sein de la terre. Il résulte de là que les sources d'eau bouillante qui, dans certaines contrées, apparaissent à la surface du sol, doivent venir d'une profondeur voisine de 3,000 mètres. Ce nombre n'a rien d'invraisemblable, et il est souvent corroboré par l'examen géologique de la contrée. Si l'on admet que la loi d'accroissement de la température se continue, on trouve qu'à 20 lieues de profondeur toutes les roches que nous connaissons doivent être en fusion; l'épaisseur de la couche solidifiée ne serait donc que la soixante-quinzième partie du rayon terrestre, qui est de 1,500 lieues !

Ainsi, il y a un fait certain : c'est l'accroissement de la température jusqu'à une profondeur de 800 mètres, point atteint par les travaux de l'homme dans les mines de la Saxe. Qu'arrive-t-il réellement au-delà ? L'expérience directe ne peut pas répondre. Cependant, si nous voyions sortir du sein de la terre des masses de matières fondues, incandescentes, ne serions-nous pas en droit de conclure qu'elles faisaient partie du noyau central à l'état de fusion ? C'est ce qui arrive, en effet. Il existe à la surface de la terre plus de deux cents bouches volcaniques en activité. Beaucoup sont placées soit dans la mer, soit dans les îles, soit sur les côtes, quelques-unes seulement dans l'intérieur des continents ; il y en a qui sont continuellement en éruption, d'autres cessent momentanément leur action pour la faire sentir à des époques plus ou moins rapprochées ; un grand nombre vomissent des laves incandescentes. On doit les considérer comme des cheminées qui établissent une communication entre l'intérieur du globe et sa surface. Ce sont de véritables soupapes de sûreté, destinées à prévenir les convulsions de notre planète et à maintenir la stabilité de l'état actuel. Nul ne peut cependant assurer que cette stabilité ne puisse être un jour violemment troublée.

Remarquez que cette émission de matières fondues du sein de la terre n'est pas particulière à notre époque ; elle a eu lieu dans tous les temps et a donné lieu à des phénomènes que nous étudierons avec soin et qui viendront appuyer encore l'hypothèse de la fluidité ignée de la terre. En attendant, j'espère que vous apprécierez la valeur des preuves que je vous ai données, et que vous n'hésiterez pas à les considérer, avec tous les géologues, comme présentant un haut degré de probabilité. Ici, je ne puis m'empêcher de faire remarquer la singulière position de l'homme ; à quelques lieues, sous ses pieds, se trouve une masse incandescente capable de le volatiliser en un instant; à quelques lieues, au-dessus de sa tête, existe un froid presque absolu qui le gèlerait sans merci. — Heureusement, la couche terrestre refroidie nous préserve de la chaleur, et l'atmosphère qui nous couvre comme un manteau nous dérobe au froid.

ORIGINE DES ROCHES.

Reportons-nous maintenant par la pensée aux temps primitifs de notre globe. La terre est incandescente; sa masse est en fusion, et toutes les substances susceptibles de prendre l'état gazeux lui servent d'enveloppe. Vint un moment où elle se refroidit; ce refroidissement dut marcher très-vite, car il n'y avait pas de matières solides pour former écran et empêcher la déperdition de la chaleur. De nos jours, au contraire, l'abaissement de température est presque insensible, puisque Arago a établi par des considérations astronomiques qu'il n'a pas été de $1/10^e$ de degré depuis deux mille ans. Après un temps qui nous est parfaitement inconnu, l'enveloppe solide commença à se former. Le volume de cette enveloppe dut alors diminuer moins vite que celui de la masse restée incandescente, et, de même qu'au centre d'une balle de plomb existe un espace vide, de même, entre la partie solidifiée et le noyau en fusion, il se produisit un intervalle plus ou moins grand. Cet intervalle fut rempli par des matières volatilisées; de là des craquements continuels, des affaissements soudains, des émissions de matières incandescentes suivies d'une soudure imparfaite.

Pendant ces convulsions multipliées, incessantes, le refroidissement continuait, et l'eau qui jusque-là avait été maintenue à l'état de vapeur dans l'atmosphère put rester liquide à la surface. Ce fait se produisit sans doute plus vite qu'on ne serait disposé à le croire. Ne voyons-nous pas, à notre époque, des courants de lave se solidifier, se refroidir beaucoup superficiellement, tandis qu'à une petite profondeur la masse est encore onduc et coule dans la partie solide comme dans un canal. Quoi qu'il en soit, dès que l'eau put demeurer liquide, il se produisit de nouveaux phénomènes. Tout ce que l'eau accomplit sous nos yeux, elle le fit alors avec plus d'intensité sans contredit, tant à cause de la chaleur qu'elle possédait, que de l'imperfection de l'état hydrographique; certaines roches furent désagrégées, transportées au loin; d'autres, minées par les eaux, s'écroulaient en masse; d'autres, maintenues en dissolution, se déposaient quand les circonstances physiques ou chimiques devenaient favorables. De là de nouvelles roches, dont les caractères devaient différer beaucoup de ceux des roches primitives.

A mesure que la croûte solide acquit plus d'épaisseur, les dislocations devinrent moins fréquentes; les roches formées par les eaux acquirent plus d'importance, mais des épanchements de matières ignées se firent à toutes les époques et modifièrent les roches sur lesquelles elles se répandirent. Ces modifications imprimèrent aux masses de formation aqueuse une physionomie particulière; de là, un troisième groupe de roches.

Mode de formation des Roches.

DIVERSES ESPÈCES DE ROCHES.

En résumé, la croûte terrestre doit être formée de roches provenant d'une triple origine : 1° les roches ayant éprouvé la fusion ignée, ou *roches plutoniques;* 2° les roches déposées au sein des eaux, ou *roches sédimentaires;* 3° les roches remaniées par les eaux, mais ayant subi le contact des roches ignées, ou *roches métamorphiques.*

I. — ROCHES PLUTONIQUES.

Ces roches ayant été primitivement fondues, puis refroidies ensuite, ont souvent une structure cristalline, c'est-à-dire que les éléments ont une forme qui rappelle celle des solides géométriques; dans d'autres cas, elles sont formées d'une pâte tantôt vitreuse, tantôt semblable à celle des scories de forge. Quand la structure est cristalline, les cristaux peuvent être isolés, juxtaposés, enchevêtrés les uns dans les autres, plus ou moins soudés entre eux; parfois ils atteignent de grandes dimensions, d'autres fois ils ne sont visibles qu'au microscope. — Dans leur ensemble, ces roches présentent des structures généralement massives, traversées par des fissures qui offrent une analogie frappante avec celles qui se produisent par le retrait de masses primitivement fondues, puis consolidées par un refroidissement plus ou moins lent. Aussi, souvent sont-elles très-irrégulières, ne paraissant obéir à aucune loi; parfois, cependant, elles les divisent en blocs, en bancs, en tables, en prismes; de là, un aspect tout particulier qui, dans certains pays, est empreint d'un caractère monumental, gigantesque; telles sont la chaussée basaltique du Volant (Ardèche), la grotte des Fromages, à Bertrich-Baden, entre Trèves et Cologne, et surtout la grotte de Fingal, qui se trouve à l'île de Staffa, l'une des Hébrides.

Ces roches ne se rencontrent que dans des contrées fortement tourmentées; les principales d'entre elles constituent habituellement la charpente des massifs montagneux. Elles peuvent former des montagnes entières; alors, tantôt ce sont de grosses masses arrondies, tantôt des pitons saillants, tantôt des espèces de murs appelés dykes, qui coupent et traversent dans toutes les directions les roches à travers lesquelles elles se sont fait jour. Enfin, elles peuvent avoir coulé à la surface du sol en nappes plus ou moins horizontales, ou avoir pénétré plus ou moins profondément entre les roches préexistantes.

Quant à leur composition, ces roches sont toujours formées par des silicates variés; tels sont les granits, les pegmatites, les porphyres, et en général toutes les roches siliceuses dont la structure est cristalline. Jamais on n'y rencontre de débris organiques.

Elles ont formé la première croûte du globe; mais il est douteux que l'on connaisse ces roches primitives. Elles se sont fait jour à toutes les époques de la terre, et leur émission se continue encore au moyen des bouches volcaniques. C'est pour rappeler cette origine, qu'on les désigne souvent sous le nom de *roches éruptives*.

II. — ROCHES SÉDIMENTAIRES.

On désigne ainsi toutes les roches qui n'ont point passé par l'état pâteux igné, ou qui, du moins ont été remaniées postérieurement par les eaux. Comme elles se forment actuellement, le meilleur moyen de les connaître, c'est d'examiner ce qui s'accomplit sous nos yeux. Cette méthode, introduite systématiquement dans la science par M. Constant Prévost, a eu les plus heureux résultats.

Toutes les causes non ignées qui tendent à modifier l'écorce terrestre peuvent se ramener à l'action de l'atmosphère et à l'action des eaux.

ACTION DE L'ATMOSPHÈRE.

L'atmosphère agit de deux manières : 1° à l'état de repos, en vertu de sa constitution ; 2° à l'état de mouvement, en vertu de l'impulsion provoquée par les vents.

I. — Sous les influences combinées de l'oxygène de l'air, de l'humidité, de l'acide carbonique répandu partout en minime proportion, de la pluie, des changements brusques de température, de la gelée, toutes les roches superficielles sont altérées plus ou moins rapidement et plus ou moins profondément. Vous connaissez toutes ces influences physiques; vous savez combien elles modifient les terres arables, et l'un des plus grands talents du cultivateur consiste à les utiliser, toutes les fois qu'il le peut, pour la bonne préparation de son sol. — Ici, je dois me contenter de faire remarquer qu'elles réduisent en particules plus ou moins ténues la portion la plus altérable des roches. Ces particules sont entraînées par la pluie, et il reste ces grands blocs plus ou moins arrondis, reposant parfois sur les blocs sous-jacents par une portion très-étroite ; de telle sorte que, malgré leur poids considérable, on peut souvent les faire osciller avec la main.

Les pluies produisent à elles seules des effets plus importants ; elles pénètrent par les fissures du sol, jusqu'à ce qu'elles soient arrêtées par une couche imperméable d'argile. Cette argile est délayée; sa consistance est affaiblie, à ce point que toutes les parties supérieures glissent et tombent en masse. C'est là une cause fréquente d'accidents dans les carrières ; elle donne souvent lieu à des effets désastreux dans certaines montagnes, particulièrement dans les Alpes.

II. — Sans insister sur les terribles dommages produits par les ouragans, je ferai remarquer l'impulsion que les vents communiquent aux sables mouvants. On sait que ces déplacements rendent dangereuse la traversée du Sahara et des autres contrées sablonneuses de l'Afrique. Le transport des particules sableuses peut se faire à des distances vraiment incroyables. Ainsi, il n'est pas rare qu'un vaisseau, à 1,000 kilomètres des côtes, soit recouvert d'une poussière rougeâtre venant de l'Afrique. Des cendres volcaniques du Vésuve ont été entraînées jusqu'à Venise et même jusqu'en Grèce. En France, l'action des vents se fait sentir principalement sur les côtes. Sur le littoral, depuis les

Sables-d'Olonne jusqu'à Bordeaux et au-delà, existent des monticules de sable liés les uns aux autres par des espèces de vallées, et s'avançant sur plusieurs lignes dans l'intérieur des terres ; ce sont les dunes : à la marée basse, le sable des bords de la mer se dessèche, et, lorsque le vent souffle, il le fait remonter le long des pentes de la dune ; une portion tombe du côté opposé. Le même effet se produit à la fois sur toutes les lignes, de sorte que le sable s'avance rapidement dans l'intérieur des terres. De nombreux villages ont ainsi disparu, et Bordeaux eût été sans doute rapidement enseveli sous les sables si, au commencement de ce siècle, l'ingénieur Brémontier n'eût préconisé et fait triompher l'emploi du pin maritime pour arrêter leurs progrès.

ACTION DES EAUX.

Les eaux agissent également de deux manières : 1° par leur pouvoir dissolvant ; 2° par leur puissance de transport.

I. — Le pouvoir dissolvant des eaux s'exerce sur la plupart des substances connues, et les substances dissoutes peuvent ensuite se déposer soit par l'évaporation, soit par précipitation chimique.

Ainsi, dans les pays chauds, le salpêtre s'effleurit à la surface du sol lorsqu'il se dessèche après les pluies. Le sel gemme, le carbonate de soude ou natron, l'azotate de soude, qui forment des gisements importants sur certains points du globe, n'ont pas d'autre origine. Le même effet se produit, sur une échelle moindre, sur nos terres végétales, et les expériences de M. Boussingault ont mis parfaitement hors de doute qu'on devait les assimiler à de véritables nitrières naturelles. — Le pouvoir dissolvant de l'eau est exalté souvent par une élévation de température ; elle tient alors en dissolution des substances fort peu solubles d'ordinaire. C'est ce qui arrive dans les geysers d'Islande ;

ce sont des ouvertures, d'où jaillissent par intervalles des colonnes d'eau de 5 à 6 mètres de diamètre, et s'élevant jusqu'à 50 mètres ; cette eau contient de la silice qui se dépose ensuite ; il n'est pas douteux que plusieurs roches siliceuses n'aient une origine analogue. — Les sources ordinaires renferment en petite quantité la plupart des substances qui constituent les terrains qu'elles ont traversés ; mais les eaux minérales sont plus riches, tant à cause de leur température parfois assez élevée, que parce qu'elles renferment de fortes proportions de gaz en dissolution. Parmi ces gaz, l'acide carbonique paraît jouer le rôle le plus étendu ; ainsi, l'eau ne dissout le carbonate de chaux qu'à la faveur de l'acide carbonique qu'elle possède ; dès que l'acide carbonique disparaît, le carbonate de chaux se dépose. C'est de cette manière que se forment les incrustations de la fontaine Saint-Allyre, près de Clermont, et les colonnes que l'on voit quelquefois dans les grottes calcaires. C'est là aussi l'origine du travertin qui a servi à construire les monuments de Rome.

II. — Mais le pouvoir dissolvant des eaux, qui a certainement joué un rôle important dans la formation des roches sédimentaires, cède le pas aux effets mécaniques qu'elles produisent. Ici, encore, nous devons distinguer deux modes d'action : tantôt les eaux heurtent violemment les roches, tantôt elles en transportent les débris.

C'est sur les bords de la mer qu'il faut voir comment les vagues viennent se briser contre les rochers, comment elles les creusent, les minent, si bien que toute la partie supérieure finit par s'écrouler. Alors, les débris éprouvent un mouvement de balancement ; ils sont arrondis et forment ces galets qui roulent les uns sur les autres avec fracas lorsque la mer est grosse. Il faut dire que les roches dures résistent beaucoup mieux que les autres, mais les eaux finissent par les creuser lorsqu'elles impriment aux cailloux un mouvement giratoire: c'est ce que l'on remarque dans le lit du Tarn, près d'Albi.

Je ne ferai que signaler en passant les effets de transport des eaux sur les terres arables. Ces effets sont très-étendus. Vous savez comment les terrains inférieurs s'enrichissent aux dépens des terrains supérieurs; comment, par les grandes eaux, les meilleures parties des terres cultivées sont entraînées dans les ruisseaux, puis dans les rivières, et vont, en se déposant sur des prairies parfois lointaines, les féconder à leurs dépens. J'aime mieux insister sur les lois du transport par les eaux. Cette puissance de transport augmente considérablement avec la vitesse et avec le volume des eaux. Dès qu'elles deviennent un peu grandes, les eaux peuvent déplacer de gros blocs. Dans leur marche, elles laissent déposer les matériaux qu'elles emportent à mesure que leur cours se ralentit; les gros blocs sont abandonnés les premiers, puis les cailloux roulés, puis le gravier, les sables plus ou moins fins, enfin les particules les plus ténues, le limon.

Pour avoir une idée plus précise de ces phénomènes, étudions ce qui se passe depuis la source d'un fleuve jusqu'à son embouchure dans la mer.

Sur la partie supérieure des montagnes se trouve la région des torrents. Là, les pentes sont très-fortes, et les eaux accumulées sous forme de neige ou de glaciers fondent quand la température s'élève, produisent des ruisseaux très-rapides qui se réunissent dans un ou plusieurs canaux d'écoulement. Elles atteignent leur plus grande vitesse et leur plus grande force vive après les orages; c'est alors qu'elles déchaussent les roches et les font rouler de cascade en cascade. Ces canaux débouchent dans des vallées plus larges, à pentes moins rapides, et les eaux y déposent la plus grande partie des matériaux entraînés. Ces dépôts s'accumulent et peuvent, dans certains cas, former des barrages; de là, l'inondation des contrées voisines quand le lac formé par les barrages est rempli. Tôt ou tard une rupture se produit, et tous les débris sont emportés au loin. — Les rivières torrentielles, dans lesquelles débouchent les torrents, n'ont pas une pente supérieure à 1 centimètre par mètre. — Quand elle s'abaisse à 1 millimètre par mètre, la navigation peut commencer, et cependant les eaux sont susceptibles de rouler des galets de 10 à 15 centimètres de diamètre. — Les fleuves rapides, tels que le Rhône, ont une pente de $0^m\,00095$ à $0^m\,0005$ par mètre dans la partie supérieure de leur cours, et de $0^m\,0005$ à $0^m\,00025$ dans la partie moyenne; enfin la pente devient presque insensible quand le fleuve se jette dans la mer. — Là, deux cas peuvent se présenter : ou les eaux débouchent par une large ouverture, comme la Seine de Quillebœuf à Honfleur et le Tage de Lisbonne à la mer; ou bien elles se divisent en plusieurs branches sur un terrain formé par leurs atterrissements, comme le Nil et le Rhône. Dans le premier cas, on a un estuaire; dans le second, un delta. Dans tous les cas, il y a formation d'un dépôt qui s'accroît sans cesse; dans les estuaires, le dépôt se produit sur les parois latérales et barre l'embouchure du fleuve; sur les deltas, il augmente l'étendue du triangle jusqu'à ce que les eaux soient obligées de chercher un autre lit.

Les matériaux, qu'ils aient été produits par la mer ou apportés par les fleuves, sont transportés par les vagues à une certaine distance du rivage. L'observation directe prouve que les dépôts sont actuellement peu importants loin des côtes; ils ne peuvent être produits que par des courants dont l'action est faible et accidentelle. De là, pour expliquer la puissance des formations sédimentaires qui existent sur le globe, la nécessité d'admettre qu'il n'y avait point autrefois de grands océans, mais des mers intérieures nombreuses, dont les plus grandes étaient comparables, pour l'étendue, à la mer Caspienne, à la mer Noire, ou même à la Méditerranée.

Il faut maintenant caractériser l'aspect des dépôts formés. Lorsque le dépôt s'effectue sur un terrain horizontal ou n'offrant qu'une faible pente, l'horizontalité est conservée; lorsque, au contraire, la pente est forte, l'accumulation des débris se fait à la partie inférieure, et la pente est atténuée de plus en plus. Ainsi, dans tous les cas, on finit par avoir des couches sensiblement horizontales; on appelle ainsi des masses minérales comprises sous deux plans parallèles; plus rigoureusement la couche va en diminuant d'épaisseur et finit par se terminer en coin. — Cette disposition se nomme stratification. — Ainsi, le caractère physique le plus saillant des roches sédimentaires, c'est qu'elles ont été *stratifiées*, et souvenons-nous bien que cette stratification s'est toujours faite dans un plan horizontal; cette horizontalité devrait encore exister, si rien n'était venu la troubler.

Quant aux matériaux qui constituent les couches des terrains stratifiés, ils résultent soit de l'usure des roches préexistantes, soit de la dissolution de ces roches. Ils comprennent donc: 1° des cailloux roulés, des graviers, des sables, débris des roches les plus résistantes; ces corps peuvent être reliés entre eux par un ciment; 2° des limons et des argiles formés par les éléments les plus triturés et par des silicates alumineux; 3° des roches calcaires ou siliceuses, formées tantôt par transport, tantôt par précipitation chimique. Nous verrons aussi que certaines roches siliceuses, et plus fréquemment les roches calcaires, ne sont que l'accumulation d'êtres organisés.

III. — ROCHES MÉTAMORPHIQUES.

Nous avons dit que les roches éruptives se sont fréquemment trouvées en contact avec les roches sédimentaires. Ces dernières ont alors été altérées sur une étendue souvent considérable; de là, les roches métamorphiques. Que l'on examine les matériaux qui ont servi à former les parois des hauts-fourneaux, et pour cet usage on choisit les substances qui résistent le mieux à l'action du feu, on verra que leur paroi interne a été modifiée; elle présente sur une certaine épaisseur un mélange de la matière primitive et des corps qui ont été fondus dans le creuset; cette altération va en diminuant, et à l'extérieur la surface est parfaitement saine. Telle est l'image fidèle de ce qui s'est produit à toutes les époques, et sur une échelle gigantesque, toutes les fois que des roches ignées, incandescentes, sont sorties du globe et ont traversé des couches sédimentaires. Il y a eu modification, non-seulement dans la structure, mais souvent encore dans la composition chimique des roches sédimentaires de contact.

Les roches calcaires qui présentent une physionomie et une composition bien déterminées sont celles qui offrent les exemples les plus frappants du métamorphisme. Rappelons l'expérience de Halles : on porte à une température très-élevée du calcaire renfermé dans un canon de fusil, l'acide carbonique éprouve de la difficulté à se dégager, la masse fond, et après le refroidissement offre un aspect cristallin. Telle est l'origine des marbres. Toutes les fois que l'on examine les circonstances géologiques de leurs gisements, on constate la présence des roches ignées qui ont présidé à leur formation, et l'on reconnaît qu'à mesure qu'on s'éloigne de celles-ci, le marbre passe insensiblement au calcaire. Dans certains cas, comme dans la vallée de Campan des Pyrénées, on voit même le mélange du calcaire avec la roche ignée modificatrice. On conçoit facilement que la transformation du calcaire en substance semi-cristalline n'ait pas été le seul effet produit : les débris organiques ont disparu ou ont été fondus dans la roche; la stratification a été effacée, et à sa place apparaissent les fissures de retrait; il y a eu pénétration de principes cristallins, tels que le feldspath et le mica, mais toujours dans des points assez circonscrits. Enfin, en divers lieux de la France, de l'Angleterre, de l'Italie, dans le Tyrol surtout, on remarque un métamorphisme chimique bien plus complet : le calcaire a été changé en carbonate de chaux et de magnésie, que l'on nomme dolomie, par l'apparition de certaines roches magnésiennes à la surface du sol.

Le métamorphisme des autres roches est moins saillant ; cependant il résulte bien de l'examen attentif des faits. — Ainsi, les grès formés par l'agglutination de grains de sable passent dans certains endroits au quartz compact, absolument comme dans nos hauts-fourneaux. — Les roches argileuses deviennent indélayables, et se divisent en feuillets plus ou moins étendus, empilés les uns sur les autres, constituant les schistes argileux, dont l'ardoise est une des variétés ; quand l'action se complique, le mica y cristallise de nouveau, et l'on a des roches à feuillets parallèles, imprégnées de mica ; ce sont des micaschistes. Si les éléments feldspathiques cristallisent de nouveau, on a le gneiss. Enfin, les granites décomposés ont pu être fondus et se reformer une seconde fois.

D'après cela, vous devez pressentir combien les phénomènes chimiques, qui se sont produits au contact des roches ignées et des roches stratifiées, ont dû être intenses et compliqués ; aussi, n'est-il pas étonnant que presque tous les minéraux qui ornent les collections appartiennent aux roches métamorphiques.

Les phénomènes du métamorphisme me paraissent la preuve la plus convaincante de l'origine ignée de notre globe.

Configuration géologique des Roches.

RELIEF DE LA TERRE.

Il nous reste à rechercher comment les actions ignées et sédimentaires ont pu donner à la terre son relief actuel.

La surface du sol offre des inégalités qui atteignent leur maximum de développement dans les Pyrénées et les Alpes, surtout dans le massif montagneux de l'Himalaya, du Thibet, et la chaîne des Andes, en Amérique. Il ne faut point s'en exagérer l'importance : en supposant que le relief des hautes montagnes soit répandu à la surface du sol ferme, la couche ainsi formée n'aurait guère plus de cent mètres d'épaisseur. Outre les montagnes, les collines, puis les coteaux, constituent des saillies beaucoup moins considérables.

Il existe aussi des surélévations qui ont amené à la même hauteur une étendue plus ou moins vaste ; on les nomme des plateaux ; l'un des plus remarquables est celui de Mexico, qui atteint une altitude de 2,177 mètres au point où cette ville est construite.

Les élévations du sol sont séparées par des dépressions : lorsqu'elles sont étroites et encaissées, on les nomme des vallées ; si elles sont vastes, ce sont des plaines ; il y a des plaines ondulées, d'autres dont la surface est sensiblement horizontale ; telle est la plus grande partie de la Hollande.

Si l'on veut avoir une première idée de la configuration d'un pays, il suffit de jeter les yeux sur une carte géographique ; là se trouve tracé le cours des fleuves et des rivières. Comme deux cours d'eau distincts sont toujours séparés par une saillie dont les versants distribuent leurs eaux dans chacun d'eux, il en résulte que les accidents du terrain seront d'autant plus marqués que les rivières seront plus nombreuses et que leur réseau sera plus compliqué ; c'est ce qui arrive dans l'Indre, pour les pays qui avoisinent les départements de la Creuse et de la Haute-Vienne. — Quand les cours d'eau sont volumineux, ils traversent des pays de plaines, et, en suivant leur marche descendante, on arrive à des plaines basses qui se terminent à la mer. — Ainsi, les grands fleuves sont alimentés par des cours d'eau d'une moindre importance qui, eux-mêmes, ont leurs affluents ; l'ensemble constitue un bassin limité par les saillies les

CONFIGURATION GÉOLOGIQUE DES ROCHES.   61

plus importantes de la contrée; chaque grand bassin en comprend un certain nombre plus petits; de sorte qu'on aura une idée générale assez exacte des continents, en les considérant comme un ensemble de bassins séparés les uns des autres par des barrières dont l'élévation est parfois très-faible, d'autres fois très-considérable.

De ce qui précède, il résulte que nous avons seulement à rechercher le mode de formation des montagnes et des vallées qui, du reste, sont solidaires les unes des autres, car une surélévation est nécessairement accompagnée d'une dépression.

FORMATION DES MONTAGNES ET DES VALLÉES DE FRACTURE.

Les montagnes ont été formées par un soulèvement brusque ou par un soulèvement lent. On a pu constater en plusieurs lieux, d'une manière précise, les oscillations lentes du sol. L'exemple le plus remarquable d'un exhaussement nous est fourni par la Suède, dont le terrain s'élève graduellement, sans secousse apparente. Le Groënland, au contraire, s'est affaissé de la même manière et continuellement depuis quatre siècles. Mais ce mode d'action, qui s'est certainement fait sentir à toutes les époques, ne suffit point pour expliquer l'ensemble des faits géologiques, et nous adoptons l'hypothèse des soulèvements brusques, développée par M. Élie de Beaumont et M. Léopold de Buch, comme ayant eu la plus grande part à l'apparition des montagnes.

Nous avons déjà dit que, par suite du refroidissement de la terre, il a dû se former entre le noyau incandescent et la croûte solidifiée de vastes cavités qui ont été remplies de matières volatilisées; et, soit que la partie solidifiée manquât de point d'appui, soit que l'expansion des matières gazeuses ait acquis une force considérable, de violentes dislocations ont eu lieu. Par suite, certaines portions de la surface du sol se sont affaissées, en provoquant la surélévation des parties voisines par une sorte de mouvement de bascule.

Ces fractures paraissent avoir eu une étendue considérable et s'être faites suivant des grands cercles de la sphère. De plus, il s'en est produit souvent plusieurs à la fois, et alors elles affectent des directions parallèles. Il est clair que des apparitions de matières fondues ont dû les accompagner; voilà pourquoi l'axe des grands massifs montagneux est toujours formé par des roches plutoniques. Mais les roches éruptives ont pu se faire jour en même temps par les crevasses qui ont accompagné nécessairement ces grandes convulsions, et alors elles ont, en général, coulé sous forme de nappes. Dans les temps assez rapprochés de nous, les émissions des roches éruptives ont affecté une forme particulière, celle des volcans, et l'on est arrivé, relativement à leur formation, à quelques résultats généraux qu'il est bon de signaler. Ils ont dû apparaître dans les points qui offraient le moins de résistance, et, par suite, soit dans des fentes préexistantes, soit dans des fentes parallèles. Aussi les volcans ont une tendance à se placer sur la même ligne, et même leur plus grand diamètre se trouve suivant la direction générale qui leur est commune. Comme exemple de cette règle, il faudrait citer la presque totalité des masses volcaniques du globe; je me contenterai de signaler la série linéaire formée par les volcans des Açores, des Canaries, du cap Vert, des îles Sainte-Hélène et de l'Ascension. Une autre tendance des volcans, très-générale bien qu'elle souffre des exceptions, est celle qu'ils ont à se produire, soit dans des îles, soit sur des côtes. Quand ils sont placés sur les côtes, on les voit sur les lignes de fractures des soulèvements; quand ils sont placés dans des îles ou dans la mer, ils semblent compenser le non-exhaussement de la croûte terrestre et représenter la force nécessaire pour le produire. Comme exemple, citons les Antilles volcaniques, qui se trouvent précisément devant l'isthme de Panama, là où il y a presque interruption du continent américain.

EFFETS PRODUITS PAR LES SOULÈVEMENTS. — VALLÉES D'ÉROSION.

Essayons maintenant d'établir les effets produits par l'apparition des montagnes sur les roches sédimentaires préexistantes. Elles ont dû les déranger de leur horizontalité primitive et leur communiquer une inclinaison plus ou moins grande qui, dans certains cas, se rapproche beaucoup de la verticale. Le caractère de la stratification n'en est pas moins resté évident, le parallélisme des couches qui forment les masses soulevées s'est conservé, ainsi que la position même des éléments qui les composent. En effet, par exemple, le grand axe des cailloux roulés est parallèle à la direction générale. Lorsque les soulèvements ont affecté des couches imparfaitement consolidées, il s'est produit des glissements de toutes leurs parties constituantes, et parfois des glissements assez prononcés, pour que les couches offrent une série alternative d'élévations et d'abaissements que je ne peux mieux comparer qu'aux ruches des bonnets tuyautés.

Une autre conséquence des soulèvements, c'est l'apparition de grandes crevasses qui ont été remplies postérieurement, soit de bas en haut par des émanations du noyau central, soit de haut en bas par les débris des roches superficielles; telle est l'origine des filons. Souvent les écartements du terrain ont été peu prononcés, mais les deux portions séparées ont été portées à des hauteurs inégales, bien que les couches constituantes aient conservé leur parallélisme; c'est ce que l'on appelle des failles; elles sont fréquentes dans les mines, et il faut toute la sagacité des exploitants pour retrouver les filons perdus.

Ce n'est pas tout, les eaux qui couvraient le sol lors de ces grands soulèvements ont dû être violemment agitées; les anciens bassins ont été bouleversés, et de nouveaux se sont formés; l'état hydrographique a été complètement modifié; des terres plongées sous les eaux ont été mises à sec; d'autres, au contraire, sont devenues des mers. C'est alors que se sont produits, avec une intensité gigantesque, les effets de transport et de renversement par les eaux; les blocs, les galets, les sables ont recouvert de vastes espaces; les roches encaissantes ont été striées par les corps durs qui frottaient le long de leurs parois. Devant ces masses animées d'une vitesse énorme, des barrages devaient se présenter, et, alors, s'ils étaient trop puissants, ils étaient contournés; sinon ils étaient délayés et emportés au moins partiellement. C'est ainsi que l'on s'explique l'existence de ces monticules séparés les uns des autres qui surmontent certains pays de plaines, monticules dont la Brenne nous offre de nombreux exemples. C'est ainsi que se sont formées toutes ces vallées, qui sont caractérisées par ce fait que, de part et d'autre, elles sont limitées par les mêmes terrains en couches horizontales; ce sont des vallées d'érosion, et il n'est pas douteux que les vallées de l'Indre, de la Creuse et de l'Anglin n'aient cette origine au moins en partie. C'est là le second mode de production des vallées. Le Porte-Feuille, à Saint-Benoît-du-Sault, nous offre un exemple de celles qui ont été produites par fracture et soulèvement du sol.

IL Y A EU PLUSIEURS SOULÈVEMENTS SUCCESSIFS.

Nous avons maintenant tous les éléments pour résoudre cette question : Y a-t-il eu à la surface de la terre plusieurs soulèvements successifs? La terre a-t-elle été bouleversée à plusieurs reprises? Nous savons que les roches formées au sein des eaux sont en couches horizontales. Survient-il un soulèvement, elles seront inclinées de manière à faire avec l'horizon un angle plus ou moins prononcé, et, si elles continuent à rester sous les eaux, elles seront recouvertes de couches horizontales. Ainsi, nous aurons en contact des couches horizontales et des couches inclinées; on dit alors qu'il y a discordance dans la stratification. S'il se produit un nouveau soulèvement, tout le système va être redressé ou abaissé, et nous aurons en contact des couches dont aucune ne sera horizontale et qui ne seront point parallèles entre elles. La discordance dans la stratification sera donc plus complète. Il peut se faire que les eaux recouvrent encore les roches sédimentaires, dont nous parlons, et alors il y aura production d'un nouveau dépôt horizontal. — Donc, toutes les fois que les directions de deux couches formeront entre elles un angle, nous pourrons affirmer qu'elles ont été séparées par une catastrophe; de plus si aucune d'elles n'est horizontale, c'est que leur système aura éprouvé un second soulèvement; toutes les fois que des couches seront horizontales, nous pourrons affirmer qu'elles n'ont point été soulevées depuis leur formation. — Or, en étudiant les berges des rivières, les flancs des vallées, en un mot toutes les grandes coupes du sol, soit naturelles, soit produites par les travaux des hommes, les discordances de stratification se sont montrées fréquentes, et il en est résulté cette conviction qu'il y a eu plusieurs bouleversements de la surface de la terre. C'est à M. Élie de Beaumont que l'on doit les plus sagaces et les plus profondes recherches à ce sujet; il a pu établir et définir dix-sept soulèvements distincts.

Rien n'est plus facile, maintenant, que de concevoir comment on peut connaître l'âge relatif des diverses couches sédimentaires. Les plus profondes sont les plus anciennes; donc, si l'on parvient à savoir qu'une couche en recouvre une autre, c'est elle qui sera la plus récente. De plus, si deux couches sont en stratification discordante, elles n'appartiendront pas à la même époque; car, en géologie, tout soulèvement sépare deux époques. Remarquons cependant que des couches parallèles peuvent appartenir à deux époques distinctes et même fort éloignées l'une de l'autre; il suffit que les roches sédimentaires sous-jacentes n'aient pas été dérangées par les soulèvements successifs et se soient, à un certain moment, retrouvées sous les eaux. Alors l'existence de stries, de galets ou de cailloux roulés indiquera l'interruption qui aura eu lieu entre les dépôts. — Les règles précédentes sont certainement fort simples, mais dans leur application se présentent de nombreuses difficultés, et il faut beaucoup de savoir et de sagacité pour les vaincre. Heureusement, l'étude des fossiles apporte un élément nouveau qui aplanit les obstacles.

En résumé, dans cette leçon, j'ai tâché de vous faire connaître les roches qui constituent l'écorce, leur physionomie, leur mode de formation, leurs caractères distinctifs, la part qu'elles ont dans la structure de notre globe et dans le relief de sa surface. Vous voyez également que la terre a été le théâtre de plusieurs bouleversements, et comment on peut les distinguer. En y joignant la composition élémentaire des roches, qui a fait l'objet de la première leçon, vous devez avoir, si je ne m'abuse, une idée générale, assez conforme à l'état actuel de la science, de la portion minérale de notre globe. Mais la vie y a régné; les êtres qui l'ont habité y ont laissé leurs débris; ce sont les fossiles, dont nous nous occuperons dans la prochaine leçon.

TROISIÈME LEÇON.

DES FOSSILES.

En examinant les roches qui se sont déposées au sein des eaux, on trouve fréquemment des empreintes et des débris qui rappellent par leurs formes les plantes et les animaux qui vivent actuellement. Il n'y a pas très-longtemps, on les considérait assez généralement comme de simples jeux de la nature; le vulgaire partage encore cette opinion. Ce sont bien réellement les restes d'êtres ayant vécu, qui, par suite des changements opérés à la surface du globe, sont maintenant dans des conditions tout-à-fait incompatibles avec leur mode d'existence; toutefois, ils n'ont été transportés qu'exceptionnellement, et, dans le lieu même où l'on rencontre leurs dépouilles, il y avait l'eau, la température, les aliments, en un mot tout ce qui était nécessaire à leur développement. Ce sont ces vestiges que l'on nomme des *fossiles*. Bernard de Palissy, simple potier de terre, dont le génie sut reculer les limites de son art, paraît être le premier qui osa soutenir en France, vers 1580, que les coquilles fossiles n'étaient pas de simples pierres figurées, et que leur présence indiquait d'une manière certaine soit une mer, soit un lac aujourd'hui disparus. Au commencement de ce siècle, Cuvier fonda l'anatomie comparée, c'est-à-dire qu'il entreprit l'étude des modifications qu'éprouvent les mêmes organes dans toute la série animale; il reconnut qu'il y avait une telle liaison entre les diverses parties d'un être, que la structure de l'une d'elles entraînait une organisation déterminée pour les autres, et, avec une sagacité qui excite notre admiration, il parvint à reconstruire un grand nombre d'animaux perdus; ajoutons que ses inductions, fondées sur l'examen d'une portion restreinte d'un squelette, furent plusieurs fois confirmées par la découverte postérieure du squelette entier. Al. Brongniart appliqua les mêmes principes à la connaissance des plantes, et restitua la physionomie souvent singulière des flores primitives. Je n'ai pas l'intention de signaler tous les savants qui sont entrés dans cette voie; je ferai seulement remarquer que l'intérêt du sujet explique suffisamment l'ardeur des recherches. Rien n'est plus mystérieux que la vie, et quand on songe que ce vers de Byron :

La poussière que nous foulons sous nos pieds fut jadis vivante,

est, dans bien des cas, d'une exactitude rigoureuse, on ne peut se défendre d'un sentiment que j'oserai dire éminemment religieux, car les faits que je vais exposer devant vous attesteront à chaque instant l'activité incessante et la haute sagesse de la puissance créatrice.

L'étude des fossiles soulève de nombreuses questions; nous les rattacherons aux quatre divisions suivantes :

1° Conditions d'existence des fossiles;
2° Comment s'est opérée la fossilisation;
3° De l'importance des fossiles dans la formation des couches terrestres;
4° De l'importance des fossiles pour la détermination de l'âge des terrains.

I. — CONDITIONS D'EXISTENCE DES FOSSILES.

DES FORMES ZOOLOGIQUES FONDAMENTALES.

Les formes zoologiques ont beaucoup varié depuis la première animalisation du globe; les unes ont disparu sans retour; d'autres ont persisté; il y en a eu de nouvelles qui ont été créées; en définitive, leur nombre a été presque toujours en croissant jusqu'à nos jours. Néanmoins, on peut les faire rentrer toutes sans effort dans les quatre grands types ou embranchements actuellement admis. On trouve donc parmi les fossiles :

1° Des *vertébrés*, caractérisés par un squelette solide interne dont la pièce principale est une gaîne osseuse, formée de petits os nommés vertèbres et contenant la moelle épinière. Ils comprennent les mammifères (femelles pourvues de mamelles), les oiseaux, les reptiles, les poissons et les batraciens (grenouilles, crapauds, etc.);

2° Des *annelés;* point de squelette intérieur; il est remplacé par un squelette tégumentaire extérieur. Ils comprennent principalement les insectes, les arachnides, les crustacés (écrevisses, homards), caractérisés par une suite d'anneaux plus ou moins semblables entre eux; chez les annélides (vers de terre, vers intestinaux), le nombre des anneaux est très-considérable, et leur composition ne présente que des différences peu sensibles;

3° Des *mollusques;* ils n'ont point de squelette intérieur ni extérieur; leur corps mou, contractile, possédant dans son épaisseur ou à sa surface des plaques cornées ou calcaires, nommées coquilles, destinées soit à soutenir le corps, soit à le loger, offre une disposition courbe, de manière que la bouche est rapprochée de l'extrémité opposée (colimaçons, moules, huîtres, etc.);

4° Des *zoophytes* ou *animaux rayonnés*. — Leur structure, souvent très-simple, les rapproche des plantes, avec lesquelles on les a souvent confondus. Leur corps, au lieu de s'étendre en une ligne droite ou courbe, est généralement symétrique autour d'un point (corail, éponges, infusoires, etc.).

Relativement à la perfection et à la complication des organes, les zoophytes occupent le dernier rang de l'échelle animale; au-dessus et sur la même ligne, on doit placer les annelés et les mollusques; car, si les premiers l'emportent par la précision et la rapidité des mouvements, chez les seconds, les appareils de la digestion, de la respiration et de la circulation sont plus développés. — Les vertébrés sont incontestablement supérieurs aux trois types précédents.

MARCHE DE L'ANIMALISATION.

Ces notions succinctes, qui remettent sous vos yeux les caractères les plus saillants des êtres dont nous allons parler, permettent d'aborder l'important problème de la marche de l'animalisation à la surface de notre globe. Nous savons qu'une vaste période de temps s'est écoulée depuis les premiers dépôts de sédiment jusqu'aux temps actuels. L'étude attentive des faits a montré que, pour l'objet qui nous occupe, on pouvait la diviser en cinq époques, dont la durée absolue nous est inconnue, aussi bien que la durée relative. Chacune d'elles comprend des êtres présentant entre eux une certaine analogie et une différence marquée avec ceux des âges antérieurs et postérieurs; si bien que, dans leur ensemble, elles seront pour nous comme cinq mondes distincts superposés.

Dès le premier âge, les quatre embranchements sont créés. On y trouve des représentants de toutes les classes d'animaux, à l'exception des myriapodes, des oiseaux et des mammifères. — C'est le règne des trilobites, des mollusques brachiopodes *(spirifer, orthis)*, des mollusques céphalopodes à cloisons simples *(orthocère, clyménie, lituite)*, des crinoïdes; les oursins sont rares. — Les poissons qui existent appartiennent à deux groupes : l'un, voisin des raies et des requins; l'autre, des esturgeons. A la fin apparaissent des reptiles de la classe des sauriens, c'est-à-dire semblables aux lézards.

Dans la deuxième époque commencent les oiseaux, représentés par des empreintes de pas gigantesques. — Le développement de grands reptiles sauriens *(nothosaurus, belodon)* et de reptiles intermédiaires entre les sauriens et les batraciens *(labyrinthodon)* continue. On y trouve encore des empreintes de pas de tortues. — Il n'y a plus de trilobites, mais des crustacés décapodes. — Les oursins et les polypiers continuent à être rares; il existe des crinoïdes propres à cette période. — Un premier mammifère, appartenant probablement aux insectivores, a été trouvé à Stuttgard, dans un terrain de la fin de cette époque.

Dans la troisième époque, les grands reptiles sauriens, et particulièrement les grands sauriens marins *(ichthyosaure, plesiosaure, etc.)*, offrent leur maximum de développement; on remarque un saurien volant *(ptérodactyle)*. — C'est le règne des ammonites véritables, des bélemnites, des gryphées, des térébratules variées; les oursins et les polypiers sont nombreux. — Quelques mâchoires, trouvées à Stonesfield parmi de nombreux débris de reptiles, d'autres dans le calcaire plus récent du Purbeck, démontrent l'existence de mammifères didelphiens, c'est-à-dire voisins des marsupiaux et des sarigues.

Dans la quatrième époque, on voit apparaître des oiseaux palmipèdes, de nouveaux ordres de poissons, et surtout de nouveaux reptiles gigantesques tout-à-fait caractéristiques *(iguanodon, mosasaurus)*. — Les ammonites se montrent avec des dispositions variées. C'est le règne des exogyres et des rudistes. — Les échinodermes, les foraminifères et les spongiaires abondent. — A la fin de la période, les premiers crocodiles et les premiers mollusques d'eau douce commencent à se montrer.

Dans les époques précédentes, les mammifères n'ont été signalés qu'en petit nombre et d'une manière exceptionnelle; on peut dire que leur développement véritable ne date que de la cinquième époque. C'est dans cette période que furent créés les mammifères rongeurs, pachydermes, carnassiers, quadrumanes, cheiroptères, cétacés, insectivores, édentés et ruminants. On voit également apparaître la plupart des ordres des oiseaux, les reptiles ophidiens (serpents), les batraciens (grenouilles), de nouveaux ordres de poissons et de crustacés.

Il n'y a plus d'ammonites, de bélemnites, de gryphées. — Mais on trouve de nombreux mollusques d'eau douce; les mollusques marins sont aussi très-abondants, et il faut remarquer que leurs formes se rapprochent d'autant plus de celles des mollusques actuels, que les couches qui les renferment sont plus récentes. — Il faut également noter que tous les genres de mammifères qui existent dans cette période sont maintenant perdus; il en est de même des grands pachydermes qui règnent à la fin, ainsi que des carnassiers des cavernes.

Jusqu'ici, je n'ai point parlé de l'être qui nous intéresse le plus, je veux dire l'homme. Rien n'indique qu'il ait été créé avant la fin de la cinquième période. Est-il contemporain de l'éléphas primigenius et des grands carnassiers des cavernes? Voilà la question qui divise encore le monde savant. La découverte de haches et d'autres armes en pierre, faite par M. Boucher de Perthes dans le diluvium de la Somme; celle plus récente d'une mâchoire humaine, dans la carrière de Moulin-Quignon (Somme), semblaient décider la question. Mais M. Élie de Beaumont, dont l'autorité est si grande en géologie, pense que ces terrains appartiennent à l'époque actuelle. Nous verrons jusqu'à quel point l'examen des ossements des cavernes peut fixer les incertitudes.

DU PROGRÈS DANS LES CRÉATIONS SUCCESSIVES.

Tel est l'exposé succinct de la marche de l'animalisation. Nous pouvons en tirer des déductions importantes. Et d'abord, y a-t-il eu progrès dans les créations successives, et en quoi a-t-il consisté? Il y a des personnes qui s'imaginent que les êtres les plus simples ont été formés les premiers, puis que, de degré en degré, par des additions et des modifications successives dans les organes, la nature s'est élevée jusqu'à l'homme. Cette manière de voir, développée par Lamark et exposée encore quelquefois, est tout-à-fait

CONDITIONS D'EXISTENCE DES FOSSILES. 73

inexacte. En effet, dès le premier âge du monde organisé, le plan général de la création est fixé, puisque nous voyons apparaître les quatre embranchements; on est donc forcé d'admettre que ces quatre embranchements se sont développés parallèlement. Il y a plus, en considérant chaque embranchement en particulier, la marche du simple au composé est loin d'être la règle constante. Par exemple, de tous les animaux rayonnés, les échinodermes sont les plus parfaits, et on les trouve abondamment représentés dès la première période. L'embranchement des mollusques donne les mêmes résultats; car toutes les classes qui le constituent sont représentées dès l'origine; bien plus, les céphalopodes, c'est-à-dire les êtres de ce groupe qui ont l'organisation la plus élevée, y ont leur maximum de développement numérique. Il en est de même pour l'embranchement des annelés; ainsi, parmi les insectes, les coléoptères occupent le premier rang; ils font leur apparition dans le premier âge; parmi les arachnides, les scorpions ont l'organisation la plus élevée; on a trouvé un scorpion dans la houille; enfin, les crustacés trilobites, qui naissent et meurent dans cette période, ont une structure fort remarquable.

L'embranchement des vertébrés est plus favorable à la doctrine des perfectionnements successifs. Il n'est représenté dans le premier âge que par des poissons et des reptiles; les oiseaux et les mammifères, complètement absents, font leur apparition seulement dans le second âge; mais les mammifères, en particulier, ne sont réellement abondants que dans la période qui précède l'époque actuelle; c'est là un progrès réel dont la valeur est incontestable.

Mais il ne faudrait pas croire que les poissons, les reptiles, les oiseaux et les mammifères aient commencé par les êtres les moins parfaits de leur classe respective; pour nous borner aux mammifères, on trouve dans la cinquième période, en même temps que de grands édentés d'une organisation inférieure, des quadrumanes (singes), qui viennent après l'homme dans la série animale. Quant à l'homme lui-même, il est certainement l'un des derniers êtres créés; il n'est venu que quand une stabilité suffisante de la croûte terrestre et l'atmosphère purifiée lui faisaient des conditions favorables d'existence. C'est là le dernier progrès que je devais signaler, et c'est sans doute le plus réel, à cause du rôle considérable que l'homme joue dans la création.

En somme, en procédant comme nous venons de le faire, le perfectionnement paraît bien faible, puisque, pour trois embranchements sur quatre, il est insignifiant; il y a même décadence sur quelques points. Mais on peut se placer à un autre point de vue. On peut considérer les faunes des cinq âges du monde organisé comme distinctes, et les comparer dans leur ensemble; alors, on verra que chacune d'elles offre des êtres d'une grande perfection relative; mais, d'un groupe à l'autre, ce ne sont plus les mêmes classes qui offrent le maximum de développement; à mesure que l'on se rapproche de l'époque actuelle, le premier rang passe à des ordres plus élevés dans la série animale, tandis que les animaux les mieux doués de l'âge précédent restent parfois stationnaires, parfois sont en décroissance, et disparaissent même pour toujours dans beaucoup de cas. De là vient la supériorité incontestable que nous attribuons aux créations qui viennent remplacer celles qui ont été anéanties par les cataclysmes de notre planète.

CONDITIONS D'EXISTENCE DES FOSSILES.

En nous appuyant toujours sur notre exposé de la succession des êtres animés, cherchons quelles ont été leurs conditions d'existence. Pour cela, il nous suffit d'examiner l'appareil respiratoire, car c'est lui qui est le plus sensible aux influences atmosphériques, et qui a la relation la plus intime avec la composition et la température des milieux dans lesquels vit l'animal. Or, dès le premier âge, on trouve des êtres qui respirent sans organe spécial : ce sont les zoophytes; d'autres respirent par des branchies : ce sont les mollusques et les poissons; d'autres ont une respiration trachéenne : ce sont les insectes; enfin, les reptiles et les arachnides nous offrent la respiration pulmonaire. Ainsi, les quatre modes de respiration connus se trouvent représentés dès l'origine. Si l'on remarque que la composition de l'appareil respiratoire est liée de la manière la plus étroite avec celle des organes de la circulation et de la digestion, on en conclut que rien de fondamental n'est apparu dans la suite dans la structure des animaux, car le système nerveux lui-même est déjà complet chez les reptiles.

Il résulte de là que les conditions d'existence, dans les âges les plus reculés, ne différaient pas beaucoup de celles que nous avons maintenant. Sans doute, l'atmosphère y était moins pure, plus chargée d'acide carbonique, ainsi que l'attestent les quantités prodigieuses de végétaux qui ont formé la houille; mais cette proportion n'était pas assez grande pour troubler profondément l'organisation. — Quant à la chaleur, elle ne devait pas dépasser celle que l'on trouve dans les pays intertropicaux, mais elle n'avait pas la répartition actuelle. Tout porte à croire qu'elle était à peu près uniforme par toute la terre; en effet, pour les anciennes faunes, on trouve que les terrains de même date possèdent des espèces identiques sur des points fort éloignés les uns des autres; dans la période même qui précède l'époque actuelle, les continents de l'Europe possédaient des singes, des éléphants, des girafes, parqués aujourd'hui dans les contrées intertropicales; dans les mers de cet âge, toujours en Europe, il y avait également des genres de poissons qui ne se voient plus que dans les pays chauds. On se rend facilement compte de cette uniformité de température; la distribution actuelle de la chaleur dépend principalement de l'action du soleil; mais, quand l'écorce terrestre était moins refroidie, cette influence ne pouvait être aussi prépondérante ; la chaleur propre du sol venait s'y ajouter, et peut-être, dans les premiers temps du moins, une atmosphère plus brumeuse tempérait-elle la chaleur totale, qui eût été trop forte.

II. — DE LA FOSSILISATION.

On ne peut pas avoir l'espoir de rencontrer à l'état fossile, avec la même abondance, toutes les parties du corps des animaux.

Il est clair que les parties molles, la chair, qui ne sont susceptibles de résister ni aux agents mécaniques, ni à la décomposition chimique, ne doivent être retrouvées que dans des circonstances exceptionnelles ; c'est ainsi qu'en 1772, le célèbre naturaliste Pallas a découvert, enfoui sous la neige, dans les régions glacées de la Sibérie, un mammouth tout entier, avec ses poils, sa chair, sa graisse. Ce fait s'est reproduit plusieurs fois. Cet animal, dont l'espèce n'existe plus, n'avait certainement pas été transporté ; le froid l'avait saisi sur place et dérobé à la putréfaction. Dans les rochers du Calvados, on trouve aussi des éponges et même des alcyons parfaitement conservés.

Ce que nous venons de dire des parties molles s'applique également aux cartilages, ainsi qu'aux dépendances des téguments, tels que les ongles, les piquants, les crins, les poils, les plumes. Ils résistent cependant un peu mieux, bien qu'ils soient presque entièrement formés de matières animales ; aussi les emploie-t-on avantageusement comme engrais abandonnant assez lentement leurs principes constituants ; on a pensé que, par le soufre qu'ils renferment, ils avaient contribué à former les sulfures que l'on trouve dans certaines couches, mélangées à de nombreux débris organiques.

De même, toute la classe des insectes n'avait guère de

chance d'être représentée parmi les fossiles ; toutefois, leurs ailes se sont parfois conservées, et le succin des mers du Nord nous a transmis, enveloppés dans sa masse et tout-à-fait intacts, des thermites, des mantes, des fourmis, etc. ; c'est ainsi que la résine copale, qui nous vient des régions intertropicales, en englobe, de nos jours, de parfaitement semblables. — Les crustacés analogues aux homards et aux écrevisses ont une enveloppe peu solide, mais elle renferme une faible proportion de matière animale, et beaucoup de carbonate de chaux ; aussi comptent-ils un plus grand nombre de représentants, et ceux même qui, comme les trilobites, appartiennent au premier âge de l'animalisation, offrent souvent un degré remarquable de conservation.

Mais il est d'autres parties solides, résistantes, contenant une forte proportion de matières terreuses, qui nous ont été transmises abondamment. En première ligne, il faut placer les coquilles des mollusques. Leur composition n'est pas invariable ; toutefois, elle se rapproche assez de celle que nous allons indiquer :

    Carbonate de chaux.... 95 à 96 p. 0/0.
    Phosphate de chaux... 1 à 2 —
    Matière animale....... 1 —

Remarquons que cette matière animale existe à peine dans les coquilles de l'huître ; de là la profusion avec laquelle on les rencontre dans la plupart des couches. La conservation du test des mollusques est d'autant plus parfaite qu'on les trouve dans des terrains plus récents ; cependant, il n'est pas rare de rencontrer des coquilles fort anciennes, munies encore de leur nacre. — De tous les êtres, ce sont les mollusques qui ont laissé les plus abondantes dépouilles ; ce sont les véritables médailles des géologues, et vous savez quel excellent parti les agriculteurs tirent, pour l'amendement de leurs terres, de ces amas de coquilles que l'on trouve en Touraine, dans les Landes, etc., et que l'on nomme des faluns. Peut-être ont-ils été plus abondants que les autres animaux; peut-être aussi que leur habitude d'existence au sein des eaux a favorisé leur conservation. — Les polypiers forment également des couches puissantes; ils ont conservé le plus souvent tous leurs éléments constituants, dont le carbonate de chaux forme la plus grande part; leur matière animale seule, peu abondante du reste, a disparu.

En seconde ligne, il faut placer les pièces solides qui forment le squelette des mammifères, des oiseaux, des reptiles et des poissons. Relativement aux os des poissons, leur forme a persisté, mais leur matière organique a été complètement remplacée par les substances minérales voisines. Les os des mammifères ont mieux résisté, particulièrement ceux qui sont denses et qui présentent dans leur composition moyenne, d'après Berzélius :

Cartilage complètement soluble dans l'eau. 32,17 p. 0/0.
Vaisseaux........................ 1,13 —
Phosphate de chaux et un peu de fluorure
   de calcium..................... 54,04 —
Carbonate de chaux, etc............. 11,30 —
Phosphate de magnésie, etc.......... 2,36 —

Comme on le voit, les cartilages forment environ le tiers de la masse; ils disparaissent très-lentement; la mâchoire humaine de Moulin-Quignon en contenait encore; il y a une trentaine d'années, on servit sur la table du préfet du Nord un potage fait avec les os d'un mastodonte. On a pu, dans quelques circonstances, calculer la date de squelettes trouvés dans des tombeaux, en déterminant la quantité de matières animales qu'ils avaient perdue. — Les dents et les défenses, presque entièrement formées de phosphate de chaux, nous ont été fréquemment transmises tout-à-fait intactes; c'est là une circonstance heureuse, car une dent suffit pour faire connaître le genre auquel un animal appartient.

Quant aux défenses, elles constituent l'ivoire fossile; son abondance a de quoi étonner même ceux qui sont familiarisés avec l'idée de la fécondité de la nature; en effet, elle était connue des anciens, et, dans les temps modernes, on en a découvert en Espagne, en France, en Allemagne, en Suède, en Danemark, en Amérique et dans l'Asie septentrionale. Les défenses du mammouth de la Russie septentrionale sont exportées depuis cinq cents ans en Chine et depuis cent ans en Europe, et cependant leur abondance est toujours très-grande.

Il existe une dernière catégorie de restes organiques, que l'on emploie avec le plus grand succès en agriculture: ce sont les coprolites. Ces corps singuliers, dont la grosseur n'est souvent que celle d'une noisette, mais qui atteint et dépasse parfois celle du poing, ont une forme globuleuse, allongée, fréquemment tordue ou contournée en spirale; ils sont souvent très-durs; quelquefois ils se divisent facilement dès qu'on a brisé leur enveloppe. Il est bien prouvé maintenant que ce sont des excréments d'animaux variés. Ainsi, il existe à Leyde, dans le cabinet de Van-Breda, une salamandre qui, dans la partie correspondant à son abdomen, renferme plusieurs coprolites où l'on distingue des fragments d'os de grenouilles et de poisson; de même les coprolites de Lime-Regis contiennent des dents, des écailles de poisson, que l'on a pu rattacher à des genres connus. On doit distinguer des coprolites de mammifères, d'oiseaux, de reptiles et de poissons. On les rencontre dans de nombreuses localités: en Angleterre, en Écosse, dans la province de Liège, dans les cavernes de Lunel-Viel, en France, etc. — Remarquons que le guano est un véritable coprolite d'oiseaux; mais il a été formé pendant l'âge actuel de la terre. — La composition des coprolites explique leur rôle en agriculture; ils renferment toujours de fortes proportions de phosphate de chaux, associées à du carbonate de chaux; ils atteignent leur plus haut degré d'importance quand ils contiennent, en outre, des matières animales, principalement des urates, des oxalates et des sels ammoniacaux volatiles.

Après ce coup d'œil général sur les chances que l'on a de rencontrer les diverses parties des animaux dans le sein de la terre, nous devons signaler certains vestiges remarquables, tout-à-fait inattendus à cause de leur fugacité. Qui n'a observé les empreintes, parfois fort exactes, que les pas des animaux laissent dans une terre boueuse demi-consistante? Ce sont des pistes précieuses pour le chasseur, et même pour l'agriculteur. Imaginez qu'elles aient été recouvertes d'un sable fin, puis que postérieurement il y ait eu consolidation de l'ensemble. N'est-il pas vrai que si plus tard on exécute des fouilles, on mettra ces traces en évidence. Le même fait s'est produit dans les temps anciens; aussi a-t-on retrouvé des pas d'oiseaux, de tortues, des empreintes de nageoires de poissons sur des fonds vaseux. Il y a plus, on connaît des moules de gouttes de pluie; on les a observés sur certaines plaques de grès de l'Angleterre, dont la Société géologique de France possède une reproduction en plâtre; ces empreintes sont si parfaites, qu'on peut dire en les examinant : ici la pluie était légère, là elle était violente, en ce point elle est tombée obliquement. Vous le voyez, par une étude attentive, on arrive à reconstruire d'une manière précise, et dans leurs détails les plus intimes, les scènes de la nature aux divers âges de la terre.

Les empreintes de gouttes de pluie sont nécessairement assez rares, mais les moules des corps organisés sont très-fréquents. Lorsqu'un être a été déposé sur un sol mou, il s'est enfoncé par son propre poids; plus tard, il a pu être recouvert par des sédiments fins; c'est là le procédé des mouleurs en plâtre; il donne le moule extérieur de l'objet. Si le corps présente une cavité, elle a été également remplie : de là, un moule intérieur contre lequel il faut se tenir en garde, car il peut différer sensiblement de la forme générale de l'animal, et pourrait tromper des yeux peu exercés. Ainsi, tout animal possédant une cavité peut être renfermé entre deux moules, l'un extérieur, l'autre intérieur. Si, plus tard, il a été détruit, un vide s'est produit entre les deux moules; mais le plus souvent ce vide a été comblé par des matériaux du voisinage, tantôt semblables, tantôt fort différents de ceux des moules.

C'est ainsi que des coquilles, primitivement calcaires, ont été changées en sulfure ou en oxyde de fer; c'est ainsi que les meulières de notre département nous présentent fréquemment des coquilles siliceuses enveloppées de leurs deux moules, qui le plus souvent sont d'un fini et d'une délicatesse remarquables.

La destruction plus ou moins complète du corps d'un animal a pu être accompagnée de phénomènes complexes, connus sous le nom de pétrification. Il ne faut pas la confondre avec l'incrustation. Dans l'incrustation, il y a seulement dépôt d'une couche mince à la surface; c'est ainsi qu'on enveloppe de carbonate de chaux des objets variés à l'aide des eaux calcaires, riches en acide carbonique, des fontaines de Saint-Nectaire et de Saint-Allyre, près de Clermont; c'est ainsi également que, dans la galvanoplastie, nous recouvrons les objets d'une couche mince de cuivre. — Dans la pétrification, au contraire, il y a remplacement intégral de la substance primitive par une substance minérale, de telle sorte que l'on puisse reconnaître, non-seulement la forme, mais même les détails les plus délicats de la structure des corps organisés. Tels sont les fragments de palmiers fossiles que l'on rencontre en plusieurs lieux, et qui sont souvent convertis complètement en silice. Parfois, la pétrification a dû s'accomplir assez rapidement, car on a trouvé transformées en silice des tiges qui ont dû être molles et succulentes, et de jeunes feuilles de palmiers prêtes à se développer.

Pour expliquer ces faits, on admet que des eaux minérales ont pénétré la substance organisée, puis que la disparition de chaque molécule organique a été accompagnée d'un dépôt de substance minérale. C'est ce que le professeur Gœppert, de Breslau, est parvenu à reproduire de la manière suivante : il plaçait pendant plusieurs jours des lames minces de sapin dans des dissolutions métalliques concentrées, telles que du sulfate de fer, par exemple, puis il détruisait par le feu la matière organique, et la matière minérale reproduisait avec une grande perfection la structure du bois. — Peut-être que les forces électro-chimiques ont concouru à la pétrification, comme dans l'observation qui a été faite, à la Monnaie, par d'Arcet, et que nous allons rapporter : un barreau d'acier avait été abandonné dans une armoire, à peu de distance d'un flacon contenant une dissolution de nitrate d'argent. Ce flacon avait une fêlure qui laissait suinter peu à peu le liquide; au bout de plusieurs années, l'argent s'était complètement substitué au fer; à la place du barreau d'acier, on trouva un barreau d'argent parfaitement malléable. — Citons encore une expérience qui se rattache à ce sujet : une cruche de terre, contenant plusieurs litres d'une dissolution de sulfate de fer, avait été laissée dans un coin d'un laboratoire de chimie. Lorsqu'au bout d'un an on examina la liqueur, on trouva à la surface une couche d'huile et du soufre en poudre; au fond, on découvrit des ossements de souris, au milieu d'un sédiment contenant des parcelles de soufre, de sulfate de fer cristallisé, de petits grains de sulfure de fer cristallisé, et enfin un oxyde de fer noir et vaseux. Ainsi donc, les souris étaient tombées dans la cruche, s'y étaient noyées; des réactions complètes s'étaient accomplies, semblables à celles que donnent certaines eaux minérales; mais la transformation des os en pyrite n'avait pas eu lieu.

III. — IMPORTANCE DES FOSSILES DANS LA FORMATION DES COUCHES TERRESTRES.

Nous allons maintenant examiner dans quelles roches on peut espérer rencontrer des fossiles, et jusqu'à quel point ils ont concouru à leur formation.

D'abord, nous savons que les roches d'origine ignée, ainsi que les roches éruptives, ne doivent point en avoir du tout; leur température extrêmement élevée ne leur permettait pas d'entretenir la vie. Cependant, on a eu plusieurs fois l'occasion d'observer des coquilles enveloppées de cendres volcaniques; c'est qu'elles avaient été lancées au loin avec les eaux de la mer, puis introduites dans quelques fissures, où elles ont été recouvertes postérieurement par des cendres volcaniques refroidies. Il a pu arriver aussi que les matériaux volcaniques remaniés par les eaux, puis transformés en sédiment, ont recouvert les coquilles à la manière des autres roches aqueuses.

Les roches métamorphiques, bien qu'elles aient subi l'action d'une forte chaleur, ne sont pas complètement privées de restes organiques, mais le plus souvent les coquilles qu'elles renferment font corps avec la pâte, et ne peuvent en être séparées. — Ainsi, les plus anciens dépôts de sédiments qui ont été amenés à l'état schistoïde par une élévation assez considérable de température, nous ont cependant conservé les traces des êtres organisés primitifs, ainsi qu'on le voit dans les ardoisières d'Angers. — Les marbres de Carrare, qui doivent être considérés comme un calcaire altéré de la période oolitique, renferment des coquilles que l'on reconnaît surtout quand ils ont été polis, ou bien quand on en observe des plaques minces par transparence. Beaucoup d'autres marbres sont dans ce cas; tels sont ceux de Namur, que l'on emploie dans notre pays pour faire des cheminées ou des dessus de table; leur pâte est souvent criblée de coquilles. Lorsque les calcaires ont été transformés en carbonate de chaux et de magnésie (dolomie), les fossiles qu'ils renferment ont subi les mêmes modifications ; c'est ce que l'on voit près de Dax, dans les Landes.

Mais les roches sédimentaires qui ont été formées ou déposées au sein des eaux, sont les roches fossilifères par excellence.

Les calcaires compactes sont, en général, pauvres en coquilles ; tel est le calcaire lithographique de Châteauroux; cependant on y a rencontré plusieurs ammonites, quelques mollusques, des feuilles de fougère et de nombreuses empreintes qui ne paraissent pas avoir encore été décrites. — Mais les calcaires grossiers de tous les pays sont souvent très-riches ; tel est le calcaire grossier de Paris, tels sont les faluns de la Touraine, qui sont presque entièrement formés de débris ou de tests entiers de mollusques ; dans notre département, ils abondent sur quelques points du calcaire lias. — Les polypes qui, à notre époque, forment encore des îles et des rescifs dans l'Océanie, composent presque à eux seuls la masse du calcaire corallien ; on le remarque sur les bords de la Creuse, aux environs du Blanc. — La craie renferme des quantités prodigieuses de restes organisés. Quand on réduit un fragment de craie en poussière, et qu'on le met en suspension dans l'eau pour en séparer les particules pesantes, on reconnaît, à l'aide du microscope, que les petits grains blancs qui se déposent sont, en réalité, des fossiles bien conservés ; on en a obtenu parfois plus d'un millier par 500 grammes de craie ; quelques-uns sont des fragments de bryozoaires et de coralline, d'autres des foraminifères et cythéridées. Ce qu'il y a de plus remarquable, c'est que les chambres qui divisent les foraminifères sont souvent remplies de centaines de petits êtres parfaitement conservés. — La couche blanche qui enveloppe les silex de la craie renferme les mêmes débris, mélangés à d'innombrables spicules d'éponges. Ainsi, la craie ne serait formée, au moins sur certains points, que de restes d'êtres ayant vécu !...

Le gypse ou pierre à plâtre ne contient jamais de fossiles quand il est à l'état fibreux. A l'état grossier, il renferme, à Montmartre, près de Paris, beaucoup d'ossements de mammifères, de débris de poissons, d'oiseaux, de reptiles; mais on n'y a jamais signalé de mollusques et d'animaux rayonnés.

Le sel gemme (sel de cuisine) est pauvre en fossiles; à peine a-t-on trouvé à Wielicska, en Pologne, une couche qui renfermait quelques restes de poissons, de mollusques et de polypiers fossiles; mais les animalcules microscopiques n'y sont pas rares; ces petits êtres donnent la couleur rouge aux eaux mères des marais salants, qui en contiennent jusqu'au quart de leur volume; ils ne deviennent rouges qu'après leur mort, qui arrive quand les eaux marquent 25° à l'aréomètre de Beaumé.

Les sables, les cailloux roulés qui ont été déposés au sein d'eaux rapides, ne contiennent qu'exceptionnellement des débris organiques. Il n'en est pas de même des argiles et des grès qui, sur certains points, sont très-fossilifères. Enfin, les roches siliceuses, telles que la meulière, contiennent très-fréquemment des empreintes de mollusques d'une grande délicatesse; on en rencontre beaucoup aux environs d'Ardentes et dans la forêt de Châteauroux.

Signalons enfin les découvertes remarquables faites par Ehrenberg en examinant le tripoli et le minerai de fer des marais au microscope. Le tripoli employé pour polir les pierres et les métaux se tire de diverses localités; en particulier on en trouve à Bilin, en Bohême, une couche qui a quatre mètres d'épaisseur et qui s'étend sur une large surface. Il est formé de petits grains qui, observés au microscope, paraissent des êtres organisés, et, telle est leur petitesse, qu'Ehrenberg estime à 41 milliards le nombre d'individus contenus dans 25 millimètres cubes, ce qui représente à peu près 1ᵍ 55. Le même observateur a démontré que la limonite ou minerai de fer des marais, que l'on rencontre souvent dans les mousses de tourbières, se compose d'innombrables fils articulés d'une couleur jaune d'ocre. Ce sont les fourreaux d'un très-petit corps appelé gallonella ferruginea.

Rien n'est plus propre que ces exemples pour montrer l'extrême fécondité de la nature et la perfection de ses œuvres, car elle n'est pas moins admirable dans les animaux microscopiques que chez les êtres les plus parfaits.

IV.—IMPORTANCE DES FOSSILES POUR LA DÉTERMINATION DES TERRAINS.

Il nous reste maintenant à indiquer l'usage des fossiles pour la détermination de l'âge relatif des terrains.

Nous avons dit, dans la dernière leçon, que pour savoir quelle était la plus ancienne de deux formations, il fallait déterminer, au moyen de l'inclinaison ou du mode de stratification, celle qui venait se placer au-dessous de l'autre; nous avons dit aussi que toutes les fois que deux couches superposées étaient en stratification discordante, une catastrophe avait séparé leur dépôt. On peut se servir aussi, pour abréger et faciliter ces déterminations, de la nature des roches; mais d'abord elle est d'un faible secours pour les dépôts successifs, car, le plus souvent, il n'y a pas entre eux de différences tranchées; de plus elle peut parfois induire en erreur; car, à une même époque géologique, de même qu'à l'époque actuelle, beaucoup d'espèces de roches ont été formées, et rien n'empêche, ce qui est arrivé, qu'une même roche ait été reproduite à deux époques différentes. Pour sortir d'embarras, l'examen des fossiles est souvent d'un grand secours pour le géologue.

L'observation des faits a démontré que deux formations

successives ne renfermaient jamais des espèces complètement identiques, ces espèces ayant subi des modifications plus ou moins importantes. De plus, les couches qui se trouvent au même niveau géologique, bien qu'éloignées géographiquement les unes des autres, renferment à peu près les mêmes espèces; cette observation est d'autant plus exacte, que l'on considère des époques plus anciennes. Les deux lois précédentes établissent la possibilité d'utiliser les fossiles pour la détermination des terrains. Comme on en connaît plus de vingt mille espèces, on se trouve en présence d'une nouvelle difficulté. Heureusement qu'il n'est pas besoin de les connaître toutes, mais seulement celles qui sont caractéristiques. On appelle ainsi celles qui sont abondantes dans un terrain donné sur une assez grande étendue de pays, et qui ne se trouvent nulle part ailleurs. C'est ainsi que la gryphée arquée est caractéristique pour le lias, les trilobites pour les terrains de sédiment les plus anciens, etc. On peut aussi utiliser certains caractères négatifs; ainsi, il y a des espèces qui s'accompagnent presque toujours; l'absence des unes fait donc supposer celle des autres. — Le géologue fait principalement usage des mollusques, parce qu'ils sont généralement répandus; mais les débris des vertébrés, lorsqu'on les rencontre, présentent un plus haut intérêt et servent à fixer complètement les incertitudes qui pourraient exister.

D'après ce qui précède, la détermination de l'âge d'un terrain repose sur un ensemble de considérations assez complexes; il ne faut donc pas s'étonner du désaccord qui se produit entre les géologues sur quelques points particuliers. Il tient à ce que l'on ne possède pas un assez grand nombre d'éléments; l'observation plus approfondie lève souvent tous les doutes.

Mais la connaissance de l'âge d'un terrain n'est pas seulement ce que l'on se propose; on veut encore savoir les circonstances de sa production. A cet égard, on ne peut guère s'appuyer que sur une connaissance approfondie du mode d'existence et des habitudes des mollusques.

Ainsi, il y a des espèces qui habitent les eaux douces, d'autres ne vivent que dans les mers. Les premières sont de beaucoup les moins abondantes, à cause des petites dimensions des estuaires et des lacs ; leurs genres sont peu nombreux ; en général, elles sont plus minces et moins ornées que les coquilles marines. Quand elles sont bivalves, c'est-à-dire quand elles se divisent en deux pièces égales ou inégales, elles offrent toujours de larges empreintes musculaires sur chacune d'elles ; tels sont les cyclades, les unios, les anodontes. Quand elles sont univalves, c'est-à-dire formées d'une seule pièce, elles ont toujours la bouche entière, ne présentant aucune dentelure sur son contour ; ce caractère est important, car les coquilles marines ne l'offrent jamais. Leurs principaux genres sont les planorbes, les lymnées et les paludines. Ajoutons, comme caractères négatifs, que dans les dépôts d'eau douce on ne trouve jamais d'oursins, de crinoïdes et de polypiers.

Quand le dépôt que l'on considère s'est formé dans une mer, on se demande où étaient les côtes, où se trouvaient les points profonds. Les côtes se reconnaissent au désordre des coquilles, au mélange des mollusques de haute mer ou pélagiens, et des mollusques côtiers. Les mollusques pélagiens étant destinés à flotter, à vivre et à mourir dans les eaux, ont, en général, une coquille mince, présentant des loges aériennes destinées à en diminuer le poids ; telles sont les ammonites ; parfois la coquille est interne, comme chez les bélemnites. Quand ils sont morts, ils continuent à flotter, et sont infailliblement jetés sur le rivage. C'est là aussi, et seulement au niveau des hautes mers, que sont apportés les mammifères, les oiseaux, les reptiles, les poissons entiers, soit qu'ils vivent dans les eaux, soit qu'ils aient été attirés accidentellement dans leur sein. Les côtes sont donc le lieu où l'on a le plus de chance de trouver des débris organisés. Cependant, si, par un accident quelconque, les coquilles flottantes viennent à être percées, elles tomberont au fond de la mer; mais alors on n'en trouvera qu'un petit nombre sur le même point. Pour les autres animaux trouvés loin des côtes, ils ne seront jamais entiers. Ainsi, les points profonds des anciennes mers sont caractérisés par l'absence ou le peu d'abondance des fossiles.

On peut même savoir à quel niveau se trouvait une portion déterminée d'une côte, ou de quelle nature étaient les éléments constituants. En effet, les mollusques ne sont plus les mêmes à des hauteurs différentes, et les fonds vaseux, sablonneux ou peu profonds, les sols rocailleux, offrent des espèces distinctes.

Il ne faut pas non plus négliger d'observer dans quelle position se trouvent les coquilles au moment où on les rencontre. Quand on découvrira des huîtres couchées à plat, serrées les unes contre les autres de manière à former des bancs; quand on verra les polypiers élever leur tige perpendiculairement aux plans de stratification, on en conclura qu'ils n'ont point été déplacés; il en sera de même pour les coquilles bivalves, qui se plaisent dans la vase ou dans le sable, quand elles seront placées verticalement dans le sens de leur plus grande longueur. — Le plus souvent, les mollusques ont été transportés et déposés à certains niveaux comme des corps inertes; alors leur plus grande section est toujours parallèle aux plans de la stratification. — Il peut s'être écoulé un temps assez long sans qu'ils aient été recouverts par des dépôts; on n'en peut pas douter lorsqu'on les trouve couverts de serpules et de certains ostracés qui n'ont pu se développer que sur l'animal mort.

En résumé, les fossiles qui fournissent à l'agriculteur les amendements les plus précieux et les engrais les plus actifs, éclairent d'une vive lumière les diverses questions qui se rattachent à l'histoire de la terre.

APPENDICE A LA TROISIÈME LEÇON.

NOTIONS SUR LES MOLLUSQUES & LES ZOOPHYTES.

Comme les mollusques et les zoophytes sont très-abondants dans les couches terrestres, et que nous en parlerons fréquemment, nous allons donner sur ces êtres quelques détails destinés à faire comprendre la description des genres et des espèces caractéristiques.

I. — Mollusques.

Le corps de ces animaux est toujours mou et d'une forme extrêmement variable, mais toujours il présente dans son ensemble une disposition courbe qui rapproche la bouche de l'extrémité opposée; de plus, les principaux organes sont pairs et symétriques. — Le système nerveux est incomplet; les organes des sens sont le plus souvent à l'état rudimentaire; la locomotion, lorsqu'elle existe, est imparfaite. — Toutefois, l'appareil de la nutrition est bien développé; ainsi, le tube digestif, ouvert aux deux extrémités, présente souvent à la partie antérieure une cavité buccale, munie d'une langue et de pièces pour la mastication, et est accompagné d'un foie volumineux et parfois de glandes salivaires.

La plupart des mollusques possèdent une coquille; quelquefois interne, comme chez les seiches et les bélemnites; le plus souvent externe; c'est la seule partie de ces êtres qui se soit conservée; il a pu exister, comme de nos jours, des mollusques gélatineux, mais leur facile décomposition les a fait complètement disparaître.

Pour bien comprendre le mode de formation des coquilles, il faut connaître la structure de la peau des mollusques.

Cette peau, molle, éminemment contractile, susceptible de donner dans tous ses points des sécrétions muqueuses entraînant parfois de nombreuses particules calcaires, acquiert par places un développement considérable, bien plus grand qu'il n'est nécessaire pour recouvrir l'animal. C'est cette partie que l'on nomme le manteau. Le manteau se compose de plusieurs couches : la couche extérieure, quelquefois velue, se nomme l'épiderme ; au-dessous se trouve la matière colorante, quand il y en a; enfin la partie intérieure, la plus épaisse, constitue le derme, qui contient sur ses bords et même dans toute sa masse de nombreuses follicules fournissant les matières muqueuses et calcaires.

Ceci posé, la coquille commence à se déposer sur le derme; la matière colorante reste alors à l'extérieur, ainsi que l'épiderme, qui constitue la pellicule enveloppant la coquille, nommée *drap marin*. Les parties du manteau qui limitent la portion formée déposent des molécules calcaires qui augmentent la grandeur du test, en même temps qu'il est consolidé et épaissi par les sécrétions du derme sur la face interne. Il résulte de là des couches successives; les plus extérieures sont les plus anciennes, elles ont de moindres dimensions; l'ensemble offre l'aspect de feuillets superposés, remarquables chez les huîtres où ils sont séparables soit par la chaleur, soit par la fossilisation. — Mais il arrive souvent que la coquille reste peu épaisse, et que son accroissement se fait seulement sur le bord par la juxtaposition de molécules calcaires ; de là une structure fibreuse, et fréquemment des raies que l'on appelle raies d'accroissement.

Généralement les couches internes sont plus denses; leurs molécules sont plus serrées, elles ont un aspect chatoyant, vitreux. La sécrétion qui les produit empâte les muscles, ainsi que les corps étrangers introduits dans la coquille. Telle est l'origine du nacre et des perles produits par certaines huîtres.

Ce mode de formation des coquilles conduit à une conséquence importante; c'est qu'elles doivent reproduire, dans de certaines limites, la forme des mollusques. Ainsi, la coquille est-elle ovale, le manteau devait l'être aussi; est-elle contournée en spirale, le manteau la suivait intérieurement. Si la coquille se compose de plusieurs pièces ou valves, c'est que le manteau était lui-même composé de plusieurs valves. Les coquilles peuvent donc servir de base à une classification des mollusques.

Quant aux fonctions des coquilles, elles sont nombreuses: d'abord ce sont des organes protecteurs; si elles sont grandes, l'animal s'y réfugie tout entier pour se soustraire aux atteintes extérieures; si elles sont trop petites, elles protègent les organes de la respiration ou les parties les plus délicates. Lorsqu'elles sont divisées en plusieurs loges, elles servent à diminuer le poids de l'animal. Quand elles sont intérieures, elles soutiennent la masse charnue et donnent des appuis pour la contraction musculaire. — Ce dernier usage est général; on sait avec quelle force peuvent se refermer des coquilles bivalves; c'est que des muscles puissants sont insérés sur chacune d'elles.

Les mollusques se divisent en six classes: les *céphalopodes*, les *gastéropodes*, les *acéphales*, les *brachiopodes*, les *tuniciens* et les *bryozoaires*.

Les tuniciens étant inconnus à l'état fossile, nous n'en parlerons pas.

1re Classe. — CÉPHALOPODES.

Ces mollusques sont formés de deux parties distinctes: l'une postérieure, le corps, est enveloppée d'un manteau en forme de sac musculeux, qui contient les viscères, les organes de la respiration, et donne quelquefois naissance à des appendices; l'autre antérieure, la tête, séparée du corps par un étranglement, est couronnée par des bras (tentacules) plus ou moins nombreux qui servent à la locomotion et à la préhension. C'est cette disposition qui leur a fait donner le nom de céphalopodes, qui veut dire tête portant des pieds. — La tête est volumineuse, large et arrondie, pourvue d'yeux saillants, très-semblables à ceux des vertébrés. Au milieu des bras se trouve la bouche, qui contient une langue hérissée de crochets par séries longitudinales, et qui est armée de deux mandibules cornées ou calcaires assez semblables à celles d'un perroquet; seulement la mandibule supérieure rentre toujours dans l'inférieure, qui est beaucoup plus grande. — Le tube digestif présente plusieurs estomacs; il est accompagné d'un foie volumineux et de glandes salivaires très-développées. La respiration se fait par des branchies qui ont la forme de pyramides allongées, et sont composées d'un grand nombre de lamelles membraneuses. — Les céphalopodes à deux branchies possèdent la propriété singulière de sécréter une matière noirâtre, qu'ils lancent au dehors en assez grande abondance pour teindre l'eau et se dérober à leurs ennemis. La sépia est l'encre produite par la seiche.

Les céphalopodes sont, en général, pourvus d'une coquille, qui est interne chez ceux qui ont dix tentacules, et externe chez tous les autres.

La coquille interne des seiches et des bélemnites se nomme osselet. Chez les bélemnites, elle avait de nombreuses cloisons empilées les unes sur les autres, traversées par un tube et surmontant un corps calcaire, conique, à structure serrée et rayonnée (le rostre); le rostre est la portion que l'on rencontre le plus souvent.

La coquille externe n'a qu'une seule loge chez les argonautes; elle en a un grand nombre chez les nautiles et les ammonites; toutes ces loges sont traversées par un tube appelé siphon, qui se continue sans s'interrompre et sans communiquer avec les loges. — L'animal occupe la dernière loge, et de l'extrémité postérieure de son corps part un organe creux qui pénètre dans le siphon.

2ᵉ Classe. — GASTÉROPODES.

Cette classe, qui a pour type la limace et le colimaçon, se compose d'animaux rampant à l'aide d'une pièce charnue placée sous le ventre, et qu'on appelle le pied ; de là vient leur nom. — La tête, plus ou moins distincte, porte une ou plusieurs paires de petits appendices (tentacules) très-mobiles, qui paraissent destinés au tact, et sur ou près desquels on remarque des yeux. — La bouche est entourée de lèvres contractiles, et il existe quelquefois des dents cornées sur le palais ; le tube digestif présente un estomac parfois garni de pièces cartilagineuses et cornées, destinées à diviser les aliments. — Lorsque les gastéropodes sont terrestres, ils respirent à l'aide d'un réseau vasculaire ; quand ils habitent les eaux, ils possèdent des branchies qui occupent des positions diverses et affectent des formes variées.

La partie supérieure et postérieure de ces mollusques est recouverte d'un manteau. Parfois ce manteau ne produit point de coquille (limaces), mais ordinairement il en existe une qui est extérieure, le plus souvent enroulée en spirale, et dont les canaux, les digitations, les échancrures correspondent à des appendices du manteau.

Dans une coquille spirale, on distingue : 1° la bouche, c'est l'ouverture par laquelle passait le pied ; 2° un axe placé au centre et sur lequel les tours de spire viennent s'appliquer, c'est la columelle. — Cet enroulement, qui tient à un développement inégal des deux côtés du manteau, se produit en général du côté droit ; l'enroulement sur le côté gauche est tout-à-fait exceptionnel. — L'accroissement de la coquille se fait surtout par le bord du manteau. — Ajoutons que le pied sécrète souvent une pièce cornée qui y reste fixée, et que l'on nomme l'opercule. Plusieurs, parmi les gastéropodes terrestres, sécrètent une pellicule membraneuse qui ferme pendant l'hiver l'ouverture de la coquille.

3ᵉ Classe. — ACÉPHALES.

Les acéphales sont dépourvus de tête, et, par conséquent, ils n'ont pas d'organes pour la vision, l'audition et la préhension. — La bouche, placée à la partie inférieure, n'a pas de dents, mais des lèvres charnues, à feuillets triangulaires, que l'on considère comme des tentacules. — La respiration se fait à l'aide de deux grands feuillets minces, régulièrement striés en long et en travers; ce sont les branchies.

Leur corps est enveloppé par un grand manteau, composé de deux parties qui se rapprochent et renferment le corps comme un livre dans sa couverte. — A chaque partie du manteau se rattache une pièce de la coquille, qui est formée généralement de deux pièces ou valves, reliées entre elles par un ligament qui sert de charnière. Ces valves se rapprochent au moyen de muscles; quand ces muscles sont dans un état de relâchement, les valves sont entrebâillées.

Les organes de la locomotion, lorsqu'ils existent, sont fort imparfaits, et consistent en un pied charnu, cylindrique, qui permet aux acéphales de s'enfoncer dans la vase ou le sable, d'y creuser de légers sillons. — Un certain nombre d'entre eux se creusent des cavités dans les roches calcaires; d'autres se fixent aux corps sous-marins, tantôt par leurs coquilles, tantôt par un byssus; c'est un faisceau de poils plus ou moins déliés, partant de la base du pied.

Le mode de station de ces mollusques est important à considérer. Lorsqu'une coquille bivalve est symétrique, on peut dire que sa position normale est verticale ou presque verticale dans le sens de sa longueur; l'animal a la bouche en bas et l'anus en haut. Cette règle subsiste, que la coquille symétrique soit allongée, ovale ou arrondie, ou qu'elle soit logée dans la pierre. — Pour la coquille fixée par un byssus, la position n'est pas très-différente.

Les coquilles bivalves non symétriques sont, relativement aux autres, couchées sur le côté; il y a alors une valve supérieure et une valve inférieure. Quand elles sont fixées par un byssus, leur irrégularité est moindre que quand elles le sont par la coquille elle-même.

4ᵉ Classe. — BRACHIOPODES.

Les brachiopodes sont encore moins parfaits que les acéphales; ils n'ont pas de tête, pas d'organes pour la vision et l'audition, et de plus ils sont dépourvus de tout organe locomoteur. — Ils ont un très-petit corps, pourvu ou non de bras ciliés (grêles en forme de cils), libres ou fixes, destinés à amener les aliments vers la bouche, placée en dessous et enveloppée dans un vaste manteau. C'est dans les parois mêmes de ce manteau que se trouvent les vaisseaux destinés à la respiration.

L'animal des brachiopodes est libre ou fixe; libre, tous ses muscles sont à l'intérieur de la coquille; fixe, il sort par une ouverture de la coquille un faisceau de muscles au moyen desquels l'animal adhère aux corps sous-marins.

La coquille se divise toujours en deux valves inégales; l'une plus longue, fixe ou libre, quelquefois percée; l'autre plus petite, bombée, n'est jamais percée et joue le rôle d'opercule. La distance aplatie qui existe entre le crochet de la grande valve et la petite valve se nomme *area*.

5ᵉ Classe. — BRYOZOAIRES.

Ces êtres forment le passage entre les mollusques et les zoophytes; on les a longtemps confondus avec les polypiers.

Ils ont un canal digestif complet, contourné sur lui-même, ouvert aux deux extrémités. — Leur appareil branchial est très-développé. — Leur corps est enveloppé d'un manteau incrusté de particules calcaires, et que l'on nomme *cellule*. Chaque animal, dans sa cellule, a une existence distincte; mais ces cellules se réunissent en grand nombre, et leur ensemble tantôt régulier, tantôt irrégulier, est souvent fort remarquable.

II. — Zoophytes.

Chez les zoophytes, l'organisation est, en général, beaucoup plus simple que chez les autres animaux. Leur canal intestinal ne présente, en général, qu'un orifice; le système nerveux n'offre que de faibles traces; la respiration paraît s'effectuer au moyen de tubes remplis d'eau (trachées aquifères). — Beaucoup se greffent les uns sur les autres, de manière à donner un ensemble arborescent. — En général, leur forme est étoilée ou rayonnante. Ils ont souvent beaucoup de ressemblance avec les plantes; de là vient leur nom. Ceux qui sont mous n'ont point de représentants à l'état fossile; nous ne nous en occuperons pas.

On les divise en deux groupes :

1° Les zoophytes rayonnés; les seuls qui nous intéressent sont les échinodermes et les polypiers;

2° Les zoophytes globuleux, qui renferment les foraminifères, les infusoires et les amorphozoaires.

1re Division. — ZOOPHYTES RAYONNÉS.

ÉCHINODERMES.

Les échinodermes sont revêtus par une peau épaisse, coriace ou calcaire, souvent armée d'épines. — Quand ils sont libres, ils rampent au fond de l'eau, au moyen de nombreuses tentacules rétractiles terminées par des ventouses, sortant par des pores disposés en lignes fines; quand ils sont fixes, ils sont souvent supportés par une sorte de tige pierreuse.

On distingue :

1° Les *échinoïdes* (oursins). — Leur charpente extérieure solide présente dix zones disposées par paires; les unes sont percées de trous qui donnent passage aux pédicules;

les autres, entières, présentent des mamelons sur lesquels s'attachent des épines. — Leur corps est rond, ovale ou déprimé.

2° Les *astéroïdes* (étoile de mer). — Leur corps est aplati et divisé en cinq rayons, au centre desquels se trouve la bouche. Chacun de ces rayons a en dessous un sillon longitudinal dans lequel sont percés tous les petits trous qui laissent passer les pieds.

3° Les *crinoïdes* ont le corps terminé par une bouche pourvue de cinq bras, organes spéciaux de la préhension, composés extérieurement d'une série de pièces simples portant des ramules. — Leur corps est protégé par une charpente solide, constituée par plusieurs pièces disposées sur cinq faces et nommée *calice*. Ils ont peu de représentants à l'état actuel.

Les crinoïdes fossiles pouvaient être fixes : ils étaient alors portés sur une tige formée d'un grand nombre d'articles (entroques), terminée inférieurement par une racine qui les fixait aux fonds rocailleux; d'autres étaient libres, et alors tantôt ils pouvaient se fixer, au moyen de petits bras, à des corps sous-marins, tantôt leur corps bulbiforme s'enfonçait dans les sédiments fins.

POLYPIERS.

Ces petits êtres possèdent une cavité digestive pourvue d'une seule ouverture entourée d'une couronne de petits tentacules; leur corps est cylindrique et mou, mais la partie inférieure se durcit par le dépôt de particules calcaires dans son épaisseur, et reste greffé sur le support commun ; en effet ces êtres se reproduisent par des œufs et par bourgeonnement, de sorte que les diverses générations demeurent attachées les unes aux autres et vivent en quelque sorte d'une vie commune.

Ces zoophytes, qui pullulent dans les mers voisines des tropiques, y couvrent des chaînes de montagnes sous-marines et y élèvent des rescifs et des îles, ont aussi laissé de nombreux débris dans les couches terrestres.

2ᵉ Division. — ZOOPHYTES GLOBULEUX.

FORAMINIFÈRES.

Les foraminifères se présentent sous la forme de petites coquilles très-abondantes dans les couches terrestres, très-abondantes aussi dans le sable de tout le littoral des mers actuelles. Ces coquilles, variables de forme, suivent dans leur accroissement une régularité mathématique.

Le corps, nom que l'on donne à la masse vitale, est quelquefois entier, rond, recouvert d'une enveloppe solide à une seule ouverture; de cette ouverture partent des filaments contractiles, très-allongés, grêles, divisés et ramifiés, servant à la reptation; c'est sous cette forme que commencent tous les foraminifères, elle persiste dans quelques espèces seulement.

Le plus souvent le corps est divisé en segments, et recouvert dans toutes ses parties d'une enveloppe testacée, modelée sur les segments. Ces segments sont agglomérés, contournés de bien des manières, mais toujours avec une régularité parfaite. Tantôt ils sont placés sur une ligne circulaire; tantôt, enroulés sur un même plan, ils représentent une spire régulière; parfois ils se pelotonnent autour d'un axe, etc. — Dans tous les cas, du dernier segment partent des filaments contractiles très-allongés, servant à la reptation.

C'est à M. Alcide d'Orbigny que l'on doit l'étude la plus complète sur les foraminifères qui ont formé les couches nummulitiques des Pyrénées, des Alpes, de tout l'Orient, et les calcaires à milioles des environs de Paris.

INFUSOIRES.

Les infusoires fossiles étaient des animaux fixes ou libres;

libres, ils nageaient à l'aide de cils vibratiles; leur squelette est le plus souvent siliceux. Malgré leur petitesse extrême, qui ne permet de les distinguer qu'au microscope, ils ont formé des dépôts importants. Ce sont les beaux travaux d'Ehrenberg qui ont fait connaître leurs nombreuses espèces et leur grande diffusion.

AMORPHOZOAIRES.

On rassemble sous ce nom des êtres dépourvus de mouvement et de sensibilité, et représentés actuellement par les éponges.

Ce sont des corps polymorphes, gélatineux, composés de granules transparents et sphériques, soutenus par un squelette corné ou pierreux, fibreux ou poreux, comprenant une multitude de spicules, tantôt calcaires, tantôt siliceuses. Ils sont traversés par des canaux aquifères, percés dans la substance même, et continuellement traversés par des courants qui paraissent servir à la respiration et à la nutrition.

Les spongiaires fossiles n'ont jamais eu de squelette corné, mais bien des tissus calcaires et pierreux.

II. — TERRAINS SÉDIMENTAIRES.

QUATRIÈME LEÇON.

DES TERRAINS DE TRANSITION.

DIVISION GÉNÉRALE DES TERRAINS SÉDIMENTAIRES.

Il résulte des leçons précédentes que la croûte terrestre est formée de deux espèces de roches : les unes, d'origine ignée, ont constitué la première enveloppe de notre globe lors de sa solidification, ou sont apparues à diverses époques à la surface de la terre à la suite de dislocations ; les autres se sont déposées au sein des eaux dans la suite des temps. Ce sont les roches sédimentaires dont nous allons aborder l'étude.

Rappelons-nous que la détermination de leur âge relatif repose sur des règles précises, mais qui exigent dans leur application beaucoup de savoir et de sagacité ; en premier lieu, on cherche à reconnaître si les couches superposées sont parallèles ou bien si leurs plans forment un angle, en d'autres termes, si elles sont en stratification concordante ou discordante ; toute stratification discordante indique un soulèvement qui a séparé deux formations ; — en second lieu, on recueille et l'on étudie avec soin les restes organiques que l'on rencontre, car chaque période a possédé des êtres d'une physionomie spéciale. En s'appuyant sur ces principes, on a comparé attentivement les couches les plus superficielles de la terre, mises à nu soit par des soulèvements ou des affaissements naturels, soit par les travaux des hommes, et on est parvenu à établir avec assez de précision la série des terrains sédimentaires. Voici, dans l'ordre de leur formation et en commençant par les plus anciennes, les coupes fondamentales généralement admises :

1° Le terrain primitif ;
2° Les terrains de transition ;
3° Les terrains secondaires ;
4° Les terrains tertiaires ;
5° Les terrains quaternaires.

Le terrain primitif comprend les roches provenant de la première consolidation du globe, avant que les eaux aient pu y séjourner et y exercer leur action. On doute qu'on le connaisse réellement ; en tout cas, les roches cristallines que l'on considère comme appartenant au terrain primitif, passent insensiblement à celles qui constituent la partie inférieure du terrain de transition ; de sorte qu'on ne peut guère les distinguer les unes des autres ; leur étude, commencée dans la première leçon, qui donne toutes les indications principales dont nous avons besoin pour le moment, sera complétée lorsque nous étudierons les terrains éruptifs.

Les terrains de transition présentent, comme leur nom l'indique, un aspect intermédiaire entre les terrains primitifs et les terrains secondaires. Ils ont d'abord une structure cristalline comme les premiers, mais cette structure va en s'affaiblissant graduellement, et les étages supérieurs ont la texture lithoïde des terrains secondaires.

Les terrains secondaires, tertiaires et quaternaires, ne peuvent guère être définis en quelques lignes, au moyen de caractères simples et tranchés. Hors le cas de métamorphisme, ils ne sont jamais cristallins. On peut dire aussi, malgré des exceptions assez fréquentes, que le tissu des roches devient plus lâche, leur grain plus grossier, par suite leur résistance moindre, à mesure que l'on se rapproche de l'époque actuelle.

Les terrains de transition enveloppent et entourent les

terrains primitifs; les terrains secondaires constituent eux-mêmes une ceinture autour des terrains de transition; aussi, à mesure que l'on s'éloigne de ces derniers, rencontre-t-on des formations de plus en plus récentes. — Quant aux terrains tertiaires, ils se sont déposés dans les dépressions laissées par les terrains précédents, de telle sorte qu'ils représentent des bassins disséminés et circonscrits.— Les terrains quaternaires, peu puissants d'ordinaire, ont eu une diffusion considérable; on les rencontre d'abord le long des cours d'eau qui descendent des terrains primitifs, même à une grande distance de leur source; puis ils ont recouvert comme d'un manteau de vastes espaces très-élevés au-dessus des rivières actuelles, et, de plus, il est presque toujours possible de reconnaître le point de départ de leurs matériaux constituants qui ont été arrachés par les eaux aux terrains primitifs et aux terrains de transition.

Ces règles très-générales, qui s'appliquent aussi bien que possible à la France entière et au département de l'Indre en particulier, nous paraissent propres à faciliter la connaissance de l'âge d'un terrain, quand on connaît sa distance à un terrain de transition et l'époque du dépôt de quelques points intermédiaires.

Toutes les formations ne sont certainement pas développées partout avec la même puissance et les mêmes caractères; de plus, la configuration du sol limite souvent nos investigations; il nous semble qu'il importe surtout de faire connaître les pays types; pour les autres, on doit se contenter de signaler les matières utiles qu'on y rencontre. Nous choisirons autant que possible nos exemples en France; nous aurons fréquemment à parler du département de l'Indre, car, malgré sa faible étendue, il contient une grande partie de la série des terrains. — En procédant ainsi, nous espérons éviter l'aridité de descriptions trop minutieuses et trop multipliées, tout en conservant une précision suffisante.

Ces considérations suffisent pour établir le cadre que nous avons à remplir, ainsi que la marche que nous avons l'intention de suivre, et nous abordons immédiatement l'étude des terrains de transition.

Terrains de transition.

Importance des terrains de transition. — Parmi les terrains de transition, les uns ont été soulevés immédiatement après leur formation, les autres après avoir été recouverts par des couches plus ou moins nombreuses. Dans tous les cas, ils embrassent les points les plus élevés des pays qui les renferment; aussi, leur tracé est-il caractéristique, car c'est entre leurs limites que se trouvent les anciennes mers où se sont déposés les terrains secondaires et tertiaires.

Prenons la France pour exemple :

Il existe, en France, cinq contrées appartenant aux terrains de transition : le plateau central, les Vosges, le massif de la Bretagne, les axes culminants des Alpes et des Pyrénées.

Le plateau central est la portion qui nous intéresse le plus, car la partie du département de l'Indre limitrophe des départements de la Creuse et de la Vienne en dépend. Il embrasse, du reste, les Cévennes, le Nivernais, l'Auvergne et le Limousin. C'est une gibbosité ondulée, dont l'altitude moyenne est de 500 à 800 mètres; sur certains points, les granits atteignent de 1,000 à 1,200 mètres; enfin, les terrains volcaniques qui l'ont traversée portent les sommités à 1,500 et à 1,800 mètres. — Elle est constituée par des roches cristallines ou semi-cristallines, parfois complètement privées de terre végétale, fortement contournées et inclinées. Aussi, le pays est-il très-accidenté; les pentes sont rapides, les vallées étroites et encaissées; les cours d'eau sont nombreux, ramifiés; ils deviennent facilement torrentiels par les pluies ou lors de la fonte des neiges. Ce sont eux qui alimentent les fleuves et les rivières qui prennent leur source dans le plateau central ; tels sont la Loire, l'Allier, le Lot, la Dordogne, l'Ardèche, etc., et chez nous l'Indre, la Creuse, la Bouzanne, l'Anglin, etc. — A cause de l'altitude, la température y est plus froide que dans les contrées voisines. Jusqu'ici, le sol ne s'y est guère montré favorable qu'au châtaignier et aux herbages ; mais, sur un grand nombre de points, l'emploi rationnel de la chaux a permis de substituer les céréales à la châtaigne comme base de l'alimentation ; l'exportation de ce fruit est devenue considérable, de là une augmentation notable de la richesse. Du reste, la population est parfaitement en harmonie avec le sol âpre et accidenté ; elle est pauvre, simple, robuste, économe. — Ajoutons que l'admirable fertilité de certaines vallées, telles que celles de la Limagne et de Brioude, en Auvergne, dont le sol renferme en forte proportion des débris plus ou moins pulvérisés provenant des roches voisines, porte à croire que des jours plus prospères viendront pour ces contrées quand on utilisera les richesses en éléments inorganiques que possède leur sol, richesses que nous avons signalées en parlant des granits.

Les Vosges sont caractérisées par des montagnes arrondies, nommées ballons, constituées par des roches granitiques. Elles sont enveloppées de roches schisteuses qui, après avoir formé des zones plus ou moins étendues, finissent par être recouvertes par des terrains secondaires. Là dominent les terres vagues, couvertes de bruyères, de maigres pâturages, des forêts de sapins ; la forêt noire repose sur un sol semblable.

Le massif de la Bretagne, de la Vendée et de la Normandie figure une presqu'île séparée des terrains secondaires, suivant une ligne passant par Bayeux, Falaise, Alençon, Angers et Parthenay. Cette contrée, plus élevée que les pays voisins, n'a point de hautes montagnes, et n'offre aucun centre de soulèvement remarquable. Le sol, recouvert principalement par des roches semi-cristallines, est extrêmement ondulé; les côtes sont profondément découpées; les cours d'eau, peu volumineux, forment un réseau des plus compliqués, et versent leurs eaux d'un côté dans la Seine et la Loire, de l'autre dans la mer.

Les Alpes et les Pyrénées, soulevées à travers des terrains plus récents, offrent des caractères différents; dans l'axe se trouvent des roches granitiques et schisteuses, qui surgissent au-dessus des neiges perpétuelles; elles sont recouvertes par des formations sédimentaires; l'ensemble représente une barrière infranchissable, excepté par les cols.

Pour achever de vous donner une idée de l'importance des terrains de transition, disons qu'ils occupent en France 16 millions d'hectares sur une superficie de 52 millions, c'est-à-dire près du tiers de la superficie totale. Leur étendue relative n'est pas moindre dans le reste de l'Europe. On les retrouve dans le massif scandinave qui forme la Suède et la Norwège; dans les îles britanniques, ils constituent le Cornwall, l'est de l'Irlande, la chaîne qui sépare l'Angleterre de l'Écosse; dans l'Europe centrale, le Harz, la Silésie, la Hongrie, etc.; en Espagne, les Asturies, la Galicie, la Castille, l'Andalousie, etc.; on les voit en Corse, en Sardaigne, en Grèce, dans l'Oural, l'Altaï, etc.; enfin l'Asie et l'Amérique les possèdent sur un grand nombre de points.

Ce n'est pas seulement leur étendue qui recommande à l'attention les terrains de transition, leur puissance indique l'une des longues périodes géologiques; on y trouve des minéraux accidentels très-variés, qui enrichissent les collections, et l'industrie va y chercher les principaux combustibles, ainsi qu'un grand nombre de gîtes métallifères.

DIVISION DES TERRAINS DE TRANSITION.

Longtemps on n'a distingué, dans les terrains de transition, que des groupes mal définis; mais maintenant, grâce aux nombreuses recherches dont ils ont été l'objet, principalement en Angleterre, on y reconnaît quatre formations, qui sont, en commençant par les plus anciennes :

1° La formation inférieure ou terrain cumbrien ;
2° La formation moyenne ou terrain silurien ;
3° La formation supérieure ou terrain dévonien ;
4° La formation houillère.

Nous devons faire remarquer deux caractères importants qui s'appliquent à toutes les localités qui les renferment.

I. — Les roches constituantes sont d'autant plus cristallines qu'elles sont plus anciennes. Ainsi, à la base se trouvent les granits ; ils passent insensiblement au gneiss, dont la constitution diffère peu des granits, mais dont l'aspect rubanné indique déjà un commencement de stratification. Le gneiss est accompagné de micaschistes divisibles en lames minces, et par suite possédant un aspect plus sédimentaire. Au-dessus, on rencontre des roches de nature variée, ayant pour caractère commun de se séparer en feuillets peu épais, à faces parallèles, et qu'on appelle des schistes. Plus haut sont les quarzites, formés de grains de quartz à demi-fondus, ce qui donne à la masse une texture obscurément grenue ; au même niveau sont des grauwackes, roches d'agrégation produites par la réunion de débris appartenant aux roches cristallines ou semi-cristallines. Enfin, dans les étages supérieurs on voit principalement des calcaires et des grès. Les calcaires sont surtout composés de carbonate de chaux. Quant aux grès, ils sont toujours constitués par des grains de quartz agglutinés au moyen d'un ciment plus ou moins apparent. Ces deux dernières roches sont tout-à-fait sédimentaires.

II. — En second lieu, les terrains de transition se sont déposés dans des bassins de moins en moins considérables. Ainsi, les terrains cristallins de la période inférieure forment autour du globe une enveloppe presque générale, interrompue par les roches éruptives. — Les terrains de la formation silurienne se trouvent dans des bassins vastes, mais circonscrits. — Ceux de la période dévonienne ou anthaxifère marquent des bassins clairsemés et moins étendus. — Enfin, ceux de la période houillère sont encore plus restreints; ils n'existent que de loin en loin et indiquent une subdivision plus grande des dépôts.

I. — FORMATION INFÉRIEURE OU TERRAIN CUMBRIEN.

Le mot cumbrien dérive de Cumberland, nom d'une province anglaise où cette formation est bien caractérisée.

Elle repose sur le terrain considéré comme primitif et constitué par les diverses variétés du granit; elle s'y rattache par des passages tellement insensibles qu'il est difficile de distinguer leurs limites respectives. L'étendue considérable qu'elle occupe porte à croire que les premières eaux qui se déposèrent à la surface de la terre ne rencontrèrent que peu d'aspérités, et exercèrent une action sédimentaire générale; puis eurent lieu les premiers soulèvements, et la formation cumbrienne nous représente les terres qui surgirent alors et ne furent plus recouvertes dans la suite. — La haute température de l'enveloppe de notre globe leur imprima une structure presque cristalline.

Les roches dominantes sont le gneiss, les micaschistes et les schistes argileux, dont le support naturel est le granit et les roches cristallines qui lui ressemblent.

I. Gneiss. — Le gneiss n'est pas une roche puissante, formant des étendues considérables; il est, en général, effacé par le développement des schistes micacés et argileux. Sa composition est à peu près la même que celle du granit, c'est-à-dire qu'il renferme du feldspath, du mica et du quartz; mais le quartz y est peu abondant; de plus, son aspect rubanné indique déjà un commencement de stratification. Il renferme un grand nombre de minéraux accidentels, parmi lesquels nous citerons, outre les éléments constituants, le feldspath et le mica, qui s'isolent souvent, la tourmaline et les grenats. — La *tourmaline* est bien connue des physiciens, à cause de ses propriétés électriques et surtout des précieuses modifications qu'elle fait subir à la lumière qui la traverse. — Certains *grenats* possèdent de belles couleurs qui les font rechercher en joaillerie; tels sont les rouges violacés de Syrie, les rouges orangés du Tyrol et les rouges vifs de Bohême. — Remarquons aussi que le gneiss est souvent traversé par des veines et filons métalliques qui l'ont fait considérer autrefois comme le terrain métallifère par excellence.

II. Micaschiste. — Le micaschiste est la plus répandue des roches de la formation inférieure. Bien qu'il soit toujours composé de mica et de quartz, la proportion relative des éléments, ainsi que leur mode d'agrégation, varie singulièrement. Mais on le reconnaît aux feuillets miroitants du mica, que l'on isole en général assez facilement. Les minéraux accidentels du micaschiste sont assez nombreux, et plusieurs, tels que la tourmaline et les grenats, lui sont communs avec le gneiss.

III. Schistes argileux : *ardoises*. — Les schistes argileux de cette période sont complètement indélayables dans l'eau et résistent fort longtemps aux influences atmosphériques. Leur couleur varie en général du gris bleuâtre au violacé; quelques variétés sont colorées en rouge par le fer, ou en noir par le carbone. On les divise facilement en lames dans le sens de la stratification, et on les brise difficilement dans le sens perpendiculaire. Cette propriété et leur faible altérabilité les font rechercher comme ardoises. — Les principales ardoisières de France qui appartiennent à cette époque, sont celles des Ardennes et de la Manche. Leurs produits, ceux des Ardennes surtout, sont excellents. On reconnaît les bonnes ardoises à deux qualités : elles doivent être sonores et rendre un son éclatant lorsqu'on les frappe; de plus, elles ne doivent pas augmenter de poids par une immersion prolongée dans l'eau. — Les schistes ardoisiers présentent des lits variables quant à l'épaisseur, alternant avec des couches de schistes de mauvaise qualité ou de différentes roches d'agrégation; ces lits sont toujours plus ou moins inclinés, par rapport à l'horizon, et souvent contournés, plissés, courbés en forme d'arc de cercle. Ce sont les masses épaisses que l'on exploite le plus avantageusement; tantôt on y arrive au moyen de puits et de galeries soutenues par des piliers, restes de la roche que l'on n'a point entamée, tantôt les carrières sont à ciel ouvert. Dans tous les cas, on emploie le pic ou la poudre pour détacher de gros blocs, lesquels sont divisés en petites masses que l'on transporte hors de la carrière. C'est là que les ouvriers les transforment en ardoises; avec une dextérité qui étonne toujours, ils refendent les blocs en lames minces, à l'aide du maillet et d'un long ciseau, puis, avec une hache carrée, ils frappent ces lames sur un billot, afin de leur donner la dimension et la forme voulues. On doit remarquer que la séparation des feuillets n'est point parallèle à la stratification, mais qu'elle forme avec elle un angle aigu; de plus, l'exfoliation doit être faite sur les blocs qui possèdent leur eau de carrière, car la dessication la rend impossible.

Au milieu des schistes de cette période, on rencontre aussi des lydiennes ou pierres de touche; elles sont noires, à grain très-fin, et sont formées par de la poussière de quartz agglutinée par un ciment argilo-ferrugineux; c'est une variété des jaspes employés dans l'ornementation.

Le calcaire n'apparaît qu'à la fin de cette période; il n'est point abondant, et annonce le passage au terrain silurien.

Jusqu'ici on n'a point signalé de restes organiques appartenant soit au terrain primitif, soit au terrain cumbrien; c'est pourquoi on les appelle souvent terrains azoïques. Avec la formation silurienne commence la première époque du monde organisé.

PREMIÈRE ÉPOQUE DU MONDE ORGANISÉ.

II. — FORMATION MOYENNE OU TERRAIN SILURIEN.

Cette formation a été d'abord étudiée dans une portion du pays de Galles qu'habitaient autrefois les Silures; c'est de là que vient son nom. Elle repose en stratification discordante sur le terrain cumbrien, et s'en distingue par une moindre structure cristalline des roches et par une étendue plus circonscrite des bassins.

Le terrain silurien commence partout où on le rencontre par des roches d'agrégation consistant en blocs plus ou moins considérables. Cette circonstance ne lui est pas spéciale, car ces sortes de roches se rencontrent surtout à la base des formations et marquent les grands mouvements des eaux sédimentaires. — Pour le cas qui nous occupe, ce sont les quartzites ou grès métamorphiques qui dominent et fournissent un excellent horizon géologique.

Ardoises d'Angers. — Ils alternent avec des schistes argileux, la plupart noirs, qui peuvent souvent être exploités pour donner des ardoises. C'est ce qui arrive aux environs d'Angers. On n'attribue pas aux ardoises d'Angers une durée aussi longue qu'à celles des Ardennes; on peut dire qu'en général la résistance des pierres tégulaires est d'autant plus grande qu'elles appartiennent à une époque plus ancienne. Les ardoises d'Angers s'exploitent à ciel ouvert, et leur mode d'extraction serait employé avec succès pour l'extraction de la marne, dans les cas où les eaux empêchent les travaux. A cet effet, après avoir déblayé le terrain, on entaille le massif de manière à arriver par une série de gradins jusqu'à un fossé qui reçoit toutes les eaux, que l'on extrait au moyen de pompes.

Le terrain silurien est abondamment représenté en Bretagne et en Normandie. — A sa partie inférieure, on trouve des grauwackes, roches d'agrégation, constituées par l'union de fragments appartenant à des roches granitiques et schisteuses. C'est dans la partie supérieure de cet étage que l'on rencontre les premiers dépôts calcaires de quelque importance. Ce calcaire est en grands amas, formés de grosses amandes entourées de plus petites. Il n'occupe que des espaces restreints, mais il est fort recherché, car d'immenses étendues des terrains de transition sont privées de cette substance si utile pour les constructions et l'agriculture. Comme exemple, citons les calcaires des environs de Brest.

FOSSILES DU TERRAIN SILURIEN (planche I). — Les schistes et les calcaires du terrain silurien renferment assez souvent des fossiles. Les plus répandus sont :

Parmi les *crustacés* :

Des **trilobites**, dont les ardoisières d'Angers offrent de nombreux spécimens. — Leur corps, généralement ovale, plus ou moins allongé, muni de pattes nombreuses qui ne se sont pas conservées, est divisé en trois parties par deux sillons longitudinaux. Il est composé d'articles dont le premier, plus grand que les autres, constitue la tête et porte deux gros yeux qui paraissent avoir été réticulés comme ceux des insectes. Les trilobites subissaient des métamorphoses et nageaient sur le dos; ils vivaient loin des côtes, en familles nombreuses.

Les uns ne pouvaient pas se rouler en boules; exemple: **asaphus guettardi** *(fig. 1);* **paradoxides spinulosus** *(fig. 2);* **trinucleus pongerardi** *(fig. 3).*

D'autres, au contraire, pouvaient prendre cette forme, afin de se soustraire aux atteintes de leurs ennemis; exemple: **asaphus caudatus** *(fig. 4);* **asaphus buchii** *(fig. 5).*

Parmi les *annélides* :

Nereites cambriensis *(fig. 6)*, dont le corps était divisé en anneaux nombreux et portait latéralement des faisceaux de poils ou des pieds.

Parmi les *mollusques* :

1° Des **orthocératites** — mollusques céphalopodes, c'est-à-dire possédant une tête munie de bras locomoteurs — dont la coquille avait la forme d'un cône très-allongé et était régulièrement cloisonnée. L'animal occupait la première loge seule, et un siphon central traversait toutes les autres; exemple : **orthoceras conica** *(fig. 7)*;

2° Des **lituites** — mollusques céphalopodes — à coquille spirale enroulée sur le même plan, dont les spires se touchent dans le jeune âge et se projettent ensuite en ligne droite; exemple : **lituites giganteus** *(fig. 8)*;

3° Des **orthis** — mollusques brachiopodes, c'est-à-dire dépourvus de tête, à deux valves, et se distinguant des acéphales (huîtres) par des bras ciliés disposés symétriquement à droite et à gauche — à valves bombées ou concaves, ordinairement striées; la plus grande valve pourvue d'une ouverture triangulaire; exemple : **orthis testudinaria** *(fig. 9)*; **orthis rustica** *(fig. 10)*;

4° Des **pentamères** — mollusques brachiopodes — dont la coquille, pourvue à la grande valve d'un crochet contourné sur lui-même, est divisée en cinq parties par des lames émanant de l'une ou l'autre valve; exemple : **pentamerus knightii** *(fig. 11)*;

Des **productus** — mollusques brachiopodes — la valve inférieure bombée embrasse la valve inférieure qui est concave; sur la partie bombée existaient des tubes épars; exemple : **productus antiquatus** *(fig. 12)*.

Parmi les *zoophytes* :

On trouve diverses espèces de polypiers, masses calcaires dures, affectant des formes très-variées, présentant toujours une structure poreuse avec une disposition radiée. Ils résultent de la sécrétion d'animaux très-petits, appartenant à l'embranchement des zoophytes. Nous citerons : l'**halicitès labyrinthica**, polypier formé de longs tubes unis en série, dont la *fig. 13* représente une coupe horizontale.

Enfin, à la partie supérieure de cet étage existe une petite couche qui renferme beaucoup de débris de poissons.

III. — FORMATION SUPÉRIEURE OU TERRAIN DÉVONIEN.

FORMATION ANTHRAXIFÈRE.

Cette formation tire son nom d'une province de l'Angleterre, le Devonshire, où elle a été étudiée pour la première fois. — Elle offre des types minéralogiques distincts en Angleterre, en Belgique, en France.

ANGLETERRE : *Vieux grès rouge*. — En Angleterre, elle présente un étage d'une puissance de 2,400 à 3,000 mètres, formé principalement par le vieux grès rouge. Cette dénomination indique assez l'aspect dominant dû au peroxyde de fer, et la composition dans laquelle le quartz en grains plus ou moins ténus joue un grand rôle. — On y trouve aussi des fragments granitiques ou schisteux. — La masse est divisée par assises, et donne de bonnes pierres de construction ou des ardoises qui sont toujours de qualité inférieure. — Souvent le mica abonde en forme de véritables lits. — Il est à remarquer que la facile division des roches, aussi bien que les changements de nuance, ne coïncide pas avec les lignes de stratification ; elle est déterminée par la grosseur des grains ou par des bancs de schistes intercalés. — Dans quelques lieux, on trouve des marnes tachetées de rouge et de vert, avec des accidents de calcaire impur concrétionné.

Les schistes bitumineux de l'Écosse (Boghead), qui donnent un volume de gaz quatre fois plus grand que les houilles, et d'un pouvoir éclairant triple, appartiennent à la partie intermédiaire de cet étage.

L'étage du vieux grès rouge est surmonté, en Angleterre, par le terrain houiller.

Belgique : *Marbre de Namur; peroxyde rouge de fer.*— En Belgique, le vieux grès rouge est représenté par des roches quartzeuses et schisteuses qui se trouvent à la base de la formation; elles sont fréquemment colorées par le peroxyde de fer, et mélangées à des poudingues (cailloux formés par des cailloux plus petits unis entre eux) qui servent à la construction des hauts-fourneaux. — La partie moyenne de l'étage se compose principalement d'un calcaire noir, compact, à cassure finement saccharoïde, dégageant parfois une odeur fétide, susceptible d'un assez beau poli. C'est lui qui fournit cette immense quantité de marbres communs, dits de Namur, noirs, veinés de blanc et de gris, renfermant de nombreuses coquilles empâtées dans la masse et se détachant en couleur claire sur le fond plus coloré de la roche. — Enfin, à la partie supérieure de l'étage se trouvent des schistes et des grès argileux, contenant quelques couches calcaires également exploitées comme marbre. Ces schistes possèdent aussi des bancs de peroxyde rouge de fer à structure oolitique, qui alimente aujourd'hui les hauts-fourneaux de Liège et de Charleroy.— Il ne faudrait pas croire que les couches se succèdent avec la régularité qui semble résulter de cette exposition; les strates en sont tellement repliés, que des études approfondies ont pu seules démontrer qu'on n'avait pas affaire à des séries de couche se répétant d'une manière presque indéfinie.

Cet étage est surmonté par la formation houillère.

France : *Anthracite.* — Le terrain dévonien commence par des grès quartzeux et par des roches d'agrégation contenant des débris schisteux. Au-dessus vient un calcaire renfermant des dépôts d'anthracite. — Cette composition du terrain dévonien est partout la même en France, mais des accidents particuliers en font varier l'aspect.

L'anthracite est un combustible noir, luisant, friable,

sec au toucher; il ne peut brûler qu'en grandes masses, ce qui en limite l'emploi; par la calcination en vase clos, il donne au moins 80 p. 0/0 de résidu fixe, abstraction faite des cendres, et ne fournit à la distillation que des traces de matières huileuses et aqueuses. — On le rencontre surtout dans le Forez (environs de Roanne), dans les Alpes, l'Anjou, où son gisement forme une bande longue de plus de 60 kilomètres de longueur, croisant la Loire à la hauteur de Chalonne, dans les départements de la Sarthe et de la Mayenne. — Dans la Mayenne surtout, son exploitation est intéressante, car, grâce à la présence du calcaire, la face du pays a été littéralement changée; en effet, les neuf dixièmes de la chaux qui s'y fabrique à l'aide de l'anthracite sont employés à l'amendement des terres. Dans la Vendée, qui, comme le département de la Mayenne, a pour sous-sol des terrains anciens, l'usage de la chaux a pris aussi une grande extension.

Voici le tableau de la production de l'anthracite, dans ces derniers temps :

Mayenne et Sarthe.. 1,400,000 quintaux métriques.
Anjou............. 990,000 —
Forez............. 75,000 —
Alpes, bassin de Drac
  (Isère)......... 600,000 —

Fossiles du terrain dévonien (planche II). — Les fossiles de cette époque se rencontrent rarement dans les grès; dans les calcaires, au contraire, il y en a plus de 1,000 espèces. Bien que les espèces diffèrent de celles du terrain silurien, il y a cependant une grande ressemblance dans la faune des deux étages. Voici les fossiles les plus remarquables :

Reptiles. — Le premier reptile connu a été trouvé dans un grès du comté de Moray, en Écosse : il était voisin des salamandres, et mesurait 45 centimètres de longueur; c'est le **telerpeton elginense** *(fig. 14).*

Poissons. — Dans le calcaire dévonien de l'Angleterre,

on a reconnu un assez grand nombre de poissons dont la forme était singulière; leur corps, revêtu de plaques osseuses formant une carapace bizarre, portait une tête plate, arrondie, très-petite, munie de deux nageoires en forme d'ailes; la colonne vertébrale se prolongeait jusqu'à l'extrémité de la queue, qui était conique et couverte d'écailles; exemple : **pterychtis cornutus** *(fig. 15).*

Crustacés. — Trilobites (décrits au terrain silurien); exemple : **asaphus caudatus** *(fig. 16).*

Mollusques. — 1° **Clyménies** — mollusques céphalopodes — contournées en spirale dans le même plan, à tours contigus, à siphon étroit; exemple : **clymenia sedgwickii** *(fig. 17);* **clymenia linearis** *(fig. 18);*

2° **Orthocératites** *(voyez* terrain silurien);

3° **Terebratules** — mollusques brachiopodes — très-répandus dans les couches de toutes les époques, et qui ont même des représentants dans la nature actuelle; les espèces vivantes sont de toutes les régions et habitent les mers profondes. — Leur coquille est ovale et bombée; la valve supérieure, terminée par un crochet recourbé, est entamée par une ouverture ronde; exemple : **terebratula porrecta** *(fig. 20);*

4° **Calcéoles** — mollusques brachiopodes — coquille consistant en une grande valve conique portant une ouverture développée, bouchée par une petite valve; elles rappellent l'extrémité d'une sandale; exemple : **calceola sandalina** *(fig. 21);*

5° **Orthis** *(voyez* terrain silurien);

6° **Megalodon** — mollusque acéphale, c'est-à-dire dont le corps, dépourvu de tête, est enveloppé d'un manteau comme un livre dans sa couverture, et dont la coquille est formée de deux valves réunies par une charnière — à coquilles composées de deux valves égales, épaisses, terminées chacune par un crochet très-prononcé; exemple : **megalodon cuccullatus** *(fig. 22).*

Zoophytes. — Polypiers, très-développés, surtout dans le calcaire de Namur et de Sablé (Sarthe);

DÉPARTEMENT DE L'INDRE.

Le terrain primitif existe dans la partie sud du département de l'Indre; il est recouvert souvent par des gneiss, des schistes, des micaschistes et même des grès appartenant aux terrains de transition, mais jusqu'ici ces diverses roches n'ont pas été rattachées aux trois étages précédents.

L'ensemble des terrains primitif et de transition forme une bande très-accidentée, très-pittoresque, principalement sur les bords de la Creuse; elle s'étend le long des départements de la Creuse et de la Haute-Vienne, s'arrête aux environs de Beaulieu et de La Châtre-Langlin, remonte vers Saint-Benoît-du-Sault et passe par la forge d'Abloux, Éguzon, Ceaulmont, Mouhers, Saint-Denis-de-Jouhet, Chassignolles et Urciers.

A Saint-Benoît-du-Sault, dans la vallée du Portefeuille, on voit le granit traversé par de nombreuses fissures de retrait affectant une sorte de régularité, et dans lesquelles la baryte sulfatée a été injectée accidentellement. — En général, ce granit est à petits cristaux composés de feldspath rose, de mica blanc ou noir, et de quartz transparent; on rencontre cependant des parties où les éléments sont plus gros; le mica y a un éclat argentin. — Dans les environs, le granit est enveloppé par le gneiss et des schistes divers, souvent très-micacés.

A Éguzon dominent des schistes noirs graphiteux. — Le graphite ou plombagine est une substance charbonneuse, noire, tachant les doigts, onctueuse au toucher, que l'on emploie dans la galvanoplastie, le graissage des roues et surtout la confection des crayons. — Des travaux nombreux, entrepris par M. Poitou père et poursuivis par M. Poitou fils avec beaucoup de persévérance, ont fait connaître l'existence de plusieurs couches de plombagine mélangée à des pyrites (sulfure de fer) et à des rognons de sesquioxyde de fer. Malheureusement, la plombagine est rarement assez pure pour être vendue avantageusement; la fabrication de l'alun et de la couperose verte, qui a été essayée, n'a pas donné non plus de résultats fructueux, parce que de nombreuses industries, placées en France dans de meilleures conditions, livrent ces substances à très-bas prix. — Du reste, ces schistes graphiteux existent encore sur plusieurs points du département, et notamment près des forges de Crozon.

Entre Éguzon, Aigurande et Crevant, on remarque des gneiss, des schistes divers et des micaschistes, recouverts souvent par des terrains de transport; le granit reparaît près de la dernière localité; enfin, aux environs de La Châtre, ce sont les grès anciens qui dominent.

Deux mines de plomb argentifère existent à la limite des terrains de transition et des terrains secondaires; d'un côté, au village de Draiges, près de Chaillac, et, de l'autre, à Urciers. Aucune fouille n'a été exécutée à Draiges; à Urciers, au contraire, plusieurs tentatives sérieuses ont été faites, mais sans succès; cependant, elles ne peuvent être regardées comme décisives contre la richesse de ce gisement.

Le terrain houiller, dont nous allons parler, n'existe pas dans le département de l'Indre.

IV. — FORMATION HOUILLÈRE.

La formation houillère, si importante par le précieux combustible qu'elle renferme, est représentée par des dépôts disséminés et circonscrits.

Les roches auxquelles elle succède ne sont pas les mêmes partout.

I. Calcaire carbonifère.—En Angleterre, en Belgique, dans le nord de la France, dans l'Amérique du Nord, elle repose sur le calcaire carbonifère, qui est compacte, gris ou noir, souvent veiné de blanc. — En Angleterre, il forme des montagnes assez élevées (calcaire de montagne), et est souvent traversé par des filons métalliques. — En Belgique, il fournit les marbres communs connus sous le nom de marbres de Flandre ou de petit granit. — On y trouve plus de mille espèces de fossiles. Là les trilobites terminent leur carrière, les productus acquièrent un développement exceptionnel, et les premiers oursins apparaissent. Les polypiers et les crinoïdes sont très-nombreux et très-variés. — Enfin, les poissons sont à peu près les mêmes que dans le terrain dévonien.

II. — Dans le centre, le midi, l'est et l'ouest de la France, la formation houillère est superposée immédiatement aux terrains schisteux et granitiques; elle forme de nombreux bassins clairsemés.

Les bassins de l'Angleterre et de la Belgique, à cause de leur étendue et surtout des fossiles qu'on y rencontre, ont été appelés marins; ceux de la France, plus circonscrits, sans communication les uns avec les autres, rappellent les lacs que l'on voit encore sur les continents; de là, leur nom de bassins lacustres.

IDÉE GÉNÉRALE D'UN BASSIN HOUILLER.

On a une idée générale d'un bassin houiller, en se représentant une suite de couches de houille d'une puissance et d'une étendue variable, séparées par des roches, généralement teintes en noir et ne contenant que des traces insignifiantes de carbone. — Les roches ou terrains morts des bassins ont une grande uniformité et fournissent un excellent horizon géologique, mais leur présence n'indique pas toujours celle du combustible. — En effet, en Angleterre et en Belgique, où elle abonde, la houille ne forme qu'une portion insignifiante de la masse totale, et des portions considérables du terrain houiller en sont privées. D'après M. Philips, dans le nord de l'Angleterre, le terrain houiller a une puissance de 900 mètres, et les couches de houille, au nombre de vingt ou trente, n'ont pas plus de 30 mètres d'épaisseur totale.

Voici l'ordre que nous suivrons, pour donner une connaissance aussi claire et aussi succincte que possible de cette formation : 1° Roches encaissant les couches de houille; 2° Roches accidentelles; 3° Allures des couches de houille; 4° Accidents qu'elles présentent; 5° Diverses variétés de houille; 6° Flore du terrain houiller; 7° Origine de la houille; 8° Faune de la houille; 9° Importance de son extraction actuelle.

I. ROCHES DU TERRAIN HOUILLER. — Les roches de ce terrain peuvent être ramenées à deux, dont les caractères se modifient de manière à donner naissance à un grand nombre de variétés : ce sont le *grès houiller* et les *argiles schisteuses*.

Le grès houiller, dont les alternances composent la plus grande partie de l'épaisseur de la formation, est constitué par l'agrégation de grains plus ou moins gros de quartz, de feldspath et quelquefois de mica; le tout est réuni par un ciment siliceux, quelquefois ferrugineux. — Le feldspath a le plus souvent subi un commencement de décomposition; le mica est en petites lamelles, parfois rassemblées suivant les plans de stratification, ce qui donne à la roche une apparence schisteuse. — D'ordinaire, c'est à la base des dépôts que l'on voit les roches les plus grossières, et même au fond des bassins lacustres de la France et de la Silésie se trouvent de gros blocs, débris des roches anciennes encaissant la formation; il est à remarquer que ces roches roulées existent également après chaque couche de houille, de sorte que la formation totale comprend un certain nombre de formations partielles qui se sont succédé avec des caractères semblables.

Les argiles schisteuses, nommées *gores* par les mineurs, sont des argiles indélayables, grises ou noires, plus ou moins mélangées de charbon, assez résistantes dans la mine, mais délitables par une exposition à l'air. — Elles accompagnent de près d'ordinaire les couches de houille, et renferment d'autant plus d'empreintes végétales qu'elles en sont plus voisines; leur pâte devient alors très-fine, très-tendre, et présente souvent des surfaces lisses et miroitantes suivant lesquelles elles se divisent facilement.

II. Roches accidentelles *(fer carbonaté lithoïde).* — Le fer carbonaté lithoïde est un minerai d'une grande importance, car il se trouve toujours dans le voisinage des couches de houille, au milieu des argiles schisteuses; là il forme des rognons stratifiés et disséminés, parfois assez nombreux pour former des couches distinctes. Ces rognons contiennent du carbonate de fer mélangé à une proportion d'argile plus ou moins forte; ils sont susceptibles de se déliter en couches concentriques; au centre se trouve un module d'argile ou de pyrite (sulfure de fer), parfois même un débris fossile qui paraissent avoir présidé à la précipitation chimique du fer contenu dans les eaux sédimentaires. C'est le minerai de fer le plus répandu en Angleterre; on l'exploite par les mêmes travaux qui donnent la houille, circonstance heureuse qui explique le prix peu élevé des fers anglais, et par suite leur grande diffusion. — La France est loin d'être aussi bien partagée sous ce rapport. Cependant, les rognons de fer carbonaté se trouvent en assez grande abondance dans le bassin houiller de la Loire, et surtout dans celui de l'Aveyron; ils donnent des fers d'assez bonne qualité. Dans les autres gisements, ils sont rares ou bien ils contiennent du phosphate de fer qui altère les qualités de la fonte.

Schiste bitumeux. — Il existe une autre roche plus accidentelle, mais dont les caractères sont fort intéressants.

C'est un schiste argileux imprégné de bitume. On en extrait par la distillation une huile (huile de schiste) très-propre à l'éclairage. Il ne se trouve qu'à la partie supérieure des gîtes houillers, toujours accidentellement, et renferme de nombreuses empreintes de poissons. — Comme exemple, citons les schistes bitumeux d'Autun et de Saarbruck.

III. ALLURES DES COUCHES DE HOUILLE. — La houille forme entre les schistes argileux et les grès houillers des couches qui en suivent toutes les sinuosités; non-seulement il y a concordance de stratification entre les couches schisteuses qui servent de limite supérieure (toit) ou de limite inférieure (mur), mais encore les variations de nature, de pureté, les filets de schiste intercalés dans la houille sont parallèles au toit et au mur. Dans d'autres cas, cependant, les gîtes présentent des formes massives, ondulées, sans rapport avec les allures du terrain.

Ainsi, la houille offre deux aspects bien tranchés : tantôt elle forme des couches minces, continues, de la plus grande régularité; tantôt des couches puissantes, mais tellement limitées et irrégulières qu'on doit les assimiler à des amas. Les couches minces continues sont d'ordinaire multipliées; les couches puissantes, limitées dans leur étendue, sont peu nombreuses. Même quand elles ont une très-grande régularité, les couches de houille sont loin d'avoir la dimension du terrain houiller, et il se présente fréquemment des interruptions. — En général, dans le Nord, c'est le premier aspect qui est la règle. Ainsi, à Anzin, il y a dix-huit couches dont l'épaisseur réunie ne dépasse pas douze mètres, mais elles ont une grande régularité; de là leur exploitation avantageuse. — Dans les autres bassins de la France, les couches sont moins nombreuses, mais plus puissantes; elles perdent en régularité ce qu'elles gagnent en épaisseur. Ainsi, à Rive-de-Gier (bassin de la Loire), il n'y a que trois couches dont les épaisseurs moyennes réunies dépassent quinze mètres; mais là c'est un fait régulier et normal de voir une couche de cinq à dix mètres se réduire par des étranglements à deux et trois mètres, et se renfler à des épaisseurs de vingt à trente mètres.

IV. Accidents des couches de houille. — Les grès houillers, ainsi que les schistes argileux qui accompagnent la houille, ont dû former des dépôts d'une direction déterminée et sensiblement horizontaux; les couches de houille ont donc eu cette direction et cette horizontalité. En général, la direction a été conservée, et elle est la même pour tous les lits de houille d'un même bassin. Mais des soulèvements et des affaissements ont modifié la stratification; aussi le terrain est-il accidenté et présente non-seulement des pentes, mais encore des plis qui contournent les couches, de telle sorte qu'un puits vertical peut les couper plusieurs fois.

De là les accidents auxquels sont sujets les gisements houillers. Le plus fréquent consiste dans l'inclinaison; presque toujours les couches forment avec l'horizon un angle qui peut aller jusqu'à les rendre verticales. D'ordinaire, aux deux extrémités d'un bassin, les pentes sont en sens contraire, et il peut y avoir vers le milieu raccordement, au moyen d'une partie plane ou courbe, de sorte qu'une coupe verticale rappelle assez bien celle d'un bateau. — Mais il arrive aussi que la réunion se fait par une suite de soulèvements et d'affaissements, c'est ce qui constitue les plis. Ils sont souvent à grands rayons. Cependant, dans les grands bassins du Nord, ils sont parfois si rapprochés qu'une coupe verticale représente une ligne brisée à angles aigus. Les plis entraînent des renflements et des étranglements; ces deux circonstances sont solidaires : la couche se renfle, dit le mineur, elle va se perdre. Lorsque le toit et le mur se rapprochent au point de se toucher, on a un crain. — Il y a des accidents redoutables, ce sont les failles. Elles ont été produites lorsque les deux portions d'une couche ont été soulevées à des hauteurs inégales ; il faut alors beaucoup de sagacité pour retrouver la couche perdue, et on est obligé de traverser tout le terrain mort qui a rempli la fente. Ce terrain mort peut être formé par un mélange de couches brisées, réduites en blocs anguleux ; ainsi se sont produits les brouillages.

V. Diverses variétés de houille.—Maintenant que nous connaissons les allures, ainsi que les accidents des couches de houille, il faut étudier le combustible en lui-même.

Les houilles sont formées par un mélange de différentes substances insolubles dans tous les dissolvants connus. L'élément dominant est le carbone ; on y trouve aussi de l'oxygène, de l'hydrogène, de l'azote dans des proportions très-variables. Plus la quantité d'hydrogène est forte relativement à l'oxygène, plus la houille est collante. Il s'y rencontre encore des substances accidentelles, telles que la pyrite de fer (sulfure de fer), qui nuit beaucoup à la qualité de la houille en attaquant rapidement le fond des chaudières, et des hydrogènes carbonés, emprisonnés dans le combustible, qui s'en dégagent lors de l'extraction et provoquent des explosions désastreuses (feu grisou), si l'on ne prend pas des précautions minutieuses. — Les cendres sont formées d'un grand nombre de substances : argile, carbonate de chaux, sulfate de chaux, de baryte, phosphate de chaux, et ne doivent pas être dédaignées pour l'amendement des terres. — Par la distillation en vase clos, les houilles donnent de l'eau, des gaz combustibles, de l'ammoniaque, des huiles empyreumatiques, des goudrons, etc. Il est à remarquer que pour donner le maximum de gaz éclairants, elles doivent être bien sèches.

On compte cinq variétés de houille, se distinguant principalement par le coke qu'elles produisent lors de la calcination en vase clos :

1° *Houilles grasses et dures, à courte flamme.* — Elles

donnent, par la calcination en vase clos, un coke fritté et un peu boursoufflé, s'élevant au moins à 75 p. 0/0 du poids total. Elles servent surtout à la production d'un coke excellent pour la fusion des minerais de fer;

2° *Houilles grasses maréchales.* — Ce sont elles qui donnent le coke le plus boursoufflé, et, par la calcination en vase clos, laissent 70 p. 0/0 de résidu. Cette variété, comparativement très-rare, est préférée par les serruriers, les forgerons, et en général par tous ceux qui travaillent le fer. Les meilleures sont celles de Saint-Étienne et de Mons;

3° *Houilles grasses, à longue flamme.* — Elles donnent un coke toujours un peu boursoufflé, mais ne dépassant pas 60 p. 0/0 du poids de la houille. Ce sont celles qui sont employées dans la fabrication du gaz de l'éclairage. Le cannel-coal (charbon-chandelle) de l'Irlande et du Lancashire, l'une des meilleures variétés, prend feu à la flamme d'une chandelle, donne une lumière jaunâtre très-vive; il est très-brillant, ne tache pas les doigts. On peut le travailler au tour, et on en fait des encriers, des tabatières, des vases, etc.;

4° *Houiles maigres, à longue flamme.* — Par la calcination en vase clos, elles laissent 60 p. 0/0 de résidu; leur coke, toujours fritté, manque de consistance. On les emploie pour chauffer les machines à vapeur, et en général pour tous les usages qui n'exigent pas une haute température. — Les houilles de Blanzy appartiennent à cette division;

5° *Houilles sèches, sans flamme.* — Ces houilles, contenant un excès de carbone, ne brûlent qu'avec difficulté; elles servent surtout aux usages domestiques, dans la briqueterie et les fours à chaux. — Parmi les combustibles de cette catégorie, nous citerons ceux du Puy-de-Dôme et de l'Aveyron.

VI. Flore du terrain houiller. — Le nombre des espèces de plantes, actuellement décrites, appartenant au terrain houiller, s'élève, d'après M. Brongniart, à environ 500. Le règne végétal différait considérablement de ce qu'il est aujourd'hui. Le trait saillant de cette flore consiste dans la prédominance des cryptogames, c'est-à-dire des plantes ne présentant pas d'organes de reproduction apparents ; ces plantes, telles que les prêles, les fougères, les lycopodes, sont maintenant herbacées dans nos contrées, et dans les pays tropicaux donnent des arbres de petite dimension ; dans la période houillère, au contraire, elles avaient de hautes tiges. — Après les cryptogames, ce sont les conifères (pins, sapins) qui sont le plus abondamment représentés. Un examen attentif a prouvé qu'il existait aussi des plantes semblables aux arbres de notre époque, et qu'il n'y en avait que peu ou point d'analogues aux palmiers. Enfin, certains végétaux, les calamites et les sigillariées, différaient de toutes les tribus actuellement connues. — Si l'on examine la flore houillère sous le rapport de la perfection, on remarque d'abord que les tissus des plantes ne diffèrent pas de ce qui existe aujourd'hui ; de plus, certains fruits présentent une organisation et une spécialisation de fonctions auxquelles on ne peut guère rien comparer maintenant.

Voici quelques détails sur les plantes les plus remarquables (planches III et IV) :

1° *Fougères.* — On a déjà extrait du terrain houiller plus de 250 espèces de fougères, tandis que l'Europe entière n'en compte pas actuellement plus de 60. Bien que leur détermination présente beaucoup de difficultés, parce que les organes de la fructification ne se sont point en général conservés, on en connaît un grand nombre qui ressemblent à celles de l'époque actuelle. Quelques-unes étaient arborescentes, mais le plus souvent elles étaient herbacées, comme de nos jours.

Citons comme exemple :

Odontopteris schlotheimii *(fig. 42)*;
Pecopteris aquilina *(fig. 43)*;
Sphenopteris hœninghausi *(fig. 44)*;
Nevropteris loshii *(fig. 45)*.

2° *Lycopodiacées*. — Elles abondent actuellement dans les pays tropicaux ; la plupart rampent à terre ; quand elles s'élèvent verticalement, leur hauteur ne dépasse pas un mètre. On y rapporte le lepidodendron, à cause de ses organes de reproduction, composés de cônes avec spores et sporanges. Sa tige, couverte de cicatrices en forme de losange et disposées en spirale, était cylindrique et atteignait 20 mètres de hauteur ; les cicatrices sont les traces des feuilles qui ont persisté parfois dans le haut. — Le fruit du lepidodendron constitue fréquemment le centre des noyaux concrétionnés du fer carbonaté.

Exemples :

Tronc de lepidodendron *(fig. 46)*;
Lepidodendron crenatum *(fig. 47)*;
Lepidodendron elegans *(fig. 48)*.

3° *Equisétacées* (prêles). — Elles possédaient une tige cannelée et articulée, semblable à celle des prêles, mais avec des dimensions beaucoup plus considérables ; l'une d'elles, trouvée au Brésil, avait 4^{m}50^c de hauteur.

4° *Calamites*. — Ce sont des portions de tronc cannelés et divisés dans le sens horizontal par des lignes d'articulation. On les a longtemps considérés comme des prêles gigantesques, mais des découvertes récentes ont fait voir que les calamites offrent, en général, une organisation spéciale, se rapprochant par un petit nombre de caractères des conifères, mais différant pour les autres de toutes les tribus connues.

Exemples :

Calamites suckovii *(fig. 49)*;
Calamites cannæformis *(fig. 50)*;
Extrémité de la racine d'une calamite *(fig. 51)*.

5° *Sigillariées*. — On en compte 35 espèces, qui comprennent une grande partie des arbres de la période houillère. Leur tige, ordinairement aplatie, régulière, cannelée, non ramifiée, atteignait 20 mètres de longueur. Par leurs vaisseaux scalariformes, elles se rapprochent des fougères, et, pour le reste de leur organisation, on ne peut les comparer à aucune tribu vivante.

Aux sigillariées se rattachent d'une manière étroite des débris fossiles appelés stigmaria, dont on a longtemps ignoré la véritable nature. Ils se présentent sous la forme de souches ramifiées offrant l'aspect de longues radicules foliacées; on les a longtemps considérés comme des plantes aquatiques; on sait maintenant que ce sont les racines des sigillariées, car on a fini par en trouver qui étaient réunies à leur tronc correspondant.

Exemples :
Sigillaria pachyderma *(fig. 52);*
Stigmaria ficoïdes *(fig. 53);*
Sigillaria lævigata *(fig. 54);*
Stigmaria, racine de sigillaria *(fig. 55).*

6° *Conifères*. — Ils différaient de ceux qui vivent maintenant par un épais étui médullaire. Certains troncs avaient 13 mètres de haut. Dans quelques localités, on récolte par boisseaux leurs fruits, qui avaient la grosseur d'une noisette et une forme ovoïde allongée; leur tégument externe cellulaire, sans doute charnu, a disparu, mais la membrane sous-jacente, très-résistante, souvent marquée de trois côtés (trigonocarpum), s'est bien conservée. Ces fruits ont une organisation très-élevée, à laquelle on ne trouverait peut-être rien de comparable.

Exemples :
Walchia hypnoïdes *(fig. 56);*
Walchia schlotheimii *(fig. 57);*
Fragment de bois de conifère *(fig. 58);*
Trigonocarpum ovatum, fruit de conifère *(fig. 59).*

7° *Astérophyllites.* — On comprend sous le nom d'astérophyllites divers débris de végétaux ayant pour caractère commun l'existence de feuilles étroites, verticillées, offrant une seule nervure, mais appartenant sans doute à des genres différents. — L'**astérophyllite foliata** *(fig. 60)*, plante si gracieuse, paraît avoir été voisine des sigillariées; l'**annularia brivifolia** *(fig. 61)* et le **sphenophyllum dentatum** *(fig. 62)* avaient peut-être des feuilles supérieures larges et flottantes, tandis que les feuilles inférieures étaient linéaires.

VII. Origine de la houille. — L'origine de la houille n'est pas douteuse; d'après ce qui vient d'être exposé, elle résulte certainement d'une accumulation de débris végétaux. Mais il n'est pas facile de se rendre compte des détails de sa formation; voici ce qui paraît le plus probable, dans l'état actuel de nos connaissances :

En considérant la nature des débris d'animaux fossiles découverts, on doit admettre que les grands bassins du Nord dépendaient d'une mer; de grands fleuves s'y rendaient, qui apportaient des coquilles d'eau douce dont on retrouve les restes. Pour des motifs semblables, les petits bassins de la France dépendaient de lacs où venaient sans doute aboutir des rivières. — On a d'abord pensé que des débâcles entraînaient dans ces bassins les arbres des forêts voisines, mais la houille devrait être alors mélangée de sable, d'argile et de cailloux roulés, inséparables du mouvement des eaux, ce qui ne s'accorde pas avec la pureté ordinaire de la houille. Cependant, comme on ne peut écarter cette cause, il faut admettre une sorte de filtration. On se l'explique facilement, en admettant une végétation luxuriante dans les bassins. Cette végétation est, d'ailleurs, prouvée par la rencontre fréquente de troncs d'arbres dans une position verticale, relativement à l'inclination des couches.

Quand on songe à la quantité énorme de carbone accumulé, quand on considère qu'un bois de hêtre ne donnerait pas en un siècle, à notre époque, une couche de houille de sept millimètres d'épaisseur, on est obligé d'admettre que la croissance des plantes était singulièrement plus rapide que de nos jours, et on se l'explique facilement par l'existence d'une température plus élevée, d'une grande humidité, et surtout par la présence d'une plus forte proportion d'acide carbonique dans l'air.

De ces considérations, il résulte que la houille se formait sur des terres basses dépendant d'une mer ou d'un lac, et semblable aux deltas et aux estuaires. Là croissait une végétation luxuriante, et des fleuves ou des rivières y apportaient, lors des grandes eaux, les arbres des forêts voisines. — Quant aux causes qui ont donné aux végétaux enfouis l'aspect que nous connaissons à la houille, nous ne les connaissons pas toutes. Cependant, nous rappelons l'expérience suivante, qui donne à cet égard des indications précieuses : quand on porte au rouge de la sciure de bois, dans un vase de fer complètement fermé, de telle sorte que rien ne puisse s'échapper, on obtient un produit qui offre beaucoup de ressemblance avec la houille.

VIII. FAUNE DU TERRAIN HOUILLER. — On doit distinguer la faune du calcaire carbonifère de celle du terrain houiller proprement dit ; c'est au calcaire carbonifère qu'appartiennent spécialement la plupart des êtres dont nous allons parler (planches II et III).

Reptiles. — **Archegosaurus minor** *(fig. 23)*; c'est le premier reptile que l'on ait découvert dans le terrain houiller ; il a été trouvé à Saarbruck, ville située entre Strasbourg et Trèves, en même temps que deux autres squelettes de reptiles à respiration aérienne, dont le plus grand devait avoir une longueur d'un mètre ; on regarde ces reptiles comme intermédiaires entre les sauriens et les batraciens ; près d'eux se trouvaient des concrétions de fer carbonaté lithoïde, renfermant des crânes, des dents, et parfois des fragments de peau, parfaitement conservés, qui avaient appartenu à des êtres semblables.

Poissons. — Agassiz a décrit plus de 150 espèces de poissons du terrain houiller; 94 appartenaient aux familles des requins et des raies, 58 aux poissons cuirassés. Le calcaire carbonifère qui les renferme contient aussi des concrétions de phosphate de chaux *(fig. 25)*, que l'on regarde comme leurs excréments. Comme exemples, on a représenté :

Une mâchoire d'**holopticus hibberti** *(fig. 24)*, trouvée aux environs d'Édimbourg. Ce poisson sauroïde avait de grandes dents coniques et acérées, et les os de la tête granulés et émaillés;

Une dent de **megalicthys hibberti** *(fig. 26);* cette dent, de grande dimension, ressemblait à celle des sauriens. — La tête des mégalicthys était couverte de fortes plaques osseuses, et leur corps cuirassé de grandes écailles granulées;

Une dent de **cestracion** *(fig. 27)*. Ce poisson appartenait à la famille des squales (requins), mais avait des dents propres à broyer;

Une dent d'**hybodon** *(fig. 28);* il était également de la famille des squales, et avait des dents pointues, accompagnées à la base de petites pointes coniques.

Ces dents, qui étaient arrondies, diffèrent de celles des vrais squales *(fig. 29)*, qui sont aplaties et tranchantes sur les bords.

Mollusques. — **Orthoceras lateralis** *(fig. 30).* — mollusque céphalopode — déjà décrit au terrain silurien;

Goniatites evolutus *(fig. 31)* — mollusque céphalopode — à coquille régulièrement enroulée sur le même plan, pourvue de cloisons profondément sinueuses mais non dentelées, comme chez les ammonites;

Evomphalus pentagulatus *(fig. 32)* — mollusque gastéropode — à coquille orbiculaire, composée de tours non enroulés dans le même plan, dont la section transverse est anguleuse ;

Bellerophon costatus *(fig. 33)* — mollusque gastéropode à coquille non cloisonnée, assez semblable à celle du nautile ;

Spirifer glaber *(fig. 34)*; **trigonalis** *(fig. 35)* — mollusques brachiopodes — à coquille triangulaire, souvent aliforme, munie d'une charnière linéaire, dont le crochet de la grande valve possède une ouverture ;

Productus martini *(fig. 36)* — mollusque brachiopode — déjà décrit au terrain silurien.

Zoophytes. — **Platacrinus triacondactylus** *(fig. 37)*. — Crinoïde à calice composé de deux séries de pièces; la supérieure porte les bras munis de deux rangées de pièces ;

Lithostrotion basaltiforme *(fig. 38)*. — Polypier massif, composé de petits polypiers accolés longitudinalement;

Cyatophyllum cœspitosum *(fig. 39)*. — Polypier formé de branches coniques, terminées par une cupule peu profonde offrant de nombreuses cloisons rayonnées ;

Amplexus coralloïdes *(fig. 40)*. — Polypier ayant la forme d'une corne cylindroïde irrégulière, rugueuse, grossièrement cloisonnée, striée à l'intérieur ;

Lonsdaleia floriformis *(fig. 41)*. — Polypier résultant de la réunion de petits polypiers conoïdes cloisonnés.

Quant à la faune du terrain houiller proprement dit, elle est très-pauvre, et contraste singulièrement avec la richesse de sa flore. On y a cependant trouvé des restes de reptiles amphibies, représentés par des portions de squelette et par des impressions de pas, des poissons dont les mâchoires et les dents étaient énormes. On y a également découvert des crustacés voisins des limules, une ou plusieurs espèces de scorpions, un insecte névroptère, des blattes, les ailes d'un grillon, des scarabées, des sauterelles, des fourmis blanches. Les mollusques sont à peu près les mêmes que ceux du calcaire carbonifère; mais, pour la première fois, apparaissent des coquilles d'eau douce voisines des unios.

IX. PRODUCTION HOUILLÈRE. — Nous terminerons en donnant un tableau succinct de la production houillère dans ces derniers temps.

France :

Bassin de la Loire...	21,000,000	quintaux métriques.
Bassin du nord de la France.........	19,000,000	—
Bassin du Gard.....	8,000,000	—
TOTAL.......	48,000,000	—

La consommation totale de la France est de 78 millions quintaux métriques; il y a donc une importation de 30 millions quintaux métriques.

Angleterre :

En Angleterre, la production de la houille est de 665 millions quintaux métriques, et la consommation de 614 millions quintaux métriques, c'est-à-dire quintuple de la nôtre, pour une population inférieure de 18 millions à celle de la France.

Belgique :

En Belgique, la production de la houille est d'environ 100 millions quintaux métriques; la consommation, de 60 millions quintaux métriques.

Enfin, on estime l'extraction totale de la houille, dans le monde entier, à 1,250 millions quintaux métriques, d'une valeur de 930 millions de francs, chiffre très-supérieur à la valeur des métaux précieux.

Ces chiffres sont le plus éloquent témoignage de l'importance de la houille, et expliquent suffisamment l'étendue que nous avons consacrée à son étude.

CINQUIÈME LEÇON.

DES TERRAINS SECONDAIRES.

A la fin de la période de transition, la mer, qui couvrait la France, à l'exception du plateau central, du massif de la Bretagne et des Vosges, s'étendait jusqu'en Angleterre, réduite alors au Cornwall, aux protubérances de l'Irlande et à la chaîne qui sépare l'Angleterre de l'Écosse ; une grande partie de l'Allemagne était également sous les eaux. C'est sur les flancs de ces saillies émergées que se déposèrent les premiers terrains secondaires. Peu à peu, par suite d'une immense accumulation de matériaux et des mouvements du sol, la terre ferme s'accrut en France, pendant la période qui nous occupe, de 17 millions d'hectares, c'est-à-dire du tiers de sa superficie totale.

Il résulte de là que, si l'on part d'un terrain de transition pour en rejoindre un autre, on traversera d'abord des formations de plus en plus récentes ; puis, à partir d'un certain point, on parcourra ces mêmes formations, mais dans un ordre inverse. Ces considérations s'appliquent parfaitement au département de l'Indre. Ainsi, quand on s'éloigne d'Aigurande ou de Saint-Benoît-du-Sault pour aller à Valençay, en passant par Châteauroux, on rencontre successivement tous les terrains secondaires dans l'ordre de leur formation, en commençant par les plus anciens, et, sur une étendue relativement petite, il est remarquable de trouver une aussi grande variété de sols géologiques. La même règle est également vraie pour les pays qui entourent les Pyrénées et les Alpes ; mais la première chaîne ayant été soulevée à la fin de la période que nous étudions, la seconde plus récemment encore, on conçoit facilement combien la physionomie des terrains a dû être modifiée, et combien ils doivent différer de ce que l'on voit ailleurs.

En général, dans les terrains secondaires, on ne voit que des plaines ou des plateaux peu élevés, limités par des vallées parcourues par des cours d'eau peu rapides, parfois volumineux. Le paysage, généralement monotone, n'a rien du pittoresque et de la sévérité qui caractérisent les terrains primitifs ou de transition. — Les roches ont partout l'aspect lithoïde (pierreux), excepté dans les Pyrénées, les Alpes, l'Atlas, etc., où, sous l'influence de masses ignées incandescentes, elles ont pris une structure cristalline. — Les éléments constituants sont les sables, les argiles, les grès, diverses variétés de calcaires et de marnes; aussi, les études minéralogiques perdent-elles de leur importance; celle des fossiles, au contraire, acquiert un intérêt particulier. En effet, ils sont très-répandus dans la plupart des couches de la période secondaire; ces couches sont, du reste, si multipliées et si variées dans leur aspect, que, sans le secours des débris organisés, on ne pourrait guère reconnaître leur âge relatif. On ne peut, d'ailleurs, au moyen de la concordance ou de la discordance de stratification, reconnaître si deux couches éloignées ont été contemporaines; de plus, le peu d'importance des mouvements du sol de beaucoup de lieux en restreint encore l'emploi.

Il y a eu cependant des soulèvements; on en compte généralement six, à l'aide desquels on en a établi les coupes principales, habitées par des faunes spéciales. Aussi, les calcaires ont été le plus souvent fracturés, et par suite retiennent mal les eaux. Ces eaux pénètrent dans l'intérieur du sol jusqu'à ce qu'elles rencontrent une couche imperméable; là, elles forment des nappes qui alimentent les puits; parfois elles se sont creusé des lits souterrains, et ont coulé comme de véritables rivières, qui ont donné naissance à ces cavernes, curiosités naturelles de tant de pays; enfin, elles donnent des sources intermittentes (Vaucluse), ou des sources continues; telles sont celles qui arrosent les prairies si fertiles des côtes de l'Allemette (Indre), et celles qui fournissent maintenant l'eau à la ville de Châteauroux.

Quant aux conditions agricoles des terrains secondaires, elles sont très-variables. En général, toutes les fois qu'une roche unique, sable, argile, calcaire ou grès, forme le sol arable, il est naturellement mauvais. Le calcaire pur, en particulier, est tout-à-fait stérile, et l'on est heureux quand les conditions géologiques, ou du moins la facilité des communications, permettent l'emploi des amendements nécessaires à la transformation de la terre.

COMBUSTIBLES DES TERRAINS SECONDAIRES.

Les combustibles des terrains secondaires sont loin d'avoir l'importance de ceux des terrains houillers; on les rencontre dans des bassins isolés, de peu d'étendue et dont les couches n'ont qu'une faible épaisseur. Les plus anciens ressemblent beaucoup à la houille, mais ensuite ils passent au lignite compacte.

Le lignite compacte a une cassure conchoïde, quelques fois résinoïde, un tissu qui rappelle celui du bois, et se distingue toujours de la houille par la poussière brune qu'il donne lorsqu'on l'écrase. Par la distillation en vase clos, il donne des produits plutôt acides qu'alcalins. La potasse ne l'attaque que peu ou point, mais l'acide azotique et les hypochlorites alcalins transforment le lignite en une résine jaune; la houille résiste à ces agents et ne peut être dissoute que dans un mélange d'acide sulfurique concentré et d'acide azotique.

Quant aux plantes qui ont donné naissance aux lignites, ce sont principalement des fougères, des lycopodes, des conifères et des cycadées. Les palmiers font leur première apparition dans le lias et ne deviennent abondants que dans la période crétacée; il faut avancer jusqu'à cette dernière époque pour rencontrer quelques débris semblables aux noyers, aux charmes et aux aunes actuels.

DIVISION DES TERRAINS SECONDAIRES.

On divise généralement les terrains secondaires en trois grandes formations, qui sont, en allant des plus anciennes aux plus récentes :

1° Terrain des grès rouges. — Étendue en France..................	500,000 hectares
2° Terrain jurassique. — Étendue en France..................	10,500,000
3° Terrain crétacé. — Étendue en France..................	6,500,000
TOTAL..........	17,500,000 hectares

Pour rendre leur étude plus précise, plus succincte et aussi moins aride, nous nous contenterons de décrire les pays types, c'est-à-dire ceux où le développement a été le plus complet; nous citerons les matières utiles qu'on a rencontrées ailleurs dans les couches de même âge, et enfin nous indiquerons autant que possible les portions correspondantes du département de l'Indre.

Pour cette partie de notre travail, nous nous appuierons sur l'explication de la carte géologique de France, par MM. Dufrénoy et Élie de Beaumont, sur un rapport concernant les substances utiles de l'Indre, adressé, en 1848, par M. E. Descottes, ingénieur des mines, au Conseil général, et aussi un peu sur nos observations personnelles.

I. — Terrain des grès rouges.

Ces terrains, qui servent de base à la série secondaire, comme tous ceux produits par les grands mouvements des eaux sédimentaires, sont principalement formés de terrains arénacés, c'est-à-dire composés de sables incohérents ou agglutinés par un ciment. On y distingue deux divisions :

1° Formation inférieure : formation permienne ou des grès pénéens ;

2° Formation supérieure : formation du trias ou du grès bigarré.

I. — FORMATION PERMIENNE.

Elle tire son nom d'une province de la partie orientale de la Russie d'Europe (province de Perm), où elle occupe un grand espace ; elle est peu développée dans les autres parties de l'Europe, et, en France, on la rencontre seulement dans les Vosges ; encore y est-elle incomplète. On la nomme aussi formation des grès pénéens, à cause de la pauvreté des richesses minérales qu'on y rencontre en France. Elle comprend trois étages :

I. Nouveau grès rouge (puissance, 150 à 200 mètres). — Le nouveau grès rouge occupe, autour des Vosges, la partie inférieure des vallées. — En bas, on rencontre de gros blocs contenant des débris de roches schisteuses, granitiques, porphyriques, et des fragments de calcaires carbonifères ; mais la masse se compose de grains fins, atteignant souvent quelques millimètres, et réunis par une pâte argilo-ferrugineuse qui donne à l'ensemble une couleur rouge. — On n'y a signalé que quelques troncs de fougères silicifiés, ce qui n'a rien d'étonnant, puisque c'est une formation de débâcle.

II. Zechstein (puissance, 150 mètres). — Cet étage tire son nom du mot allemand zechen, qui veut dire mines. — Il manque presque complètement en France. En Allemagne, la Thuringe, le Mansfeld, la Hesse et la Franconie sont les contrées classiques de son développement.

Ce qui fait son importance, c'est un schiste bitumineux situé à la base, au milieu de schistes divers, et exploité sur beaucoup de points ; il contient en effet, outre le bitume et le carbone qui l'imprègnent, du sulfure de fer, et surtout un précieux minerai de sulfure de cuivre argentifère ; son épaisseur n'est que de 0^m.33, mais sa continuité est telle qu'on le retrouve identique sur des points distants de plus de cinquante kilomètres.

Le reste de l'étage est calcaire. Le calcaire, d'abord compacte et enfumé, devient plus haut celluleux, magnésifère, puis à la partie supérieure il est caverneux et exhale une odeur désagréable par le frottement. A cette hauteur, on trouve accidentellement des substances importantes : le peroxyde de fer hydraté, le gypse ou pierre à plâtre, le sel marin ou sel gemme. — Le gypse, qui se rencontre au milieu des argiles sous forme d'amas couchés, est compacte, grenu, souvent assez beau pour être travaillé, parfois associé au sel gemme, qui communique à certaines portions du sol une saveur salée.

III. Grès des Vosges (puissance, 150 mètres). — Ces grès, placés autour des Vosges, immédiatement au-dessus des grès pénéens, forment des plateaux élevés, découpés, de forme carrée. Ils renferment beaucoup de galets caractéristiques, mélangés souvent à des grains d'un blanc mat, opaques, qui sont du feldspath, et sont, pour le reste, formés de grains de quartz translucides, à facettes miroitantes. Leur couleur est le rouge pâle ou foncé, le violet et le jaune ocreux.

Ce terrain ne paraît pas être représenté dans le département de l'Indre.

FOSSILES DU TERRAIN PERMIEN.

Les fossiles, très-rares dans les grès, ne sont un peu

abondants que dans le zechstein. Voici les plus importants :

1° *Reptiles*. — Ce sont des sauriens véritables, assez voisins des monitors, espèce particulière de crocodiles ; ils n'étaient qu'indiqués dans les terrains antérieurs ;

2° *Poissons*. — Les poissons des schistes bitumineux de la période houillère acquièrent tout leur développement ; ils sont caractérisés par des écailles anguleuses, unies par leurs bords d'une manière irrégulière, et revêtues d'une couche d'émail brillant ;

3° *Mollusques*. — Les mollusques du zechstein sont principalement des brachiopodes.

Citons, parmi les *spirifers* :
 Spirifer undulatus *(fig. 63)*.
Parmi les *productus* :
 Productus aculeatus *(fig. 64)*;
 Productus calvus *(fig. 65)*;
 Productus horridus *(fig. 66)*.
Les productus terminent leur existence à ce niveau.

Quant à la flore du terrain permien, elle ne différait pas beaucoup de celle du terrain houiller. On y a trouvé des fougères, des lycopodes, des astérophyllites et des conifères, parmi lesquels on distingue surtout le **walchia hypnoïdes** *(fig. 56)*, et le **walchia schlotheimii** *(fig. 57)*. Il y avait également de grands arbres intermédiaires entre les cycadées et les conifères ; exemple : **nœggerrathia expansa** *(fig. 67)*.

DEUXIÈME ÉPOQUE DU MONDE ORGANISÉ.

II. — FORMATION DU TRIAS OU DES GRÈS BIGARRÉS.

Cette formation est plus importante que le terrain permien, par son étendue, sa puissance, et surtout les matières qu'elle renferme. On la nomme trias, parce qu'elle se compose de trois étages distincts, placés immédiatement les uns au-dessus des autres, et caractérisés chacun par une roche particulière. On trouve, de bas en haut :

1º Grès bigarré (puissance, 90 mètres);

2º Muschelkalk ou calcaire coquiller (puissance, 90 mètres);

3º Marnes irisées (puissance, 150 mètres).

En général, ces trois étages existent en même temps, formant trois zones simultanées et concordantes autour des terrains de transition; presque partout on les observe affleurant au-dessous des grands dépôts calcaires de l'époque secondaire, mais les contrées classiques de leur développement sont, en Allemagne, la Souabe et le Wurtemberg, et, en France, la ceinture extérieure du bassin parisien, qui entoure en même temps les Vosges.

Les terres recouvertes par le trias, surtout quand les grès, les argiles, les schistes qui lui sont propres occupent de vastes espaces, sont en général peu fertiles, mais elles sont facilement transformables, car on trouve presque toujours, soit dans le sol, soit dans le voisinage, les substances propres à leur amendement.

L'intérêt pratique du trias résulte des gisements abondants de gypse ou pierre à plâtre et de sel gemme (sel de cuisine) qu'on y rencontre fréquemment. Remarquons toutefois, dès à présent, que ces utiles substances se rencontrent également dans d'autres formations, où nous aurons soin de les indiquer.

I. GRÈS BIGARRÉ. — Ce grès tire son nom des teintes variées qui le colorent, et dont les plus habituelles sont le blanc grisâtre ou jaunâtre, le rouge, le vert ou le bleu. Il est quartzeux et susceptible de se diviser en bancs, à cause des lamelles de mica qu'il renferme, lamelles tantôt rares, tantôt abondantes et rassemblées suivant des plans parallèles à la stratification. — Le massif inférieur fournit les belles pierres de taille qui ont servi à la construction de la cathédrale de Strasbourg et des citadelles de l'Alsace.— La partie moyenne, dont les couches sont moins épaisses, donne des meules à aiguiser de toutes les finesses, d'un emploi fréquent dans les arts. — Enfin, les parties supérieures sont divisibles en lames minces qui sont utilisées pour faire des dalles et des pierres tégulaires. — Dans le haut de l'étage, il existe aussi des couches d'argile renfermant des rognons de calcaire magnésifère, parfois du carbonate de baryte, et accidentellement des masses de gypse.

Le grès bigarré qui se trouve sur les pentes des Pyrénées renferme accidentellement des veinules de cuivre carbonaté vert et bleu, de cuivre oxydé, de baryte sulfatée.

FOSSILES DU GRÈS BIGARRÉ.

Les fossiles ne sont pas très-rares dans la partie supérieure du grès bigarré.

Reptiles. — Les restes, que l'on rencontre assez fréquemment, appartiennent aux sauriens.

Mollusques. — On ne trouve guère que des moules; les principaux sont :

1° **Natica gaillardoti** — mollusque gastéropode, c'est-à-dire portant sous le ventre un disque charnu qui sert de pied, et pourvu d'une tête distincte — à coquille lisse, globuleuse, à spire plus ou moins surbaissée ;

2° **Lima lineata** — mollusque acéphale, c'est-à-dire sans tête distincte — à coquille inéquilatérale, rayonnée comme les pectens (voisins des huîtres).

FLORE DU GRÈS BIGARRÉ. — Le grès bigarré, et surtout la formation des marnes irisées, possèdent des dépôts de lignite très-semblables à la houille; toutefois, leur poussière est brune. Ils sont le produit d'une flore particulière, où dominent les fougères, les cycadées et les conifères. Nous avons représenté

Une fougère, — **Nevropteris elegans** *(fig. 77)*;
Une cycadée, — **Pterophyllum pleiningerii** *(fig. 78)*;
Une conifère, — **Voltzia heterophylla** *(fig. 79).*

II. MUSCHELKALK OU CALCAIRE COQUILLER. — Cet étage, essentiellement calcaire, est très-bien développé en Saxe, où il contient beaucoup de coquilles ; de là lui vient son nom allemand de muschelkalk. C'est un calcaire compacte, grisâtre ou gris bleuâtre, renfermant souvent du carbonate de magnésie, de telle sorte qu'il devient parfois identique à la dolomie (carbonate de chaux et de magnésie), mais alors il ne renferme plus de coquilles. — Dans certaines couches, on trouve des silex. — Les assises supérieures passent à des marnes schisteuses, renfermant soit de petites couches, soit des amas de calcaire compacte.

Dans le Wurtemberg, le muschelkalk possède de petits bancs de gypse (pierre à plâtre) ; cette substance devient plus abondante à la partie supérieure, où elle accompagne le sel gemme, exploité sur plusieurs points.

FOSSILES DU MUSCHELKALK.

Reptiles. — Les grands reptiles sauriens, que nous étudierons dans le lias, commencent ici leur apparition ; on a rencontré aussi des empreintes de tortues.

Mollusques. — Parmi les nombreuses coquilles du muschelkalk, nous citerons :

1° **Ceratites nodosus** *(fig. 68)* — mollusque céphalopode, propre au trias et voisin des ammonites, s'en distinguant par les lobes ondulés des cloisons, qui sont finement dentelées en forme de scie ;

2° **Ammonites nodosus** *(fig. 69)* — mollusque céphalopode — à coquille circulaire enroulée sur le même plan, divisée en un grand nombre de loges dont la dernière seule contenait l'animal ; toutes ces loges étaient traversées par un tube ou siphon ; les cloisons présentaient de nombreuses ramifications. Les ammonites, si répandues dans les terrains secondaires, font ici leur première apparition ;

3° **Helcion lineata** *(fig. 70)* — mollusque gastéropode — à coquille conique, mince, presque lisse ; elle s'attachait aux rochers et aux feuilles des plantes marines ;

4° **Avicula socialis** *(fig. 71)* — mollusque acéphale — à coquille très-inéquilatérale, portant deux appendices auriculés inégaux ;

5° **Possidonia minuta** *(fig. 72)* — mollusque acéphale, voisin des avicules, — à coquille mince, fragile, de forme ovalaire, ornée de stries concentriques ;

6° **Myophoria lineata** *(fig. 73)* — mollusque acéphale, tout-à-fait spécial à la période triasique — à coquille triangulaire, comme les trigonies, mais ne présentant que les stries d'accroissement et quelques côtes lisses rayonnantes ;

7° **Trigonia vulgaris** *(fig. 74)* — mollusque acéphale, apparaissant ici pour la première fois, et dont les nombreuses espèces se prolongent jusque dans les terrains crétacés — coquilles épaisses, égales entre elles, triangulaires, souvent ornées de côtes, de tubercules, de granulations ;

8° **Terebratules** — mollusque brachiopode. — Ce genre comprend de nombreuses espèces, très-répandues dans les couches de toutes les époques, et ayant des représentants dans la nature actuelle. — La valve supérieure porte un crochet, sous lequel est une ouverture ronde. Quelquefois les térébratules sont entassées en nombre immense dans le muschelkalk.

Zoophytes. — 1° **Encrinus moniliformis** *(fig. 75)* — présentant une longue tige formée d'anneaux ronds et rayonnés sur leur base, se distinguant nettement du calice, et surmontée par des bras articulés qui tendent à se réunir au sommet ;

2° **Stellispongia variabilis** *(fig. 76)*. — Comme son nom l'indique, c'était une sorte d'éponge couverte de petits trous, d'où partaient des stries rayonnantes figurant des étoiles grossières.

III. Marnes irisées. — Ce nom convient assez peu, car les argiles qui constituent cet étage font à peine effervescence avec les acides; elles ne présentent aucune disposition schistoïde, mais se brisent sous le choc en masses à surfaces arrondies et à bords tranchants; leur nom indique assez qu'elles présentent des couleurs variées, dont les principales sont le rouge, le vert, le jaune, le bleuâtre. Vers le milieu de l'étage se trouvent des grès à grains fins, de couleur rouge amaranthe ou gris bleuâtre, mélangés à des dolomies un peu terreuses.

Cet étage est très-développé et très-caractérisé en Lorraine, où il renferme plusieurs substances utiles :

1° A Noroy, sept lieues nord-ouest de Bourbonne-les-Bains, une petite couche de houille, exploitée au milieu d'argiles schisteuses, accompagnées d'un grès dur, micacé, bigarré de rouge et de bleuâtre;

2° Du gypse ou pierre à plâtre, tantôt en rognons à structure compacte ou saccharoïde, tantôt sous forme de veines et de petits filons. Cette substance, si utile à l'agriculture, se trouve fréquemment dans les lieux qui possèdent les marnes irisées;

3° De puissantes couches de sel gemme, principalement en Lorraine.

C'est en 1819 que l'on a découvert, dans la vallée de la Seille (département de la Meurthe), les gîtes de Dieuze et de Vic, au-dessus de calcaires et de grès quelquefois charbonneux. Le terrain salifère s'annonce à la partie supérieure par du gypse pénétrant les marnes dans tous les sens, sous forme de veines déliées, ou bien formant de petits lits stratifiés. Ce gypse est fibreux, compacte, quelquefois cristallisé. Plus près du sel se trouve une argile grise ou bleuâtre, salée, contenant du gypse anhydre.

A Vic et à Dieuze, le terrain salifère a une puissance de 100 mètres, et comprend douze couches d'une épaisseur totale de 65 mètres. Bien que ces deux villes soient distantes de quinze kilomètres, ce sont les mêmes couches qui s'étendent de l'une à l'autre; elles vont même au-delà, dans un rayon de quarante kilomètres environ, en conservant les mêmes caractères. Du reste, l'existence de sources salées et la présence du gypse annoncent fréquemment la présence du sel gemme dans l'est de la France, entre les Vosges et le Jura. C'est ainsi qu'à Salins (département du Jura), se trouvent de riches exploitations de gypse et de sel.

Le sel gemme de Vic et de Dieuze est ordinairement d'un gris sale ou verdâtre; le sel rouge est ensuite le plus abondant; le sel blanc ne représente guère qu'un sixième de la masse totale. Les modifications de couleur, de pureté, ainsi que les filets d'argile interposés, sont généralement en rapport avec la stratification; ainsi donc, le sel gemme a été déposé en couches régulières; sa structure indique une cristallisation rapide et confuse. Il est à remarquer que le sel gemme ne contient pas d'iode, et c'est à l'absence de cette substance que l'on attribue les goîtres, assez fréquents dans les pays salifères.

Quant au mode d'exploitation du sel gemme, il varie suivant les localités. A Dieuze, on procède par puits et galeries; l'ensemble est divisé en compartiments, dont les piliers sont formés par le sel gemme. Tout est calculé pour éviter l'irruption des eaux, ce qui est l'accident le plus redoutable de ces sortes de mines. Dans les autres localités, on pratique de vastes excavations, que l'on remplit d'eau; cette eau est considérée comme saturée de sel lorsqu'elle en renferme 25 p. 0/0. Alors on l'extrait, et on l'évapore pour faire cristalliser le sel. Cette méthode est surtout employée lorsque le sel est impur.

En Angleterre, le terrain des marnes irisées contient également du sel gemme. Près de Liverpool, il a 100 mètres de puissance, et ne possède que deux couches; mais l'une a 20 mètres et l'autre près de 30 mètres d'épaisseur, circonstances plus favorables à l'exploitation que celles qui existent en France.

FOSSILES DES MARNES IRISÉES.

Il n'y a point de fossiles dans les terrains salifères, en France et en Angleterre.

Les grès renferment des reptiles, des poissons et quelques coquilles, entre autres **possidonia minuta**, citée dans le muschelkalk.

Mais aux environs de Stuttgard, à la partie supérieure des marnes irisées, dans le voisinage du lias, on a fait une découverte très-intéressante, celle du plus ancien mammifère connu; il était représenté par des dents à double racine, caractère spécial aux mammifères; c'était sans doute un insectivore; on l'a nommé **microlestes**.

Dans l'Amérique du Nord, vallée du Connecticut, on a trouvé aussi des empreintes fort remarquables sur des plaques de grès rouge de la période triasique; les unes appartiennent à des gouttes de pluie, les autres à des animaux. — Ces dernières sont de deux sortes: les unes paraissent avoir été produites par des grenouilles gigantesques, les autres par des oiseaux. Si l'on en juge par l'empreinte des pas, quelques-uns de ces oiseaux devaient être à peu près de la taille de l'épiornis, dont les œufs, découverts à Madagascar, étaient six fois plus gros que ceux de l'autruche, et qui paraît avoir été détruit par l'homme.

Il reste quelques doutes sur ces oiseaux, parce que l'on n'a découvert aucune portion de leur squelette; disons cependant que, dans le même terrain, on trouve de nombreux coprolites qui, par leur composition chimique, se rapportent mieux aux excréments des oiseaux qu'à ceux des reptiles.

Quant à la flore du trias, elle se rapproche beaucoup, d'après M. Brongniart, de celle du lias; elle est caractérisée par des fougères, une véritable équisétacée, l'**équisetis columnaris**, et différentes espèces de cycadées que l'on rencontre pour la première fois. Les cycadées étaient voisines des conifères, mais ressemblaient aux palmiers par leur forme extérieure.

DÉPARTEMENT DE L'INDRE.

Le trias existe dans le département de l'Indre, mais il y est peu développé.

Au sud, il forme une bande étroite et souvent interrompue entre Chaillac et Cluis, et est principalement constitué par des grès. A Chaillac, le grès est très-fortement coloré en rouge brun par le peroxyde de fer; il renferme de petits fragments blancs de feldspath et de quartz, donne de belles pierres pour les constructions et constitue un ensemble de collines arrondies, très-fertiles et assez escarpées. Sur les flancs de ces collines et à la partie supérieure, on trouve un précieux minerai de fer exploité maintenant très-activement; c'est une hématite brune (peroxyde de fer anhydre) à tissu fibreux et à reflet métallique dans les beaux échantillons; elle se présente en bancs sensiblement horizontaux. Un grès analogue succède, aux environs d'Éguzon, au gneiss chargé de graphite que nous avons signalé dans cette localité.

A l'est, le trias est limité d'un côté par le terrain de transition et de l'autre par le lias suivant une ligne passant aux environs du Coudray, de Fougerolles, Sarzay, La Châtre, Montlevic et Néret. — D'après M. Sagey, ingénieur des mines, qui fut autrefois chargé d'exécuter une carte géologique du département de l'Indre, le terrain des marnes irisées comprend, de Château-Meillant à La Châtre : en bas, une couche de grès à petits grains, à ciment argileux et peu dur; au-dessus, des marnes brunes, contenant du calcaire jaune caverneux, maculé de petites étoiles de manganèse oxydé, puis une série de couches calcaires qui passent sans transition au calcaire à gryphée arquée. Une seule de ces couches contient des fossiles. Le grès de La Châtre appartient également au trias. A Chassignoles (environs de La Châtre) ce grès siliceux est remarquable par sa pâte, composée en grande partie d'une argile riche en silice, assez fusible, onctueuse au toucher, et assez soluble dans les acides (halloysite). Jusqu'ici, on n'a signalé ni gypse, ni sel gemme dans le terrain des marnes irisées de l'Indre.

TROISIÈME ÉPOQUE DU MONDE ORGANISÉ.

II. — Terrain jurassique.

Le terrain jurassique est, de tous les terrains secondaires, celui qui contribue le plus à donner à la France son relief actuel.

Au nord, ses affleurements autour des terrains de transition forment une vaste ellipse dont Paris et Londres occupent la partie centrale; au sud-est de ce bassin, ils se relient aux montagnes du Jura, dont ils constituent la portion la plus considérable; enfin, ils contournent le plateau central et forment le littoral du bassin crétacé de la Gironde.

La puissance du terrain jurassique, qui est en moyenne de 500 mètres, atteint sur quelques points plus de 1,000 mètres. Les roches dominantes sont les argiles, les dépôts arénacés, les sables, le calcaire. Lorsqu'on les considère autour des bassins de Paris et de Londres, qui à cette époque étaient occupés par une mer unique, on leur trouve un air de famille, malgré de fréquentes variations minéralogiques. Il n'en est plus de même autour des Alpes et des Pyrénées.

Ces montagnes ont été soulevées après le dépôt du terrain jurassique, et le contact des roches ignées, ainsi que les bouleversements inséparables de leur apparition, ont fait subir aux masses minérales des modifications profondes.

La plupart des couches renferment de nombreux fossiles, dont plusieurs sont caractéristiques, et qui ont beaucoup servi à établir les subdivisions.

On les divise en deux groupes :

1° A la partie inférieure, le lias;

2° Au-dessus, le système oolitique.

I. — LIAS.

Le mot lias est employé, dans certaines parties de l'Angleterre, pour désigner des calcaires et des marnes dont la couleur se rapproche du bleu, et qui sont placés à la partie inférieure du système oolitique.

La formation du lias, quand elle est complète, commence par des grès; ils sont surmontés par le calcaire lias, qui lui-même supporte des marnes; de là la division en trois étages :

1° A la partie inférieure, grès;

2° Au-dessus, calcaire lias à gryphée arquée;

3° A la partie supérieure, marnes du lias.

Remarquons qu'il y a une correspondance parfaite entre les terrains du trias et du lias, puisqu'ils commencent tous deux par des grès, se continuent par des calcaires et se terminent par des marnes.

I. Grès du lias. — Cet étage manque assez souvent. Quand il existe, c'est un grès quartzeux, blanc ou jaunâtre, renfermant des rognons siliceux et des silex roulés; il fournit de belles pierres de construction. On le trouve fréquemment séparé du calcaire par des marnes noirâtres, schisteuses, contenant des noyaux calcaires. A Pouilly, en Bourgogne, ces rognons calcaires donnent un ciment renommé. —

Lorsque le grès manque, les marnes schisteuses forment la partie inférieure du lias.

II. Calcaires du lias ou a gryphée arquée. — Ces calcaires, dont la puissance varie de 15 à 25 mètres, manquent rarement et ont des caractères assez constants. Ils sont, en général, divisés en couches minces d'une médiocre épaisseur, de couleur bleuâtre à l'intérieur, tandis que la surface est d'un jaune ocreux. Une assez forte proportion d'argile entre dans leur composition, ce qui les rend propres à donner de bonnes chaux hydrauliques. — Ils renferment beaucoup de coquilles, parmi lesquelles la gryphée arquée est la plus caractéristique.

III. Marnes du lias. — C'est la partie la plus constante et la plus puissante de la formation; son épaisseur moyenne est de 100 mètres. Ces marnes sont brunes, grises, bleuâtres, plus ou moins argileuses, souvent sableuses, et empâtent des rognons de calcaires semblables au calcaire à gryphée arquée. — Sur quelques points, elles sont noires, bitumineuses, contenant parfois du combustible, comme à Mende (Lozère), à Milhau (Aveyron). — On trouve de nombreuses bélemnites dans les calcaires de cet étage.

Matières adventives. — On trouve dans le lias du gypse, exploité sur quelques points des Cévennes, des dépôts salifères (Bex, en Suisse). — C'est à cette formation que l'on rattache les gisements de peroxyde de fer de l'Ardèche, les minerais de plomb de la Lozère, du Lot et de l'Aveyron. — Au-dessus du lias, sur le plateau de Larsac (Cévennes), existe un lignite compacte, bitumineux, présentant les principaux caractères de la houille.

fossiles du lias (planches VI et VII).

Reptiles, coprolites. — Les reptiles, par leur nombre, leur grosseur, leur structure extraordinaire, fournissent le trait le plus saillant des débris organiques du lias. Ce qu'il y a de remarquable, c'est que les diverses parties qui en sont restées occupent la position qu'elles avaient du vivant de l'animal ; quelquefois le contenu de l'estomac subsiste intégralement dans la cavité thoracique, si bien que l'on peut reconnaître non-seulement la forme des excréments, mais encore l'espèce de poisson dont ces reptiles se nourrissaient. En présence de ces faits, on doit admettre que ces êtres ont été détruits subitement, peut-être par l'introduction dans les eaux de substances nuisibles.

Les excréments de ces reptiles ont été nommés coprolites. Ils forment parfois des lits entiers dans le lias, à quelque distance des squelettes entiers des animaux dont ils sont provenus. C'est ainsi qu'on les trouve en Angleterre, dans le lias de Lime-Regis (Dorsetshire). Dans le même pays, une couche du lias inférieur, près de l'embouchure de l'Avon, est tellement riche en débris de grands sauriens, qu'elle constitue un conglomérat ossifère.

Comme exemple, on a représenté :

Un **coprolite** contenant des os d'ichthyosaure *(fig. 84)*;

Un **coprolite** présentant l'empreinte des replis du canal intestinal *(fig. 85)*, qui était contourné en spirale comme celui des requins de nos jours.

Les coprolites renferment une grande proportion de phosphate de chaux, substance dont les agriculteurs apprécient maintenant l'utilité; aussi on les recherche avec soin, et déjà on les a rencontrés en plusieurs lieux, notamment dans le lias du Calvados et dans celui de Fins (Allier). Nous verrons qu'on les trouve aussi dans les grès verts des terrains crétacés.

Les sauriens du lias tiennent à la fois des crocodiles, des lézards, des poissons et des mammifères. Leurs pieds ont la forme de rames, et annoncent des habitudes entièrement aquatiques. Parmi eux, nous citerons :

1° Les *ichthyosaures*. — Ils avaient le cou court et la tête pourvue de gros yeux dont le volume dépassait souvent celui de la tête d'un homme; leur taille atteint sept mètres de long. Ils nageaient à l'aide de rames puissantes, et saisissaient leur proie à l'aide de longues mâchoires garnies de près de deux cents dents. Leur voracité était extrême et ils n'épargnaient même pas les êtres de leur espèce, ainsi que le prouve l'examen des coprolites.

Exemples :

Ichthyosaurus communis *(fig. 80);*

Tête de l'ichthyosaurus platyodon *(fig. 81).*

2° Les *plésiosaures*. — Ils avaient un cou très-allongé, semblable au corps d'un serpent, terminé par une petite tête; leurs dents ressemblaient à celles du crocodile. Ils avaient plus de trois mètres de long. Leur conformation porte à croire qu'ils pêchaient dans les baies ou dans les bas-fonds, en lançant rapidement leur tête sur les poissons qui les approchaient.

Exemple :

Plesiosaurus dolichoderus *(fig. 82).*

3° Les *ptérodactiles*. — Ce sont des sauriens volants. Comme nos chauve-souris, ils avaient les pattes transformées en ailes. Par la forme de la tête ou du cou, ils rappellent les oiseaux, tandis que les dents, le tronc et la queue les rapprochent des sauriens ordinaires. Leur grosseur ne dépassait pas celle du cygne.

Exemple :

Pterodactylus longirostris *(fig. 83).*

Poissons. — Les poissons étaient nombreux à cette époque; leurs écailles étaient dures, brillantes, émaillées; ils sont voisins de ceux que l'on trouve dans le terrain oolitique, mais diffèrent de ceux de la période crétacée. Tous ces genres sont éteints.

Nous citerons :

1° Le **tetragonolepis**, qui est représenté restauré *(fig. 86);* il était voisin des squales, et paraît avoir été exclusivement propre au lias;

2° Une dent de l'**acrodus nobilis** *(fig. 87)*, qui porte en Angleterre le nom de sangsue fossile ; on ne connaît pas le squelette entier de ce poisson ;

3° Une portion de nageoire de l'**hybodus** *(fig. 88)*. — Ces restes, qui ont excité de longues discussions parmi les géologues, paraissent avoir été simplement des épines osseuses formant la partie antérieure d'une nageoire dorsale.

Insectes. — Il existe en Angleterre (Gloucestershire) une couche de 30 centimètres d'épaisseur environ, qui en renferme tellement qu'on l'a nommée couche à insectes. — Les nervures des ailes sont parfaitement conservées. — On y a reconnu quelques genres de coléoptères et quelques scarabées presque entiers, dont les yeux sont dans un bon état de conservation.

Mollusques. — Les mollusques du lias nous ont été parfois transmis avec une grande perfection. Ainsi, dans le lias de Lime-Régis, on a retrouvé des poches à encre semblables à celle des seiches ; elles étaient encore gonflées et contenaient une matière noire qui, délayée dans l'eau, a pu servir pour le lavis, absolument comme la sépia que l'on prépare avec la seiche commune. On a découvert aussi dans le même lieu de nombreux fragments de calmars, qui ont servi à reconstruire les bélemnites.

Parmi les mollusques les plus caractéristiques, nous citerons :

1° **Ammonites** — mollusques céphalopodes, déjà décrits au trias, dont les espèces sont très-nombreuses dans le terrain du lias.

Exemples :

 Ammonites Bucklandi *(fig. 89)*;
 Ammonites margaritatus *(fig. 90)*;
 Ammonites nodotianus *(fig. 91)*;
 Ammonites Walcoti *(fig. 92)*;
 Ammonites catæna *(fig. 93)*.

2° **Nautilus truncatus** *(fig. 94)* — mollusque céphalopode

— à coquille contournée en spirale, divisée par des cloisons simples ou sinueuses en loges aériennes traversées en leur milieu par un siphon;

3° **Belemnites** — mollusques céphalopodes, représentés par des corps conoïdes allongés, à section circulaire, à tissu fibreux et rayonnés dans la cassure transversale. Ce sont des fragments d'un osselet dont la partie supérieure contenait des loges aériennes.

Exemples:

Belemnites pistiliformis *(fig. 95)*;
Belemnites sulcatus *(fig. 96)*.

La *fig.* 97 représente une poche d'encre qui rappelle celle des seiches. Ces poches d'encre ont été trouvées dans le lias de Lime-Regis, à côté de bélemnites, et ne laissent aucun doute sur l'analogie de ces êtres avec les calmars de notre époque;

4° **Trigonia clavellata** *(fig. 98)* — mollusque acéphale, déjà décrit au trias;

5° **Plagiostoma giganteum** *(fig. 99)* — mollusque acéphale, dont la coquille presque triangulaire, d'un poids considérable, est munie de deux espèces de raies, les unes concentriques et les autres rayonnantes;

6° **Plicatula spinosa** *(fig. 100)* — mollusque céphalopode — à coquille inéquivalve assez irrégulière, dont la surface est ronde;

7° **Pecten lugdunensis** *(fig. 101)* — mollusque acéphale — à coquille auriculée, c'est-à-dire munie de deux appendices à la charnière, composée de deux valves inégalement bombées, ornées ordinairement de côtes rayonnantes;

8° **Gryphea arcuata** *(fig. 102)* — mollusque acéphale voisin des huîtres — tout-à-fait caractéristique du lias. La plus grande valve présente un crochet qui se recourbe directement sur la petite;

9° **Avicula inæquivalvis** *(fig. 103)* — mollusque acéphale

— à coquille très-inéquilatérale, portant deux appendices auriculés inégaux ;

10° **Spirifer Walcoti** *(fig. 104)* — mollusque brachiopode, décrit au terrain houiller, et qui termine son existence dans le lias.

Zoophytes. — Ils sont représentés par plusieurs crinoïdes et par plusieurs oursins. Voici les plus remarquables :

1° **Diadema seriale** *(fig. 105)* — genre d'oursins dont le test circulaire, un peu déprimé, est pourvu de deux rangées de gros tubercules sur toutes les aires ;

2° **Asteria lumbricalis** *(fig. 106)* — corps en forme d'étoile découpée, dont les bras creux sont couverts de petites pièces portant des épines plus ou moins saillantes ;

3° **Palœocoma Fustembergii** *(fig. 107)* — corps en forme d'étoile découpée, dont les bras non creux sont formés par quatre rangées de plaques.

FLORE DU LIAS. — M. Brongniard compte quarante-sept espèces de cryptogames à tige, dont la plupart sont des fougères, trente cycadées, onze conifères. — On a également trouvé dans le lias plusieurs fruits de palmiers, qui font à cette époque leur première apparition.

Les restes de ces plantes, et principalement des conifères, ont donné naissance à quelques gisements de combustible intermédiaire entre la houille et les lignites ; tel est celui du plateau de Larsac, dans les Cévennes.

DÉPARTEMENT DE L'INDRE.

Le lias est assez développé dans le département de l'Indre ; il forme un excellent horizon géologique, parce qu'il possède un aspect constant. On le trouve entre Lignac et Chaillac, à Abloux, aux environs de Celon, Neuvy-Saint-Sépulcre, à la côte d'Ars, près La Châtre ; tantôt il repose sur les marnes irisées, tantôt sur le terrain de transition, comme à Mouhers, entre Neuvy-Saint-Sépulcre et Cluis. Il est formé par des calcaires tout-à-fait semblables à ceux que nous avons décrits pour le lias; ces calcaires sont surmontés par des marnes qui ont servi à transformer les terres environnantes. Quand ces marnes sont peu calcaires, on les exploite pour la fabrication des briques. C'est ce que l'on voit aux Grands-Gaillards, au village de Bouesse, au Menoux-sur-la-Creuse et au hameau du Pied-de-l'Age. Les calcaires et les marnes du lias sont très-fossilifères, et, à la surface de certains champs, on trouve des quantités considérables de bélemnites et de gryphées arquées parfaitement conservées. On n'y a signalé encore ni coprolites, ni débris de sauriens, mais nous avons vu, chez M. le curé de Neuvy-Saint-Sépulcre, des poissons, dont un était parfaitement conservé.

Les pays couverts par le lias sont assez accidentés, et leur fertilité contraste singulièrement avec la pauvreté des contrées qui les limitent. Ils ne sont pas dépourvus non plus de substances utiles. Ainsi, à Celon, on exploite le calcaire pour la fabrication d'une chaux hydraulique de bonne qualité.

Le gypse a été rencontré dans le même terrain, entre Chavin et Le Menoux, canton d'Argenton, et à Neuvy-Saint-Sépulcre, mais en trop petite quantité pour être exploité. Enfin, il existe à Montgivray du lignite qui paraît de bonne qualité, et qui se présente sous forme de plaques de un à quatre centimètres d'épaisseur. On ignore la puissance de ce gisement, aucune fouille sérieuse n'ayant été faite pour la déterminer. Ce lignite se trouve au milieu de marnes schisteuses, noires, très-bitumineuses.

II. — SYSTÈME OOLITIQUE.

Le système oolitique comprend des épaisseurs considérables de calcaires compactes alternant avec des roches argileuses. Les calcaires sont fréquemment formés de petits grains ronds, de la grosseur d'un grain de millet, assez semblables à des œufs de poisson, c'est de là que vient leur nom. Cette structure est surtout évidente sur les fragments exposés quelque temps à la pluie, car alors les grains sont isolés par suite de la disparition du ciment qui les unit. Les alternances de calcaire et d'argile se répètent ordinairement trois fois; de sorte que les formations oolitiques comprennent trois étages argileux, surmontés de trois étages calcaires. En Angleterre, ces formations se rencontrent avec un détail que l'on ne voit nulle part ailleurs, aussi est-ce là que l'on a pris les principaux types. La différence la plus notable qu'elles présentent avec celles de France consiste dans le développement des roches argileuses qui, chez nous, cèdent le pas aux roches calcaires.

On divise le système oolitique en trois étages, désignés simplement par les noms d'étage inférieur, moyen, supérieur.

I. — Étage inférieur de l'oolite.

Cet étage a une puissance moyenne de 180 mètres; c'est le plus compliqué des trois; quand il est complet, il paraît formé de six assises, mais en général il se réduit à trois :

1° En bas, oolite inférieure;
2° Au-dessus, terre à foulon;
3° Partie supérieure, grande oolite.

I. Partie inférieure *(Bristol)*. — Cette assise commence par des sables jaunes, micacés, prenant parfois un assez grand développement pour le constituer tout entier. — Ils sont surmontés par des calcaires bruns, durs, tenaces, habituellement peu épais, parfois noduleux et criblés d'oolite ferrugineuse. — On en tire de bonnes pierres de construction.

OOLITE INFÉRIEURE.

Fossiles. — Les mollusques sont très-nombreux à ce niveau; plusieurs appartiennent également au lias. Voici les plus caractéristiques :

1° *Ammonites*.—Les espèces les plus remarquables sont :
    Ammonites Humphrysianus *(fig. 110)*;
    Ammonites striatulus *(fig. 111)*;
    Ammonites bullatus *(fig. 112)*;
    Ammonites Brongnartii *(fig. 113)*;

2° **Pleurotomaria ornata** *(fig. 114)* — mollusque gastéropode — à coquille contournée en spirale, conique et déprimée;

3° **Gryphea cymbium** *(fig. 115)*, qui paraît très-caractéristique;

4° *Térébratules* — mollusques brachiopodes, décrits au terrain du muschelkalk.

Exemples :
    Terebratula digona *(fig. 117)*;
    Terebratula globata *(fig. 118)*;
    Terebratula spinosa *(fig. 119)*.

II. Argile a foulon *(environs de Bath)*. — C'est une argile jaune, bleue ou blanche, renfermant du calcaire noduleux. Elle n'a guère plus d'un mètre de puissance. On l'employait autrefois dans le foulage des draps pour absorber l'huile.

Fossiles.— On y trouve une coquille caractéristique :
Ostrea acuminata *(fig. 115)* — mollusque acéphale. — Le mot ostrea désigne les diverses espèces d'huîtres proprement dites, possédant une coquille lamelleuse, irrégulière, écailleuse à la surface, sans dents à la charnière et sans crochets réguliers.

III. Grande oolite *(environs de Bath)*. — Cet étage commence par du calcaire oolitique, à petits grains, solide;

donnant d'excellentes pierres de construction; il est surmonté par un calcaire à texture grossière, contenant beaucoup de coquilles, et séparé des calcaires supérieurs par une argile bleuâtre. — Parmi ces calcaires, il en est un, pétri de petites huîtres, remarquable par sa dureté, la finesse de son grain, et exploité comme marbre dans une forêt (forest marble). — Enfin, à la partie supérieure, se trouvent des calcaires grossiers en couches multipliées et schisteuses. Il est à remarquer que, comme dans les environs de Châteauroux, ces pierres calcaires encombrent les terres à blé.

FOSSILES DE LA GRANDE OOLITE.

Mammifères. — C'est dans les environs de Stonesfield que l'on a découvert (1818), dans un schiste appartenant à la partie inférieure de l'oolite, sept mâchoires inférieures de mammifères que de longues discussions ont rendues célèbres. Nous avons vu que maintenant le microlestes de Stuttgard est le plus ancien mammifère connu.

Ces êtres singuliers se rattachaient aux marsupiaux, c'est-à-dire aux mammifères qui naissent dans un grand état d'imperfection et qui restent longtemps greffés dans une sorte de poche creusée dans l'abdomen de leur mère. Ils appartenaient aux deux genres : **thylacotherium** et **phascolotherium**.

La *figure 108* représente une mâchoire de **thylacotherium Prevosti**.

La *figure 109* une mâchoire de **phascolotherium Bucklandi**.

Reptiles. — La grande oolite de Caen a fourni plusieurs sauriens voisins des gavials.

Insectes. — Les schistes de Stonesfield renferment des débris d'insectes, et en particulier des élytres parfaitement conservées.

Mollusques. — Les mollusques étaient à peu près les mêmes que ceux que nous avons cités pour la partie inférieure de cet étage. Les ammonites atteignaient de très-grandes dimensions; les térébratules, les bélemnites étaient très-répandues.

Mollusques bryozoaires. — Ces mollusques, que l'on a longtemps confondus avec les polypiers, commencent ici leur première apparition. Ils étaient principalement représentés par les genres :

Entalophora cellarioides *(fig. 120)*, composé par des cellules tubuleuses, disposées autour d'une tige cylindrique et rameuse ;

Bidiastopora cervicornis *(fig. 121)*, composé de cellules allongées, irrégulièrement placées, dont l'ensemble présente des ramifications;

Eschara ranvilliana *(fig. 122)*, formé de cellules disposées en quinconces, dont l'ensemble représente des expansions foliacées ou des branches régulières et aplaties.

Zoophytes. — Nous verrons que, dans l'oolite moyenne, il existe un étage presque entièrement formé de coraux; il y en avait aussi beaucoup dans l'assise que nous étudions, et, dans certains cas, les crinoïdes paraissent avoir formé d'épaisses forêts sous-marines.

Les zoophytes les plus caractéristiques sont :

1° **Apiocrinus elegans** *(fig. 123)* — crinoïde à calice cupuliforme, s'élargissant de la base au sommet, composé d'un grand nombre d'articles, et surmonté de dix bras bifurqués ou non ;

2° **Apiocrinus rotundus** *(fig. 124)*;

La *figure 125* représente diverses articulations de la tige des encrines;

3° **Hyboclypus gibberulus** *(fig. 126)* — genre d'oursins à forme élargie, déprimée, munis de tubercules nombreux, perforés et crénelés;

4° **Montlivaltia caryophyllata** *(fig. 127)* — polypier libre, ayant la forme d'un cône surmonté d'un cylindre, marqué de côtes verticales;

5° **Anabacia orbulites** *(fig. 128)* — polypier dont l'ensemble est circulaire, déprimé, couvert de petites cloisons rayonnantes;

6° **Cryptocœmia bacciformis** — polypier de forme variable, ordinairement globuleuse, dont la surface est recouverte d'un grand nombre d'étoiles à six rayons.

V. FLORE DE L'OOLITE INFÉRIEURE. — La flore continentale de l'oolite inférieure était fort riche. Elle était composée principalement des plantes suivantes :

1° *Fougères*. — Les fougères diffèrent, par leur port et leur aspect, de toutes celles des périodes précédentes; leurs dimensions sont aussi moins grandes.

Exemples :

Pachypteris lanceolata *(fig. 130)*;
Pecopteris Desnoyersi *(fig. 131)*;
Coniopteris Murrayana *(fig. 132)*;

2° *Cycadées*. — Elles étaient représentées par plusieurs espèces de pterophyllum :

Pterophyllum williamsonis *(fig. 133)*;

3° *Conifères*. — Les conifères, peu abondants depuis le muschelkalk, reparaissent ici en grand nombre. Nous citerons :

Le **brachyphyllum** *(fig. 135)*, qui paraît se rapprocher de quelques arbres actuels de l'Afrique méridionale, et dont les feuilles courtes, charnues, étaient insérées par une base large ayant la forme d'un lozange;

4° Enfin il existait une véritable équisétacée :

Equisetum columnare *(fig. 134)*.

MATIÈRES UTILES. — Les matières utiles de l'oolite inférieure sont peu nombreuses. On rencontre quelques lignites, assez semblables à la houille, formés par des fougères, des conifères et certaines équisétacées caractéristiques de cette période. — En Bourgogne, on exploite dans de nombreuses minières un minerai de fer renfermé dans un calcaire qui contient de nombreux débris d'encrines (calcaire à entroques).

DÉPARTEMENT DE L'INDRE.

Cet étage est assez développé dans le département. Il suit les sinuosités du lias et on peut le considérer comme circonscrit par une ligne passant par Mâron, Ambrault, le Moulin-de-Presle, Jeu-les-Bois, Saint-Marcel, Argenton, Prissac, la Trimouille (Vienne), Secoury, Saint-Gaultier, la Pérouille, les Carbonnières (commune de Niherne), le Poinçonnet et Clavières; mais le plus souvent, il est recouvert par des couches tertiaires et quaternaires. On le voit à nu le long des vallées de l'Indre (du Moulin-de-Presle à Clavières), de la Bouzanne (Jeu-les-Bois, Chabenet), de la Creuse (depuis Argenton jusqu'au Blanc), de l'Anglin, de l'Allemette (entre Lignac et Bélâbre), du Brioude (Oulches). Sa présence dans les contrées intermédiaires est mise en évidence par la recherche de la marne et des pierres de construction.

Dans la partie la plus ancienne de cette formation, le silice joue un rôle prépondérant, circonstance remarquable et même rare que l'on peut étudier dans la vallée de la Creuse, près du Cluzeau, et surtout dans la vallée de l'Indre, entre le Moulin-de-Presle et Ardentes. — Au Cluzeau, la partie siliceuse, d'un gris clair, très-poreuse, forme plutôt des veines parallèles aux couches calcaires qui la recouvrent que des couches siliceuses proprement dites. — Entre le Moulin-de-Presle et Ardentes, il existe des couches de meulières véritables d'une grande régularité, principalement à Villejovet; elles sont surmontées par des blocs siliceux appelés tufs dans le pays et qui servent à l'entretien de la route de La Châtre à Ardentes. On trouve, soit dans les blocs, soit dans les couches siliceuses, des coquilles nombreuses, le plus souvent à l'état de moules, d'une conservation et d'un fini parfaits.

Le reste de l'étage est calcaire et fournit les belles pierres de construction d'Ambrault, de Villemonjain, du Poinçonnet, de Luant, de Chabenet, d'Argenton, de Saint-Gaultier, etc. Ce calcaire est toujours fortement oolitique, c'est-à-dire composé de petits grains unis par un ciment, mais tantôt les grains sont très-petits et noyés dans une grande quantité de ciment (bancs inférieurs des carrières de Villemonjain et d'Ambrault), tantôt ces grains sont un peu plus gros, mélangés à des paillettes brillantes de carbonate de chaux cristallisé (Velles et Chabenet); le peu de ciment qui les relie est emporté facilement par la pluie et la structure oolitique est mise en évidence. Dans la plupart des cas, ce calcaire est très-pur, et, traité par les acides, ne laisse qu'un résidu insignifiant; aussi donne-t-il par la cuisson d'excellente chaux grasse. Il ne renferme pas beaucoup de fossiles. Les marnes qui en dérivent, fort recherchées pour l'amendement des terres, doivent être considérées comme des calcaires oolitiques dont les grains se désunissent facilement, circonstance dont nous ferons ressortir l'importance quand nous étudierons la Brenne. Les marnes de cette formation que nous avons analysées renferment de 96 à 97 0/0 de carbonate de chaux.

C'est à ce terrain qu'appartient l'argile blanche de la Provanchère (environs d'Argenton), que l'on a prise à tort pour du kaolin, et qui aurait pu servir à des usages importants à cause de sa blancheur et de sa pureté, si le gisement avait été plus important. On trouve également à Villejovet, près Ardentes, au-dessus des bancs siliceux, une argile d'un blanc bleuâtre avec des veines jaunes et rouges, que l'on exploite comme terre à gazette et qui peut donner des briques réfractaires.

II. — Étage moyen de l'oolite.

La composition de cet étage est beaucoup plus simple que celle de l'étage inférieur, puisqu'il comprend seulement une puissante assise argileuse, surmontée d'une assise calcaire.

I. ARGILE D'OXFORD (puissance, 180 mètres). — C'est une argile bleuâtre, plus ou moins mélangée de calcaire, contenant des lits de marne, des masses aplaties de calcaire, et des strates de schistes bitumineux. — En France, dans le Calvados, existe une couche correspondante, c'est l'argile de Dives, qui forme le fond de la vallée d'Auge, si renommée par ses pâturages, et qui renferme beaucoup de fossiles identiques à ceux de l'argile d'Oxford. — En Bourgogne, à la base de cet étage se trouvent des oolites ferrugineuses, exploitées surtout à Châtillon-sur-Seine, et contenant beaucoup de coquilles de la plus belle conservation.

II. CORAL-RAG *(calcaire à coraux;* puissance, 50 mètres). — La partie principale de l'étage consiste en un calcaire contenant une suite de coraux et de polypiers qui conservent encore, pour la plupart, la position qu'ils avaient dans la mer lorsqu'ils étaient en voie de formation.

FOSSILES DE L'ÉTAGE MOYEN DE L'OOLITE (planches IX et X).

Reptiles. — Les icthyosaures disparaissent pour toujours dans cette période; il y avait encore plusieurs pétrodactyles et un grand nombre de sauriens imparfaitement connus.

Crustacés. — Les crustacés étaient représentés par l'**eryon arctiformis** *(fig. 136)*, assez voisin de la langouste.

Insectes. — Plusieurs ordres d'insectes apparaissent pour la première fois; les autres poursuivent leur développement;

ainsi, on trouve des punaises, des papillons, des abeilles, des libellules *(fig. 137)*.

Mollusques. — Les mollusques étaient très-abondants. Nous citerons :

Parmi les ammonites, dont la grandeur continue à être remarquable : **ammonites Jason** *(fig. 138)*;

Parmi les bélemnites : **belemnites hastatus** *(fig. 139)*;

Parmi les gastéropodes :

Nerinea mosæ *(fig. 140)* et **nerinea Godhallii** *(fig. 141)*. Les nérinées avaient une coquille turriculée à tours nombreux. La coupe longitudinale montre au centre un axe solide, et de part et d'autre des dessins caractéristiques plus ou moins compliqués;

Parmi les acéphales :

Ostrea Marshii *(fig. 142)*, espèce d'huître dont la coquille est marquée de côtes rayonnantes, dilatées et à bords assez profondément découpés;

Astarte elegans *(fig. 143)*, et **astarte minima** *(fig. 144)*, à coquille ovale, épaisse, ornée de stries concentriques, à crochets médiocres;

Gryphæa dilatata *(fig. 145)*;

Diceras arietina *(fig. 146)*, remarquable par ses valves contournées en spirale;

Parmi les brachiopodes :

Terebratula Thurmanni *(fig. 147)*;

Terebratula impressa *(fig. 148)*;

Zoophytes. — Les zoophytes sont représentés principalement par les genres suivants :

Ananchites bicordatus *(fig. 149)*, genre d'oursins à test épais, de forme ovoïde;

Cidaris coronata *(fig. 150)*, genre d'oursins aplatis en dessus et en dessous, à test épais, pourvus de gros tubercules perforés;

Hemicidaris crenularis *(fig. 151)*, genre d'oursins assez semblables aux cidaris, mais de forme presque sphérique;

La *figure 152* représente une baguette du **cidaris glandiferus**, qui était supportée par de gros tubercules perforés;

Apiocrynus roissyanus *(fig. 153)*, décrit à l'oolite inférieure;

Millericrinus nodotianus *(fig. 154)*, crinoïde à calice cupuliforme, surmonté de cinq bras bifurqués ou non;

Comatula costata *(fig. 155)*, crinoïde surmonté de cinq bras bifurqués une ou plusieurs fois;

Phytogyra magnifica *(fig. 156)*, polypier divisé en rameaux horizontaux, lamelleux, qu'une ligne longitudinale partage en deux portions symétriques;

Thecosmilia annularis *(fig. 157)*, polypier composé;

Dendraræa ramosa *(fig. 158)*, polypier rameux, ressemblant à un arbre, et couvert de petits oscules;

Thamnastræa *(fig. 159)*, polypier composé, dont les individus sont directement unis entre eux, tout en restant bien circonscrits;

Cibrospongia *(fig. 160)*, amorphozoaire cupuliforme, épais, percé d'un grand nombre de pores ronds ou anguleux.

DÉPARTEMENT DE L'INDRE.

Cet étage est plus développé que le précédent et surtout il est moins souvent recouvert par des terrains postérieurs. Comme l'assise argileuse paraît manquer complètement, il est souvent difficile de tracer la limite qui le sépare du calcaire oolitique inférieur.

On le remarque d'abord à la partie supérieure des carrières de Villemonjain et surtout dans les marnières de Mâron et Sandille. Là on trouve des couches peu épaisses d'un calcaire blanc grisâtre qui se délite parfaitement et qui renferme 30 à 35 0/0 d'argile. Certaines portions contiennent beaucoup d'ammonites (ammonites walcoti).

On le voit ensuite sur les bords de la Creuse, depuis Saint-Gaultier jusqu'à Tournon, et il s'étend sous la portion correspondante de la Brenne, ainsi que le prouve l'examen des marnières de Migné. Sur toute cette étendue, le calcaire oolitique moyen représente parfaitement l'étage du coral-rag; il est en général d'un beau blanc et contient, disséminées dans sa masse, des oolites également blanches, de toutes grosseurs jusqu'à celle du poingt, en général irrégulières, allongées, quelquefois rondes. Ces nodules sont caractéristiques. Quand on brise la plupart d'entre eux, on observe que le calcaire y est presque à l'état cristallin, et, quand on les attaque par l'acide chlorhydrique, on obtient des masses brillantes à la surface et d'un aspect céroïde. Plusieurs sont certainement des êtres organisés : les uns sont des polypiers marqués de tous côtés de petites étoiles, les autres des amorphozoaires (zoophytes irréguliers). Il existe également d'autres polypiers, constitués par une foule de tuyaux accolés les uns aux autres, on doit les rattacher aux thamnastrœa; plusieurs atteignent un poids considérable. — Les encrines ne sont pas très-rares, mais elles ne sont jamais entières; on ne trouve que des tronçons cylindriques présentant un trou à leur centre et portant des stries rayonnées sur leur plan de séparation. Les mollusques sont peu abondants; cependant nous avons eu l'occasion d'observer plusieurs nérinées. — Les carrières placées sur le bord de la route de Saint-Gaultier au Blanc, aux environs de Secoury, et les marnières de Migné nous ont présenté les meilleurs types à étudier. — Du Blanc jusqu'à Bénavent, on trouve des couches schisteuses d'un calcaire qui se désagrège rapidement à l'air et qui contient beaucoup d'ammonites aplaties, peu distinctes de la roche. — A Fontgombault, nous avons visité les magnifiques carrières creusées par les pères Trappistes de l'abbaye, mais nous avons eu le regret de ne pouvoir observer les puissantes couches de polypiers signalées par M. Dufrénoy. Toutefois le calcaire est manifestement corallien et conserve ce caractère jusqu'à Tournon.

Enfin, le calcaire oolitique moyen constitue toute la portion du département connue sous le nom de Champagne, portion que l'on peut circonscrire par une ligne passant aux environs de Châteauroux, Saint-Maur, Neuillay-les-Bois, Vendœuvres, Arpheuilles, Buzançais, Levroux, Bouges, Vatan, Issoudun, Diors. C'est une vaste plaine dépourvue d'arbres même autour des domaines; rien n'y limite la vue; elle est traversée par de rares cours d'eau, tels que la Tournemine, le Vignole, l'Angolin, la Trégonce, dont les prairies sont tourbeuses et infertiles. Elle est cependant belle au printemps lorsqu'elle est couverte de riches moissons. On doit remarquer que la terre végétale est toujours plus épaisse sur les plateaux que sur les flancs des légères dépressions du terrain. A mesure que l'on se rapproche de l'Indre, les ondulations du sol deviennent plus marquées; on retrouve des arbres; le noyer et le pêcher prospèrent dans la campagne de Châteauroux.

Le calcaire qui forme le sous-sol de la Champagne a une cassure conchoïde, une finesse de grain extrême; nous le désignerons sous le nom de calcaire lithographique; il atteint sa plus grande beauté à Châteauroux. — Là il forme des bancs horizontaux dont l'épaisseur ne dépasse pas 20 centimètres, séparés par de minces couches tantôt marneuses, tantôt argileuses, mais alors renfermant de petits nodules irréguliers de calcaire. La stratification est fort régulière et une coupe verticale présente l'aspect d'un mur. Quelques assises (bancs de Paris) sont en particulier remarquables; elles fournissent de larges dalles que l'on peut scier et qui sont susceptibles d'un beau poli; elles occuperaient le premier rang pour la lithographie à cause de la finesse de leur grain et de leur teinte légèrement jaune qui ne fatigue pas la vue, si de petits espaces blancs, d'un tissu friable, ne gâtaient trop souvent les pierres de la plus belle apparence.

Les fossiles sont rares dans cette formation; cependant on

a rencontré accidentellement aux environs de Châteauroux quelques ammonites d'une belle grandeur, fort bien conservées. A Châteauroux, un banc (profondeur, 2 à 3 mètres), nommé par les carriers le *Banc-des-Serpents,* présente en abondance sur sa face inférieure, reposant sur une mince couche argileuse, de nombreuses empreintes que l'on doit rapporter à des plantes. Elles se présentent sous forme de tiges cylindriques, un peu aplaties, dont on ne trouve ni le commencement, ni la fin, et atteignant par suite une longueur considérable, mais inconnue; on peut les détacher de la pierre, et alors, sur la partie supérieure, on remarque des nœuds équidistants ; par la cassure, on peut séparer de ces espèces de rubans des fragments d'une forme très-nette, dont l'une des extrémités est arrondie, l'autre élargie et disposée pour recevoir un fragment semblable au premier. Nous avons également rencontré des empreintes de feuilles, parfois d'une grande finesse; l'ensemble forme une sorte de bas-relief où l'on remarque, dispersés sans ordre, une foule de petits vers, depuis la grosseur d'un cheveu jusqu'à celle d'un tuyau de plume. Jusqu'ici, ces plantes ne paraissent pas avoir été décrites. Un second banc, beaucoup plus profond, contient les mêmes vestiges, mais ils ne peuvent pas être détachés. — Il ne faudrait pas croire que ce calcaire ait toujours la même constitution. A Châteauroux même, on doit distinguer plusieurs variétés. Un banc, entre autres, nommé le *Banc-Rouge* par les carriers, contient beaucoup de silice qui empâte le calcaire. Si, par une cause quelconque, ce calcaire a disparu en partie, il reste un squelette siliceux dont les formes sont très-variées. Dans ce banc rouge, on rencontre assez souvent, à l'intérieur de la pierre et s'en détachant facilement, des êtres singuliers, de forme conique, obscurément tournés en spirale ; la pointe en est siliceuse, et la partie supérieure est revêtue d'une enveloppe de calcaire crayeux. Ils paraissent avoir été supportés par une tige très-déliée, ce qui les rattache aux encrines.

Vers la limite du calcaire lithographique, du côté de Chezelles, Levroux, Bouges, etc., les bancs sont mal développés; les pierres pour la construction ne peuvent guère être empruntées qu'à deux assises et même souvent on n'obtient que des fragments trop petits. — De ce côté les fossiles ne sont pas rares. Ce sont principalement des astartés. A Bouges, nous avons observé une multitude d'annélides qui paraissent voisins des serpules; ils couvrent les petits fragments de pierres qui constituent la couche superficielle des champs.

III. — Étage supérieur de l'oolite.

Cet étage est constitué comme le précédent; il comprend une assise argileuse surmontée de dépôts calcaires.

I. Argile de Kimméridge. — Elle forme les trois quarts de l'étage. La roche dominante est une argile bleue ou jaunâtre, passant à la marne et aux schistes bitumineux. Elle contient souvent des cristaux de gypse. En France, l'argile d'Honfleur appartient à cette période.

II. Oolite de Portland. — La roche principale, employée dans les constructions monumentales de Londres, vient de l'île de Portland; c'est un calcaire de consistance variable, grossier, compacte, en partie oolitique, contenant parfois des rognons de silex.

A cette assise se rattachent des couches de calcaires d'eau douce, que l'on rencontre surtout à Portland et dans la péninsule de Purbeck (Dorsetshire). Elles sont pétries de cypris. Mais leur partie inférieure présente une circonstance fort remarquable; en effet, on y voit une couche de terre végétale parfaitement conservée (0^m 20^c d'épaisseur moyenne), et contenant des troncs de cycadées dans la position verticale; dans certains points, cette couche a été soulevée, et les troncs de cycadées ont conservé leur position normale, relativement à la stratification. C'est ce sol que l'on connaît sous le nom de couche de boue de Portland.

FOSSILES DE L'OOLITE SUPÉRIEURE (planche XI).

Mammifères. — En 1854, on a découvert, dans le calcaire d'eau douce de Purbeck, outre un crocodile entier, des reptiles, des tests de tortue d'eau douce et des débris d'insectes, une mâchoire inférieure d'un insectivore de petite taille, voisin de la taupe du Cap. Plus récemment et sur un petit espace, on a trouvé quatorze espèces de mammifères appartenant à huit ou neuf genres différents. Quelques-uns étaient insectivores ou carnassiers, et plusieurs se rattachaient peut-être aux mammifères ordinaires; mais la plupart étaient des marsupiaux. Les pièces des squelettes étaient disséminées; les mâchoires inférieures dominaient; toutefois, on a observé pour la première fois un crâne et une mâchoire supérieure. Nous avons représenté :

Une mâchoire inférieure de **plagiaulax Becklesii** *(figure 161)*, et une mâchoire inférieure de **plagiaulax minor** *(fig. 162)*.

Ces deux mammifères, remarquables par leurs dents molaires striées, étaient herbivores, et se rattachent au kanguroo-rat. Le premier avait la grosseur d'un écureuil, le second était moitié moins gros.

Reptiles. — Les reptiles étaient représentés surtout par des plésiosaures et des crocodiles que l'on a nommés **teleosauriens**. La taille des teleosauriens allait jusqu'à dix mètres, dont trois ou quatre pour la tête; ils étaient cuirassés sur le dos et sur le ventre. Leur agilité, plus grande que celle des crocodiles actuels, leur gueule fortement armée, et qui n'avait pas moins de deux mètres d'ouverture, les rendaient très-redoutables.

Mollusques. — Les mollusques céphalopodes étaient peu nombreux.

Parmi les mollusques acéphales, nous citerons :

1° **Trigonia gibbosa** *(fig. 163)*, décrit au terrain du trias;

2° **Pholadomya acuticosta** *(fig. 164)*, à coquille mince, oblongue, bâillante, sans dents à la charnière; vivant enfoncé dans la vase ou le sable;

3° **Mya rugosa** *(fig. 165)*, à coquille oblongue, bâillante aux deux extrémités, munie d'un ligament interne; vivant également dans la vase ou le sable;

4° **Ostrea deltoïda** *(fig. 166)*, espèce d'huître offrant une forme triangulaire;

5° **Exogyra virgula** *(fig. 167)*, se distinguant des huîtres par le crochet de la valve inférieure, qui est recourbé en spirale et un peu dévié sur le côté; la valve supérieure est elle-même tournée en spirale.

Parmi les brachiopodes :

Terebratula sella *(fig. 168)*.

Crustacés d'eau douce. — Les couches d'eau douce, dont nous avons à peine parlé jusqu'ici, commencent à acquérir de l'importance, principalement dans le Purbeck. Outre les mollusques ordinaires des eaux douces, on trouve une quantité considérable de cypris, petits crustacés dont le corps est renfermé dans une carapace bivalve pouvant se fermer. Les pieds et les antennes sortent de la coquille, lorsque l'animal veut se mouvoir.

Exemples :

Cypris gibbosa *(fig. 169)*;

Cypris granulata *(fig. 170)*.

Flore de l'oolite supérieure. — La flore de cette époque se compose surtout de conifères et de cycadées; les fougères cependant sont encore très-abondantes. Citons comme exemples de cycadées :

Mantellia nidiformis *(fig. 171)*;

Zamia feneonis *(fig. 172)*.

DÉPARTEMENT DE L'INDRE.

Cet étage est à peine représenté par quelques lambeaux, dans les environs de Reuilly, Vatan et Levroux, et n'offre rien de remarquable.

QUATRIÈME ÉPOQUE DU MONDE ORGANISÉ.

Terrain crétacé.

Le nom de terrain crétacé désigne un ensemble de couches dont l'une des roches dominantes est la craie, calcaire blanc, tendre, peu résistant, se rapprochant beaucoup par son aspect d'un précipité chimique. Elles occupent, en France, une surface de 6,200,000 hectares, soit le douzième de la superficie totale. Leur puissance n'est pas moindre dans le reste de l'Europe; ainsi, elles couvrent, au moins en partie, la Galicie, la Podolie, les Carpathes, la Crimée, le littoral de la Méditerranée, l'Algérie.

Si l'on considère la France en particulier, on remarque que les terrains crétacés se sont déposés dans des dépressions dont les couches jurassiques forment le fond et les bords. Mais il y eut alors deux mers distinctes : l'une au nord, l'autre au midi. La mer crétacée du nord embrassait les bassins de Paris et de Londres, car le détroit qui sépare ces deux grands pays n'existait pas. — La mer crétacée du midi commençait à la barrière jurassique du Poitou, et s'étendait jusqu'aux contrées qui avoisinent la Méditerranée. Jusqu'ici, en France du moins, les dépôts simultanés s'étaient formés dans la même mer; pour la première fois, nous voyons deux bassins distincts. On conçoit donc facilement qu'il y ait quelques différences entre les terrains crétacés du nord et ceux du midi. On y trouve cependant beaucoup de fossiles communs, mais il en est quelques-uns qui sont caractéristiques de la portion méridionale; tels sont les rudistes. Ce sont des coquilles à deux valves très-inégales, extrêmement rugueuses, de forme insolite, réunies sans charnière, probablement sans ligaments; on les rattache aux brachiopodes.

La puissance des couches crétacées est de 2 à 3,000 mètres; elles présentent de grandes différences minéralogiques; par suite, l'étude des fossiles acquiert une prépondérance marquée. Les ammonites, les bélemnites, les gryphées continuent leur existence en prenant des formes nouvelles et variées, mais disparaissent pour toujours vers la fin de la période.

Les conditions agricoles des terrains crétacés sont assez diverses; en général, ils ne manquent pas de fertilité quand la craie ne domine pas exclusivement, comme cela se voit dans la Champagne pouilleuse, ou quand le terrain n'est pas recouvert par de gros cailloux siliceux, comme dans certaines parties de la Sologne. Du reste, les amendements n'y sont pas rares, et facilitent singulièrement la mise en culture des terrains vagues.

Parmi les substances utiles qu'on y rencontre, nous citerons :

Dans les Pyrénées, des couches de charbon, de soufre, du bitume, des sources salées accompagnées de gypse; à Cardone, en Catalogne, une masse de sel très-pure et très-puissante. — Les lignites et les bois fossiles peuvent être exploités sur plusieurs points, par exemple dans les Landes, l'Ariège, etc. — La base du terrain crétacé renferme aussi du minerai de fer, dans la Haute-Marne et l'Aube.

Les dépôts d'eau douce, rares dans les formations précédentes, deviennent plus abondants, et annoncent l'existence de fleuves nombreux se rendant dans les mers crétacées.

DIVISION DES TERRAINS CRÉTACÉS.

On divise les terrains crétacés en trois étages :
1° Étage inférieur ou néocomien ;
2° Étage moyen ou des grès verts ;
3° Étage supérieur ou de la craie.

Dépôts wéaldiens. — De plus, entre le terrain jurassique et le terrain crétacé, existe, dans le sud-est de l'Angleterre, des dépôts lacustres que l'on croit reconnaître en France, aux environs de Boulogne, dans la Seine-Inférieure, l'Oise, et dans les parties supérieures du Jura. On les nomme dépôts wéaldiens. — Ce sont des sables, des grès plus ou moins calcaires, des argiles surmontées par des marnes ou des bancs calcaires pétris de paludines. A la partie inférieure, on a rencontré, au milieu de nombreuses coquilles d'eau douce, des poissons et surtout des reptiles remarquables, parmi lesquels nous citerons :

1° **Iguanodon**. — C'est le plus extraordinaire des reptiles sauriens connus ; il était herbivore ; ses dents, dont la *fig. 174* représente un spécimen, présentaient latéralement une sorte de scie, et étaient surmontées d'une couronne plate, propre à la trituration. Ainsi, non-seulement, comme les reptiles actuels, il coupait et rongeait les racines, mais de plus il les mâchait, ainsi que le prouve l'usure de la couronne de la dent. Il pouvait avoir de 15 à 18 mètres de longueur.

On suppose qu'il était cuirassé et pourvu d'une corne nasale ;

2° **Hylœosaurus** (lézard des bois). — Il offrait plusieurs caractères qui appartiennent aux mammifères ; pour le reste, il était voisin des iguanes. Ainsi, son corps, comme celui de ces reptiles actuels, était couvert d'écailles et portait probablement une crête formée par de longues écailles triangulaires. Il pouvait avoir 8 mètres de long ;

3° **Megalosaure** (mâchoire du megalosaure, *fig. 173*). — C'était un lézard, long de 14 à 16 mètres, porté sur des pattes un peu élevées, et essentiellement carnivore. En effet, ses dents robustes étaient tranchantes latéralement, et prenaient avec l'âge la forme d'une serpette; aussi, chaque mouvement des mâchoires produisait l'effet combiné du couteau et de la scie.

Dans les mêmes couches, on rencontre des débris de crocodiles, de plesiosaures, de ptérodactyles et de tortues.

Crustacés. — Les cypris étaient tellement nombreux, qu'ils impriment quelquefois au calcaire qui les renferme une structure finement lamelleuse.

Exemples:
Cypris spinigera *(fig. 190)*;
Cypris Valdensis *(fig. 191)*.

Parmi les nombreuses coquilles d'eau douce du Weald, nous citerons l'**unio Valdensis** *(fig. 192)*, mollusque acéphale, à coquille ovale ou allongée, presque close, pourvue d'impressions musculaires très-prononcées.

Les terrains crétacés sont très-développés en Angleterre, mais ils sont aussi fort bien représentés en France; c'est là que nous choisirons nos types.

I. — ÉTAGE CRÉTACÉ INFÉRIEUR OU NÉOCOMIEN.

Cet étage a été d'abord observé aux environs de Neufchâtel (Neocomium); de là lui vient son nom; mais il est très-bien représenté en Champagne, portion sud-est du bassin de Paris, et c'est là que nous allons l'étudier.

On y distingue trois assises, qui sont de bas en haut:
1° Calcaire à spatangues;
2° Argile ostréenne;
3° Argiles et sables bigarrés.

I. CALCAIRE A SPATANGUES (Aube). — Il commence par

des sables tantôt purs, tantôt assez ferrugineux pour être exploités en quelques points. Au-dessus se trouve un calcaire gris-jaunâtre, assez grossier, donnant un moellon peu agréable à l'œil, mais résistant, propre à la fabrication de la chaux hydraulique.

Les fossiles sont abondants à ce niveau; le plus caractéristique est un oursin, **spatangus retusus**, décrit plus loin.

II. Argile ostréenne. — Au-dessus de ce calcaire, vient une argile de couleur claire, propre à la fabrication des poteries, contenant beaucoup de coquilles, et particulièrement :

Ostrea Leymerii, huître de grande dimension, très-caractéristique.

III. Argiles et Sables bigarrés. — L'argile de cette assise, qui termine l'étage, possède des couleurs plus vives, telles que le rouge, le jaune, le vert, disposées comme des taches sur un fond plus clair. — On y trouve des rognons de sanguine, argile ferrugineuse employée en peinture, ainsi que des minerais de fer oolitique. Quand elle est pure, elle fournit des briques réfractaires.

Les fossiles sont rares à ce niveau.

FOSSILES DU TERRAIN CRÉTACÉ INFÉRIEUR (planches XI et XII).

Mollusques. — Ce qu'ils présentent de plus remarquable, c'est la forme variée que prennent les céphalopodes, et les dimensions gigantesques qu'ils atteignent. Parmi les plus caractéristiques, nous citerons :

1° **Crioceras Duvalii** *(fig. 175)* — mollusque céphalopode — qui peut être considéré comme une ammonite à tours de spires non contigus et disjoints ;

2° **Ancyloceras** *(fig. 176)* — mollusque céphalopode — à coquille enroulée dans le même plan, à tours non contigus, dont le dernier se sépare et se projette en crosse souvent très-longue ;

3° **Ptychoceras** *(fig. 177)* — mollusque céphalopode — à coquille droite, allongée, conique, qui se recourbe de manière à donner une branche qui vient s'appliquer sur la partie conique ;

4° **Hamites** *(fig. 178)* — mollusque céphalopode, dont la coquille représente une sorte de spire irrégulière, elliptique ;

5° **Scaphites æqualis** *(fig. 179)* — mollusque céphalopode — à coquille à tours enroulés sur le même plan, contigus, dont le dernier se projette en une crosse plus ou moins allongée ;

6° **Fusus neocomiensis** *(fig. 180)* — mollusque gastéropode — à coquille fusiforme, pourvue d'un canal respiratoire plus ou moins long ;

7° **Ptecocera oceani** *(fig. 181)* — mollusque gastéropode — à coquille conique, qui se dilate en une aile munie de longues digitations ;

8° **Cardium peregrinum** *(fig. 182)* — mollusque acéphale — à coquille ovale ayant la forme d'un cœur, pourvue de crochets saillants ;

9° **Trigonia alæformis** *(fig. 183)* — mollusque acéphale. — C'est une trigonie marquée de côtes rayonnantes très-prononcées ;

10° **Lima elegans** *(fig. 184)* — mollusque acéphale — à coquille triangulaire, sans dents à la charnière ;

11° **Chama ammonia** *(fig. 185)* — mollusque acéphale — à coquille ronde, renflée, à deux valves très-inégales ; la plus grande, toujours fixe, est souvent contournée ;

12° **Janira atava** *(fig. 186)* — mollusque acéphale — voisin des peetens, s'en distinguant parce que la valve inférieure, la plus grande, est seule bombée, la valve supérieure est plane ;

13° **Exogyra supplicata** *(fig. 187)* — mollusque acéphale, décrit à l'étage oolitique supérieur ;

14° **Ostrea Couloni** *(fig. 188)* — espèce d'huître fort irrégulière;

15° **Rhynconella sulcata** *(fig. 189)* — mollusque brachiopode — à coquille bombée, marquée de côtes rayonnantes.

Zoophytes. — Les zoophytes de cette époque consistent surtout en échinodermes et en amorphozoaires. Nous citerons seulement :

Spatangus retusus *(fig. 193)* — espèce d'oursin très-caractéristique de l'assise inférieure.

II. — ÉTAGE MOYEN, GRÈS VERT.

Cet étage est facile à étudier dans le nord de la France, sur les falaises d'une partie des environs de la Manche, dans les puits creusés dans les départements du Nord et du Pas-de-Calais pour atteindre les terrains houillers sous-jacents.

Il tire son nom de la roche qui domine dans la partie inférieure; c'est un grès possédant de nombreux grains verts (glauconie), nommés aussi grains chloriteux. Ces grains, de composition assez variable, sont formés de silicate d'alumine associé à un silicate de fer et de magnésie, renfermant une certaine quantité d'eau de constitution.

Les grès verts commencent par des argiles [ville d'Apt (Vaucluse) et Champagne] souvent bleuâtres. A un niveau supérieur (Aube) se trouvent des argiles grises, des sables et des grès friables d'une couleur verte très-prononcée. — Enfin, la partie qui termine l'étage moyen et prélude à la craie, consiste (environs du Mans) en des grès grossiers, souvent glauconieux ou ferrugineux.

Ainsi, cet étage ne comprend en général aucun calcaire; cependant on y rattache la craie glauconieuse des environs de Rouen, ainsi que la partie inférieure du calcaire de l'étage de la craie.

Phosphates fossiles. — La formation du grès vert est devenue d'un haut intérêt agricole, depuis qu'on y a reconnu l'existence de rognons de phosphates fossiles. On les a rencontrés en beaucoup de lieux, particulièrement dans les grès verts de la côte du Havre, dans une bande de terrain crétacé qui commence à Wissant, sur les bords du Pas-de-Calais, et va se terminer à la côte de la Manche, un peu au midi de Boulogne, à Lottinghen (Bas-Boulonnais), dans les environs de Lille, etc.

Remarquons aussi que les calcaires chloriteux renferment quelquefois des proportions de phosphate de chaux qui les rendent précieux en agriculture. — En général, les phosphates fossiles se présentent sous la forme de rognons irréguliers, dont la grosseur varie depuis celle d'une noisette jusqu'à celle du poing. Leur couleur est verdâtre, et souvent, en les cassant, on y rencontre des fragments de coquilles. La quantité de phosphate de chaux est comprise entre 50 et 60 p. 0/0. Le reste est formé de sable, de silicate de fer, de carbonate de chaux.

On admet généralement que ces rognons se sont formés sous l'action de forces purement physiques; mais les uns pensent que le phosphate qu'ils renferment a déjà circulé dans l'économie animale, tandis que d'autres affirment qu'il a été arraché par les eaux aux roches anciennes, et qu'il s'est déposé quand les conditions de solubilité eurent changé. La première opinion est la plus généralement admise, et l'existence de coprolites bien constatés, dont nous avons plusieurs fois parlé, lui donne un grand poids.

FOSSILES DU GRÈS VERT (planche XIII).

Les diverses roches de cet étage renferment de nombreux fossiles, souvent d'une belle conservation. Les plus caractéristiques sont :

Parmi les mollusques :

1° **Turrulites catenatus** *(figure 194)* — mollusque

céphalopode — à coquille spirale, plus ou moins conique, forme de tours contigus;

2° **Pterodonta inflata** *(fig. 195)* — mollusque gastéropode — à coquille ventrue, en forme de spire conique allongée, et à bouche ovale;

3° **Avellana cassis** *(fig. 196)* — mollusque gastéropode — à coquille globuleuse, ornée de stries transverses;

4° **Solarium ornatum** *(fig. 197)* — mollusque brachiopode — à coquille déprimée, dont la section, ainsi que la bouche, est quadrangulaire;

5° **Nucula pectinata** *(fig. 198)* — mollusque acéphale — dont la coquille très-régulière, entièrement fermée, est munie d'une charnière formée de dents et de fossettes nombreuses qui engrènent les unes dans les autres;

6° **Plicatula placunea** *(fig. 199)* — mollusque acéphale — déjà décrit au lias;

7° **Inoceramus sulcatus** *(fig. 200);*

8° **Inoceramus concentricus** *(fig. 201).* — Ces deux mollusques acéphales ont une coquille inéquivalve, semblable à celle des gryphées, à crochets pointus et fortement recourbés;

9° **Ostrea aquila** *(fig. 204);*

10° **Ostrea columba** *(fig. 205).* — Ce sont deux espèces d'huîtres;

11° **Exogyra sinuata** *(fig. 202);*

12° **Exogyra carinata** *(fig. 203).* — Les exogyres, mollusques voisins des huîtres, ont été décrites au terrain de l'oolite supérieur;

13° **Terebratella astieriana** *(fig. 206)* — mollusque brachiopode — très-voisin des terebratules, mais marqué de côtes rayonnantes.

Zoophytes. — Les zoophytes sont très-nombreux et très-variés. Voici quelques espèces caractéristiques:

1° **Cyathina bowerbankii** *(fig. 207)* — polypier formé de chambres ouvertes dans toute leur longueur, qui correspondent aux côtes extérieures, et dont l'ensemble rappelle un verre à pied;

2° **Chrysalidina gradata** *(fig. 208)* — foraminifère à coquille irrégulièrement spirale, pourvue d'ouvertures nombreuses et éparses ;

3° **Cuneolina pavonia** *(fig. 209)* — foraminifère à coquille cunéiforme, formée de loges alternes régulières, percées d'un grand nombre d'ouvertures;

4° **Siphonia pyriformis** *(fig. 210)* — amorphozoaire ayant la forme d'une poire, d'une contexture dense, porté par une racine.

III. — ÉTAGE SUPÉRIEUR, CRAIE.

Cet étage se compose de craie à divers états, et sa puissance, déterminée par la profondeur du puits artésien de Grenelle (Paris), est de 400 à 500 mètres.

I. Craie tufau. — La partie inférieure est formée par la craie tufau; c'est une craie mélangée d'une certaine quantité d'argile et de sable, contenant quelques paillettes de mica. Elle est, en général, assez tendre. Aussi, en Touraine, on y pratique des caves et des demeures pour les habitants pauvres. Sa couleur est d'un assez beau blanc.

La craie tufau renferme en plusieurs lieux (Loches) de nombreux polypiers silicifiés; mais ils sont surtout abondants dans les sables qui recouvrent la formation (forêt de Loches, environs de Mantelant et environs d'Écueillé, département de l'Indre).

II. Craie blanche. — C'est la partie moyenne de cet étage qui contient la véritable craie, calcaire tendre, traçant, d'une blancheur parfaite; on la voit surtout en Champagne et aux environs de Sens. — A Meudon, près de Paris, il existe de fort belles carrières souterraines. Là, on broie la craie dans l'eau, on sépare la partie la plus tenue qui reste en suspension, puis on la laisse déposer et on la rassemble sous forme de pains que l'on dessèche par l'exposition à l'air (blanc d'Espagne, de Meudon). La craie de Bougival, plus blanche que celle de Meudon, se prépare de la même manière. — La particularité la plus intéressante et la plus caractéristique de cet étage consiste dans l'existence de cordons horizontaux composés de rognons de silex. Ces cordons sont séparés par des bancs de craie d'un mètre ou deux d'épaisseur; ils se répètent plusieurs fois et sont régulièrement espacés. Ils sont dus sans doute à de la silice tenue en dissolution dans l'eau et qui s'est déposée autour de certains centres. Les cordons situés près de la surface ont été quelquefois dépouillés complètement de calcaire par les eaux; les silex sont restés et forment des bancs, parfois assez épais, tout-à-fait stériles.

ORIGINE DE LA CRAIE. — Si l'on broie la craie, puis qu'on la mette en suspension dans l'eau et qu'on examine au microscope les portions les plus tenues que l'on a séparées, on y reconnaît de nombreux débris de zoophytes, de coquilles, de foraminifères. On les observe également dans la croûte blanche qui enveloppe les silex. De là, on a conclu que la craie était entièrement formée des débris de ces êtres. Cependant, comme la craie possède plus qu'aucun autre calcaire l'aspect d'un précipité chimique, on est porté à croire que des actions de genre ont contribué à sa formation.

Aux environs d'Écueillé (Indre), on a rencontré des fragments de carbonate de chaux cristallisé, ce qui annonce que les eaux chargées de calcaire l'ont abandonné lentement.

FOSSILES DE LA CRAIE (planches XIV et XV).

Poissons. — C'est dans la craie tufau que commencent les vrais squales (requins), qui vont succéder aux sauriens nageurs des terrains jurassiques. Si l'on en juge par la dimension des dents que l'on rencontre, ils devaient avoir de 20 à 25 mètres de longueur, et leur gueule ouverte devait présenter 3 mètres de diamètre.

Reptiles. — A la partie supérieure de cette formation, près de Maëstricht, on a rencontré un gigantesque saurien marin dont on a représenté la tête *(fig. 211)* ; on l'a nommé le **mosasaure**; il pouvait avoir 8 mètres de longueur. Ses fortes mâchoires étaient armées de dents nombreuses, coniques; la voûte du palais était également recouverte d'un appareil dentaire. Tout cet ensemble prouve à quel point ce reptile devait être un animal destructeur.

Mollusques. — Les mollusques sont très-nombreux et très-variés; les ammonites, les bélemnites terminent ici leur existence. Parmi les espèces les plus caractéristiques, nous citerons :

1° Plusieurs ammonites :

Ammonites varians *(fig. 212);*
Ammonites monile *(fig. 213);*
Ammonites rhotomagensis *(fig. 214);*

2° **Baculites** *(fig. 215)* — mollusque céphalopode — à coquille droite, allongée, conique;

3° **Turrilites costatus** *(fig. 216)* — mollusque céphalopode — décrit à l'étage moyen de la craie;

4° **Belemnites mucronatus** *(fig. 217);*

5° **Voluta elongata** *(fig. 218)* — mollusque gastéropode — à coquille ovale, oblongue, enroulée latéralement, à spire courte; la bouche est très-échancrée ;

6° **Phorus canaliculatus** *(fig. 219)* — mollusque gastéropode — à coquille conique, ayant la bouche très-évasée. Ce mollusque avait la propriété d'agglutiner les corps étrangers, de manière à s'en couvrir;

7° **Pleurotomaria santonensis** *(fig. 220)* — mollusque gastéropode — décrit à l'étage inférieur de l'oolite;

8° **Nerinea bisulcata** *(fig. 221)* — mollusque gastéropode — décrit à l'étage moyen de l'oolite;

9° **Pholadomya æquivalvis** *(fig. 222)* — mollusque acéphale. — *(Voyez étage supérieur de l'oolite)* ;

10° **Trigonia scabra** *(fig. 223)* — mollusque acéphale. — *(Voyez le trias)* ;

11° **Spondylus spinosus** *(fig. 224)* — mollusque acéphale — à valves inégales auriculées, en général hérissées d'épines ;

12° **Ostrea vesicularis** *(fig. 225)* — espèce d'huître ;

13° **Catillus cuvieri** *(fig. 226.)* — C'est une espèce du genre inoceramus, décrit à l'étage moyen de la craie ;

14° **Crania ignabergensis** *(fig. 227)* — mollusque brachiopode — à coquille irrégulière marquée de côtes, dont la valve inférieure est fixe, tandis que la valve supérieure est conique et libre ;

15° Deux nouvelles espèces de terebratules :
Terebratula Defranci *(fig. 228)* ;
Terebratula octoplicata *(fig. 229)* ;

16° **Rudistes.** — Ce sont des brachiopodes fort irréguliers, qui caractérisent nettement la période crétacée. On ne les trouve guère que dans la région crétacée qui commence à la barrière du Poitou et s'étend jusque vers la Méditerranée. Leur coquille se compose de deux valves très-inégales, remarquables par leur rugosité. Nous citerons :
Spherulites ventricosa *(fig. 230)* ;
Hippurites toucasianus *(fig. 231)* ;
Hippurites bioculata *(fig. 232)* ;
Hippurites organisans *(fig. 233)* ;
Caprina aiguilonni *(fig. 234)*.

Bien que nous ayons réuni ici tous les rudistes, ils ont vécu aux diverses époques de la période crétacée.

Zoophytes. — Dans cette période, la mer possédait de nombreux rescifs sous-marins formés par des coraux très-variés. Dans les bassins méridionaux, ils étaient alliés aux rudistes, et tel est la perfection de la conservation de l'ensemble au sommet des montagnes des Cornes dans les

Corbières, sur les bords de l'étang de Bère en Provence, que l'on croirait que la mer vient de se retirer en laissant intacte sa faune sous-marine.

Nous citerons comme caractéristiques :
1° Diverses espèces d'oursins :
    Spatangus cor anguinum *(fig. 235);*
    Ananchites ovatus *(fig. 236);*
    Galerites albogalerus *(fig. 237);*

2° **Meandrina pyrenaïca** *(fig. 238)* — polypier composé, formé de polypiérites directement soudés par leurs murailles;

3° **Lituola** *(fig. 239)* — foraminifère dont la coquille commence en spirale et se projette ensuite en crosse;

4° **Flabellina** *(fig. 240)* — foraminifère dont la coquille est divisée par des cloisons en forme de chevrons;

5° **Camerospongia fungiformis** *(fig. 241)* — amorphozoaire creux, ayant la forme d'une coupe dont la partie supérieure très-rétrécie ne laisse qu'une ouverture étroite au centre;

6° **Cosnipora cupulliformis** *(fig. 242).* — C'est un amorphozoaire creux, représentant une coupe d'un grand diamètre reposant sur un pied.

FLORE DE LA PÉRIODE CRÉTACÉE. — La flore de la période crétacée prélude à celle de l'époque tertiaire, et présente quelques genres de plantes qui existent encore. — Les fougères, les cycadées perdent une partie de leur importance; les palmiers, signalés exceptionnellement jusqu'ici, se multiplient beaucoup ; enfin, on trouve déjà des arbres semblables aux noyers, aux charmes et aux aunes actuels.

DÉPARTEMENT DE L'INDRE.

Les terrains crétacés sont assez bien développés dans le département de l'Indre ; ils forment le sous-sol du nord et du nord-ouest, en restant toujours en-deçà d'une ligne passant par Mézières, Clion, Buzançais, Levroux et Vatan, et se prolongent dans les départements d'Indre-et-Loire et de Loir-et-Cher.

A Levroux, existe le grès vert, qui constitue quelques collines d'où l'on tire la pierre à bâtir du pays ; ce grès est tendre, facile à tailler, à grain assez fin ; certaines portions renferment beaucoup de mollusques appartenant à cet étage.

Dans tout le reste de la formation existe la craie tufau, qui est mise à nu dans toutes les vallées et même dans toutes les dépressions un peu prononcées du sol. Au nord, la première bande qui circonscrit le calcaire oolitique moyen, et dont la largeur égale à peu près la distance qui sépare Levroux de Valençay, fournit seulement de la craie tufau qui se délite facilement et qui donne une marne excellente. Aussi, est-on obligé d'aller chercher la pierre à bâtir dans les belles carrières de Luçay-le-Mâle et de Villentrois, où on l'extrait au moyen de longues galeries souterraines.— Au nord-ouest, au contraire, la craie tufau, offrant parfois une grande dureté, constitue les flancs de la vallée de l'Indre, depuis Palluau jusqu'à Châtillon et au-delà.

Les fossiles ne sont pas rares dans la craie tufau ; ceux que nous avons vus se rattachent à ceux que nous avons cité comme caractéristiques de cet étage. On y trouve aussi de nombreux polypiers rameux silicifiés.

Mais ce que la partie du département de l'Indre, comprise entre Écueillé, Levroux et la vallée du Cher, offre de plus remarquable, ce sont les innombrables rognons de silex pyromaque qui, mélangés à du sable et à de l'argile, recouvrent les marnes de la craie tufau sur une épaisseur qui dépasse parfois vingt mètres. Ces silex ont une pâte translucide très-serrée d'un jaune brun, et sont recouverts d'une croûte mince de silice blanche dont la surface est farineuse ;

ils affectent les formes les plus bizarres, mais on en trouve de parfaitement ronds; ils sont évidemment dus à de la silice en dissolution dans l'eau, qui s'est déposée autour de certains centres; en effet, il n'est pas rare, en cassant un caillou, de trouver un caillou intérieur autour duquel s'est effectué un second dépôt. — Comme ces rognons existent dans la craie tufau, et principalement dans les marnes, tantôt disséminés sans ordre, tantôt en bancs horizontaux, on doit admettre qu'à l'époque quaternaire, les eaux ont entraîné le calcaire et ont laissé les rognons de silex mélangés à du sable et de l'argile.

Les plateaux constitués par ces dépôts sont très-boisés; le reste des terres était, il y a peu d'années, couvert de brandes, surtout aux environs d'Écueillé et de Levroux. Maintenant ce sont en général des terres argilo-siliceuses donnant de belles récoltes, et les brandes disparaissent rapidement.

On sait que les rognons de silex ont longtemps servi, à Valençay et dans la vallée du Cher, à la fabrication des pierres à fusil. Cette industrie intéressante a disparu depuis l'invention des fusils à percussion.

On n'a pas jusqu'ici signalé de phosphates fossiles soit dans le grès vert de Levroux, soit dans les couches inférieures de la craie. Il serait intéressant d'examiner si certaines portions des calcaires ne contiendraient pas une quantité notable de cette précieuse substance.

SIXIÈME LEÇON.

TERRAINS TERTIAIRES.

A la fin de la période secondaire, les deux grands bassins, dans lesquels les terrains crétacés s'étaient déposés en France, étaient en partie comblés, et les bassins de Londres et de Paris, en particulier, étaient complètement séparés. C'est dans les dépressions restantes que les terrains tertiaires commencèrent à se former. Peu après l'établissement de ce nouvel état de choses, surgirent les Pyrénées et peut-être une faible portion des Alpes; le rapport relatif des terres et des mers fut profondément modifié; de là, la création d'un grand nombre de bassins disséminés, sans communication entre eux, dont l'ensemble n'est pas sans analogie avec la formation houillière. Le soulèvement de la plus grande partie des Alpes mit fin à la période tertiaire; pendant la période quaternaire qui lui succède, la configuration de l'Europe se rapprocha beaucoup de ce que l'on voit actuellement. C'est alors qu'eut lieu l'apparition des grands mammifères, précurseurs de ceux que nous possédons, et il est très-probable que l'homme en fut le contemporain. Cette époque fut marquée par des phénomènes de transport d'une intensité et d'une étendue extraordinaires, objet de longues discussions, et que l'on explique maintenant d'une manière satisfaisante. Enfin, le soulèvement des montagnes de la pointe méridionale de la Morée, qui provoqua sans doute l'apparition de l'Etna, du Stromboli, de la Summa, du Vésuve, et peut-être aussi des volcans actuellement éteints de l'Auvergne et du Vivarais, détermina la configuration actuelle de la terre. Si l'on recule jusqu'à cette date, comme plusieurs le font, la formation du grand bourrelet montagneux des Andes, notre globe a acquis dès-lors une stabilité relativement considérable, qui n'a été troublée que par des commotions partielles sans influence sur l'ensemble.

Ce sont les faits géologiques de ces deux grandes périodes qu'il nous faut maintenant étudier.

CINQUIÈME ÉPOQUE DU MONDE ORGANISÉ.

CONSIDÉRATIONS GÉNÉRALES SUR LES TERRAINS TERTIAIRES.

Les terrains tertiaires couvrent en France une étendue très-considérable de 15,500,000 hectares, c'est-à-dire le tiers de sa superficie. Il ne faudrait pas en conclure qu'ils ont été aussi puissants que les terrains secondaires et de transition; seulement, comme ils ont été produits les derniers, ils recouvrent des terrains précédents et se présentent fréquemment tout d'abord à nos observations.

Les roches qui les constituent sont encore des sables, des grès, des argiles, des calcaires et des marnes très-variés. Toutefois, il faut remarquer qu'elles se présentent sous forme de couches minces, de peu d'étendue, présentant des alternances multipliées. Leur tissu est en général lâche, poreux, de sorte qu'elles résistent assez mal aux influences atmosphériques. Enfin, leur constitution présente fréquemment un mélange complexe d'éléments hétérogènes. Il ne faut pas perdre de vue, cependant, que, comme pour tous les dépôts formés au sein des eaux, ces caractères offrent des variations, pour ainsi dire, illimitées, et l'on ne s'étonnera pas de nous voir signaler de temps en temps des roches très-dures et très-résistantes. Pendant la période secondaire, les dépôts lacustres, c'est-à-dire formés au sein des eaux douces, ont été exceptionnels; maintenant, nous verrons fréquemment des couches marines alterner avec des couches lacustres. Plusieurs bassins sont même entièrement composés de dépôts d'eau douce.

Les pays recouverts par les terrains tertiaires sont, en général, peu accidentés; ils constituent des plaines d'une faible élévation. Cependant, les grands mouvements des eaux de la période quaternaire en ont parfois emporté des portions considérables; de là, la formation de collines et de vallées faciles à reconnaître.

Ces pays sont très-favorisés sous le rapport agricole. Ils comprennent, en effet, les contrées les plus fertiles et les mieux cultivées, circonstance facile à comprendre, puisque leur sol a été constitué principalement aux dépens des roches préexistantes. Les roches sédimentaires et celles de cristallisation ont chacune fourni leur tribut et leurs éléments triturés, mélangés de la manière la plus intime, contiennent souvent, dans les plus heureuses proportions, les éléments nécessaires au développement des plantes.

On objectera immédiatement la Brenne, qui appartient, comme nous le verrons, à l'époque tertiaire. Mais, si l'on s'en rapporte à d'anciens vestiges et à d'anciens documents, l'état misérable de cette contrée serait bien plus le fait de l'homme que de la nature. D'ailleurs nous indiquerons comment, par un emploi judicieux des amendements, appuyé sur le curage des cours d'eau et la création de routes agricoles assainissantes, on doit compter voir ce pays se relever et arriver à un avenir prospère.

Les amendements que l'agriculture emprunte aux terrains tertiaires sont nombreux; tels sont en particulier le gypse ou pierre à plâtre, les marnes, les faluns, les sables calcaires, les cendres pyriteuses (mélange de carbone, d'argile, de silice et de sulfure de fer).

La facilité des communications, privilége des pays peu accidentés, la fertilité des terres ou du moins leur amendement facile, enfin la présence de matériaux variés, faciles à extraire, excellents pour les constructions, expliquent pourquoi la plupart des grandes villes se trouvent sur des terrains tertiaires; telles sont, en France, Paris, Bordeaux,

Orléans, Versailles, etc. ; dans les autres parties de l'Europe, Londres, Bruxelles, Vienne, etc.

Du reste, les terrains tertiaires ne sont pas non plus dépourvus de matières utiles à l'industrie. On y trouve des argiles de tous les degrés de pureté, depuis celles qui servent à la confection des briques et des poteries grossières, jusqu'à celles que l'on emploie pour la fabrication des briques réfractaires, des creusets, des pipes et des faïences fines. Les combustibles fossiles de cette époque sont des lignites, que l'on exploite avec avantage dans l'Aude, la Provence, etc. ; d'autres fois, ils sont imprégnés de sulfure de fer et servent à la fabrication de l'alun, du sulfate de fer et à l'amendement des terres. On peut voir à Buzançais un gisement de ce genre dont on ignore l'importance.— Enfin, certains grès, surtout les célèbres meulières de la Ferté-sous-Jouarre et de nombreux minerais de fer, montrent les ressources industrielles des terrains tertiaires.

Les terrains tertiaires sont fort développés dans le département de l'Indre.

DIVISION DES TERRAINS TERTIAIRES.

La classification des terrains tertiaires offre d'assez grandes difficultés. D'abord, on ne peut guère compter sur la comparaison minéralogique des roches, qui, par leur uniformité, présentaient un caractère d'une certaine valeur dans les terrains secondaires et surtout dans ceux de transition. Les bassins limités des terrains tertiaires offrent chacun une physionomie spéciale; l'identité des roches ne se soutient pas même toujours dans toute l'étendue d'un même dépôt. — D'après cela, on conçoit que les comparaisons fondées sur la différence de stratification ne peuvent s'exercer que dans des cas restreints. — L'examen des fossiles ne conduit plus à des conclusions aussi nettes que pour les terrains secondaires. On n'y trouve pas moins de 5,000 à 6,000 espèces de coquilles et de zoophytes. Mais comme la différence des climats commençait à s'établir à cette époque et que chaque bassin possédait une température, une altitude, une profondeur spéciales, on pouvait y trouver et on y trouvait en effet une faune particulière. Aussi, ne peut-on guère citer d'espèces caractéristiques, c'est-à-dire se trouvant partout à un même niveau sur une étendue considérable. Toutefois, un nouvel élément s'introduit, qui fournit des indications précieuses : c'est l'identité d'un certain nombre d'espèces avec celles de notre époque. A mesure que l'on considère des terrains plus récents de la période tertiaire, le nombre de ces espèces identiques s'accroît considérablement et jette un jour sur l'âge relatif des dépôts. — De plus, dans les terrains secondaires, les mammifères n'ont été trouvés qu'accidentellement. Leur développement véritable date de la période qui nous occupe ; ils se sont alors multipliés considérablement sur le globe. Leur étude, provoquée par les immortels travaux de Cuvier, a servi à lever bien des doutes. En effet, les espèces de mammifères sont les mêmes partout sur notre continent, pour des périodes de temps déterminées et limitées; on a remarqué que la longévité de ces espèces était beaucoup moins longue que pour les mollusques.

Il résulte de ce qui précède, que toutes les fois qu'il s'agit de classer un nouveau terrain tertiaire, les géologues doivent avoir recours, non-seulement à l'ensemble des considérations précédentes, mais encore à tous les caractères que le dépôt peut fournir, et, alors, ils rapprochent ceux qui lui ressemblent le plus. Cependant, la classification actuellement adoptée et due à M. Lyell, repose seulement sur le nombre des espèces de mollusques qui sont communes à l'époque considérée et à l'époque actuelle. On divise les terrains tertiaires en trois formations :

1° *Formation inférieure ou éocène.* — Par ce mot, on indique le commencement de l'ordre de choses actuelles. Le nombre des espèces actuellement vivantes qui datent de cette période est de 3 à 4 p. 0/0.

2° *Formation moyenne ou miocène.* — Ce mot rappelle qu'il y a moins que dans la période suivante d'espèces de mollusques identiques à celle de notre époque. On en compte 17 à 20 p. 0/0.

3° *Formation supérieure ou pliocène.*— Ce mot marque le nombre croissant des espèces de mollusques identiques. On en compte 40 ou 50 p. 0/0.

Pour la description de ces terrains, il est indispensable d'étudier chaque bassin en particulier. Aussi, nous contenterons-nous de décrire les plus importants; pour les autres, nous citerons ce qu'ils offrent de plus intéressant, soit pour l'agriculture, soit pour l'industrie.

I. — Formation inférieure ou éocène.

Pendant que les dépressions crétacées de Paris et de Londres commençaient à recevoir les premiers dépôts de la période tertiaire, dans le Midi prenait naissance un terrain important, connu sous le nom de formation nummulitique. Nous l'étudierons d'abord. Puis, nous ferons connaître le bassin de Paris, si remarquable, tant par sa constitution minéralogique, que par les débris de mammifères qu'on y a découverts; ensuite nous dirons quelques mots des bassins de Londres et de Bruxelles.

I. — FORMATION NUMMULITIQUE OU ÉPICRÉTACÉE.

Cette formation, très-étendue dans le Midi de la France, occupe en général le même emplacement que le calcaire à hyppurites; elle commence aux falaises de Biarritz, se poursuit sous le sable des Landes, se montre au pied des Pyrénées, fait à la crête de cette chaîne une apparition extraordinaire, qui démontre qu'elle n'a été soulevée qu'après le commencement de la période éocène; puis elle en suit les flancs et présente une lacune qui correspond au golfe du Lion ; elle reparaît autour des Alpes, où elle forme une zone presque aussi continue qu'autour des Pyrénées et est même portée vers les sommets jusqu'à une hauteur de 3,000 mètres.

La formation épicrétacée occupe également une immense surface en dehors de la France. Ainsi, elle joue un rôle important en Italie, au pied méridional des Alpes, dans la plupart des contrées baignées par la Méditerranée, telles que la Corse, la Grèce, l'Afrique septentrionale. En Egypte, elle fournit un calcaire compacte qui a servi à la construction des Pyramides. On la retrouve en Crimée et elle s'étend en Orient jusqu'au massif de l'Himalaya.

Cette formation présente la liaison la plus intime avec le terrain crétacé qui existe presque toujours au-dessous ; plusieurs fossiles même leur sont communs.

Dans une aussi vaste étendue, elle présente de fréquentes variations minéralogiques. Ainsi, elle comprend des marnes, des calcaires variés, quelquefois noirâtres, des schistes marneux, des conglomérats calcaires à gros éléments, des grès calcaires et des assises de sable. Mais il est un caractère qui permet toujours de la reconnaître, c'est la présence des nummulites.

Les nummulites sont des foraminifères dont la coquille a la forme d'un disque un peu renflé et dont le diamètre varie depuis quelques millimètres jusqu'à quatre ou cinq centimètres. Lorsqu'on les coupe dans le sens de leur plus grand diamètre, on aperçoit une courbe spirale, présentant des tours nombreux séparés par des intervalles que des cloisons divisent en une multitude de loges. La *figure 269* de la planche XVII représente une vue d'ensemble, des coupes horizontales et une coupe verticale des nummulites des Pyrénées. La *figure 270* est la moitié d'une coupe verticale grossie.

La formation nummulitique n'a montré aucune trace de

mammifères. Mais les mollusques y sont fort abondants; on en a signalé plus de 1,600 espèces, dont 80 pour cent lui sont spéciales, tandis que le reste appartient à l'éocène du Nord.

II. — BASSIN PARISIEN.

Le bassin tertiaire, dont Paris occupe le centre, s'étend sur une longueur d'environ 290 kilomètres; il est limité au nord par Laon et Noyon; à l'ouest, par Mantes; au midi, par Blois et Cosnes; à l'est, par Montereau. On y distingue une série de couches marines et d'eau douce alternant entre elles, qui sont de bas en haut:

1° Argile plastique;
2° Calcaire grossier;
3° Calcaire siliceux;
4° Gypse;
5° Marnes du gypse.

Il faut remarquer que chacune d'elles ne s'étend pas sous tout le bassin, mais en occupe seulement des points déterminés.

I. — ARGILE PLASTIQUE. — Cette formation a nivelé la surface ondulée de la craie; aussi, a-t-elle tantôt à peine quelques décimètres d'épaisseur, tantôt plus de 16 mètres. La roche dominante est une argile délayable dans l'eau, onctueuse au toucher, très-propre à la confection des poteries, ainsi que l'indique son nom. Souvent elle est d'un gris foncé ou d'un jaune veiné de rouge; mais parfois, comme à Moret et dans la forêt de Dreux, elle est blanche et sert à la confection des faïences fines, de creusets et de briques réfractaires. — Elle contient fréquemment des cristaux de gypse, de pyrite (sulfure de fer) et même de petits nids de succin. — Dans le Soissonnais et la Picardie, l'argile est remplacée par des sables argileux contenant des amas de lignite.

FOSSILES DE L'ARGILE PLASTIQUE (planches XVI et XVII).

Mammifères. — Ils sont représentés par deux genres de pachydermes, mammifères à peau épaisse, herbivores, non ruminants :

1° **Anthracothérium.** — Il était voisin des rhinocéros et pouvait avoir leur taille.

2° **Lophiodon.** — C'était un tapir plus grand que celui qui vit actuellement aux Indes.

Mollusques. — Les mollusques de la partie inférieure appartiennent aux eaux douces. Les plus remarquables sont de l'ordre des gastéropodes ; tels sont :

1° **Helix hemispherica** *(fig. 257)* — mollusque terrestre qui ressemble à l'escargot ;

2° **Lymnea longiscata** *(fig. 259)* — à coquille mince, comme cornée, tranchante, dont la spire aiguë a le dernier tour ventru et est terminé par une ouverture ovale, très-ample ;

3° **Lymnea pyramidalis** *(fig. 260)* ;

4° **Physa columnaris** *(fig. 261)* — très-voisin des Lymnées. La coquille très-mince, transparente, lisse, est formée d'une spire aiguë, enroulée vers la gauche, et dont le dernier tour est plus grand que les autres réunis ;

5° **Cylostoma Arnouldi** *(fig. 262)* — à coquille globuleuse-conique, à bouche arrondie pourvue d'un opercule calcaire ;

6° **Paludina lenta** *(fig. 263)* — à coquille mince, ventrue, dont l'ouverture est anguleuse au sommet ;

7° **Planorbis evomphalus** *(fig. 264).* — La coquille discoïde, enroulée dans le même plan, biconcave, a des tours nombreux visibles des deux côtés.

Les mollusques de la partie supérieure sont des coquilles marines mêlées à un grand nombre de coquilles qui habitaient des eaux saumâtres. Nous citerons les gastéropodes suivants :

1° **Terebellum fusiforme** *(fig. 252)* — à coquille lisse, presque cylindrique, au sommet terminé par une ouverture étroite et échancrée à la base.

2° **Cerithium mutabile** *(fig. 253)*. — Ce genre très-important dans les terrains tertiaires, qui en contiennent d'énormes quantités, compte un assez grand nombre d'espèces.— La coquille est allongée et turriculée ; elle s'ouvre par une bouche oblongue, terminée en avant par un canal court et en arrière par une gouttière.

3° **Cassis cancellata** *(fig. 256)* — à coquille solide, épaisse, bombée, dont le dernier tour est très-ample et est terminé par une ouverture étroite, le plus souvent dentée.

Zoophytes.— Les nummulites sont assez nombreux dans cet étage ; l'espèce la plus caractéristique est **Nummulites planulata** *(fig. 272)*.

FLORE DE L'ARGILE PLASTIQUE.

Les lignites de l'argile plastique ont conservé le tissu ligneux ; tantôt ils forment des couches compactes, d'un noir brunâtre, denses, et alors ils sont employés comme combustibles ; tantôt ils se présentent sous forme de couches stratifiées, terreuses et schisteuses, constituées par un mélange d'argile, de carbone et de pyrite (sulfure de fer) ; dans ce cas, on les emploie pour la fabrication de l'alun, du sulfate de fer (couperose verte) et pour l'amendement des terres.— Les plantes qui leur ont donné naissance sont surtout des conifères ; on y trouve cependant des palmiers véritables puis quelques arbres semblables à ceux de l'époque actuelle et, en particulier, des bouleaux, des ormes. Les légumineuses commencent à apparaître.

L'existence de singes en Angleterre, de palmiers en France et d'une foule d'espèces communes à l'Amérique et à l'Europe, prouve qu'il y avait sur toutes ces régions, pendant la période éocène, une température terrestre et marine spéciale maintenant aux pays équatoriaux.

II. Calcaire grossier. — Cette assise puissante succède parfois à l'argile plastique; dans d'autres cas, elle en est séparée par un banc de sable qui se développe considérablement au nord de Paris, d'où il passe en Belgique. On doit la diviser en trois parties :

1° Le calcaire qui forme la partie inférieure est peu dense, d'un tissu lâche, assez friable; il ne peut donner de belles pierres pour la construction; il est parsemé de grains d'un vert foncé et renferme beaucoup de coquille. On peut l'observer à Issy, à Vaugirard et sur quelques points du parc de Grignon.

2° La partie moyenne est composée d'un calcaire à texture grossière, très-coquiller à la base. Il est divisé en plusieurs bancs qui donnent de belles pierres de construction dont la teinte est un peu jaunâtre. On peut l'étudier à Gentilly, où se trouvent de grandes carrières. — Mais dans les célèbres localités de Grignon, Montmirail, etc., il est très-peu résistant, passe aux faluns, c'est-à-dire à des roches sableuses renfermant de nombreuses coquilles qui se détachent facilement. Celles de Grignon, surtout, sont remarquables par leur belle conservation. L'école de Grignon en possède plus de 800 espèces.

3° La partie supérieure débute par des couches d'une assez grande dureté, nommées roches par les ouvriers, et très-propres aux constructions. A mesure qu'on s'élève, les bancs deviennent plus minces et plus multipliés; ils alternent avec des marnes argileuses, calcaires, et passent au calcaire cliquart, en lits peu épais, dur et compacte comme la pierre lithographique. On y trouve souvent des cérithes en quantité prodigieuse. — La silice commence à paraître dans les couches, soit à l'état de mélange intime, soit à l'état de sable ou de silex corné; c'est le prélude de la formation du calcaire siliceux. — On peut étudier cet étage à Passy et à Nanterre. Les calcaires de l'étage supérieur passent sur quelques points à des grès siliceux, friables, renfermant beaucoup de coquilles, dont la plupart appartiennent au calcaire grossier. Ces grès sont exploités à Beauchamps.

FOSSILES DU CALCAIRE GROSSIER (planches XVI et XVII).

Cet étage est marin dans sa partie inférieure; la partie supérieure contient un mélange de coquilles marines et lacustres.

Mammifères. — La partie supérieure a fourni des restes de lophiodon, des débris de reptiles et des impressions végétales.

Foraminifères et *mollusques* caractéristiques. — La partie inférieure est caractérisée par des nummulites que nous avons déjà décrites.

La partie moyenne renferme plusieurs petites espèces de foraminifères qui se manifestent sous la forme de points blancs arrondis. On les appelle milliolites. Le genre Spirolina *(fig. 274)* est très-répandu.

La partie supérieure se distingue surtout par la présence dans certains bancs de plusieurs espèces de cerithes, qui se trouvent en nombre immense.— Nous avons représenté :

Cerithium hexagonum *(fig. 254)* ;
Cerithium giganteum *(fig. 255)*.

Quant aux autres mollusques très-fréquents, nous citerons :

Parmi les gastéropodes :

1° **Turitella imbricataria** *(fig. 248)* — à coquille turriculée, c'est-à-dire formée de spires nombreuses et rapprochées. — La bouche est ovale ;

2° **Cyprea elegans** *(fig. 249)*. — La coquille est ovale, oblongue, à bords roulés en dedans ; l'ouverture est étroite, dentée des deux côtés ;

3° **Tiphis tubifer** *(fig. 250)* — à coquille de petite taille, dont les spires très-prononcées sont garnies d'épines tubuleuses.— La bouche est un peu oblongue ;

4° **Mitra scabra** *(fig. 251)* — à coquille mince ayant la forme d'un cône déprimé ; les trois tours supérieurs croissent rapidement ; l'ouverture est ovale et anguleuse ;

5° **Ampullaria acuta** *(fig. 258)* — coquille fluviatile, globuleuse, à spire courbe très-pointue ; l'ouverture est oblongue et entière.

Parmi les acéphales :

1° **Crassatella sulcata** *(fig. 265)* — à coquille épaisse dont les vulves sont égales et tronquées en arrière ;

2° **Cardium porulosum** *(fig. 266)* — à coquille régulière, en forme de cœur, à crochet proéminent. — Les côtes de cette espèce sont longitudinales, saillantes, marquées de raies nombreuses ;

3° **Cardita planicosta** *(fig. 267)* — à coquille oblongue, inéquilatérale, épaisse, terminée par des crochets proéminents.

Zoophytes. — **Laganum reflexum** *(fig. 268)*. — Espèce d'oursin, déprimé, pentagone, à test épais, revêtu de petites épines.

III. CALCAIRE SILICEUX. — Ce calcaire, qui repose parfois sur le calcaire grossier, est surtout développé dans les endroits où le calcaire grossier l'est peu ; sur quelques points, il repose même sur l'argile plastique. Il y a donc lieu de croire que l'influence sédimentaire, qui a produit le calcaire grossier et le calcaire siliceux, a commencé en même temps. Cette dernière formation s'est faite, du reste, complètement au sein des eaux douces. Elle comprend des alternances de calcaire blanc jaunâtre, finement grenu, intimement mélangé de proportions variables de silice, donnant d'excellente chaux quand la silice est peu abondante. Si la silice domine, il fournit une excellente pierre de construction, souvent criblée de cavités irrégulières, plus étendue dans le sens de la stratification que dans le sens vertical. Le calcaire siliceux forme presque entièrement le sol de la Brie (Aisne et Seine-et-Marne) ; l'argile qui l'accompagne provoque l'humidité et les nombreux étangs de cette contrée. Enfin, sur quelques points, notamment à La Ferté-sous-Jouarre, cet étage est complètement siliceux; on en extrait ces meules de moulin connues dans le monde entier.

Le calcaire siliceux se retrouve, avec à peu près les mêmes caractères qu'autour de Paris, aux environs du Mans et de Tours. Sur quelques points, autour de cette dernière ville, il sert à la fabrication des bonnes meules.

FOSSILES DU CALCAIRE GROSSIER.

On y trouve des mollusques d'eau douce assez caractéristiques. Mais ce qu'il renferme de plus remarquable, ce sont des graines de chara *(fig. 273)*, plante des marais, qui se présentent sous la forme de petites sphères entourées d'une ligne spirale. Il contient également d'autres débris de plantes aquatiques.

IV. Gypse. — Cette formation s'étend depuis Meaux jusqu'à Melun, Treil, Grisy, sur une longueur de plus de vingt lieues et une largeur de cinq; elle est constituée par des collines allongées dans le sens de la Seine, isolées, superposées aux plateaux calcaires. Remarquons que le gypse n'y est qu'un accident. On distingue deux assises:

1° En bas : Gypse et débris d'animaux terrestres;
2° En haut : Marnes avec débris de coquilles marines.

Assise gypseuse. — L'assise gypseuse commence par des marnes où l'on trouve des lits peu épais de gypse fréquemment saccharoïde et cristallin. C'est dans ces marnes que l'on rencontre ces gros cristaux de gypse lenticulaire, dont les fragments constituent la chaux sulfatée en fer de lance. Elles sont principalement formées d'argile, et une de leurs variétés, d'un gris marbré, délayable, possède à un haut degré la propriété d'absorber les corps gras; de là son emploi comme pierre à détacher. — On trouve dans cette première partie de l'assise des os et des squelettes de poissons. La partie supérieure est presque composée d'un seul banc de gypse, qui atteint jusqu'à vingt mètres d'épaisseur, exploité surtout à Montmartre. Ce gypse a une structure finement saccharoïde; parfois il est formé de cristaux d'un à plusieurs millimètres, accolés par une cristallisation confuse. Les portions intermédiaires sont les plus importantes; la roche y est presque massive et divisée en gros prismes informes, que l'on appelle les hauts piliers.

FOSSILES DU GYPSE (planche XVI).

C'est dans la masse gypseuse supérieure de Montmartre que l'on a rencontré une quantité prodigieuse d'ossements de mammifères. Cuvier les étudia, et publia en 1810 le résultat de ses immortelles recherches, qui ouvrirent un nouvel horizon à la géologie. En effet, elles prouvèrent d'une manière certaine ce qui avait été seulement entrevu jusque-là, la disparition de genres entiers d'animaux; par conséquent, l'état zoologique, à l'époque tertiaire, différait complètement de ce qu'il est aujourd'hui. — Les squelettes que l'on découvre sont isolés, parfois entiers; leurs extrémités les plus délicates sont bien conservées. On dirait que les animaux enveloppés de leur peau et de leurs chairs sont tombés au fond de l'eau immédiatement après leur mort. On a trouvé, dans le même lieu, des débris d'oiseaux, de crocodiles, de tortues terrestres et de plusieurs genres de poissons.

Mammifères. — Le nombre des espèces de mammifères de la formation gypse est d'environ cinquante, qui se distribuent ainsi :

Carnivores : un chien, une hyène, une belette.
Rongeurs : un écureuil.
Marsupiaux : un oppossum.
Insectivores : une chauve-souris.

Pachydermes. — Ils forment près des 4/5mes des espèces. Nous citerons les deux genres suivants :

1° **Palœotherium** *(fig. 246 et 247).* — C'est le premier animal découvert par Cuvier; ses formes extérieures rappellent celles du tapir; il avait probablement une petite trompe flexible. Sa tête était énorme; son corps trapu était porté par des jambes courtes, dont le pied avait trois doigts encroûtés dans un sabot. La plus grande espèce avait la taille d'un grand cheval, la plus petite celle d'un lièvre;

2° **Anoplothérium** *(fig. 243 et 244).* — Cet animal avait une queue longue et forte, des pieds à deux doigts; ses dents, presque égales en hauteur, formaient une série continue. Ce genre comprenait de nombreuses espèces, dont la taille variait entre celle d'un rat et celle d'un âne. La plupart avaient des jambes fortes et courtes, ce qui annonce une forme lourde;

3° **Xiphodon gracile** *(fig. 245).* — Il était voisin des anaplothériums. Sa taille était celle d'un chamois; ses jambes minces annoncent un animal svelte et agile.

Les mammifères précédents étaient herbivores.

Oiseaux. — Les oiseaux présentent environ dix espèces, la plupart avec des squelettes entiers. Aucune ne peut être rapportée aux espèces actuellement vivantes.

Mollusques. — On ne trouve pas de mollusques dans le gypse proprement dit.

V. Marnes de gypse. — Les bancs superficiels de la formation gypseuse sont peu puissants et pénétrés de marnes avec lesquelles ils alternent. — Au-dessus, on rencontre d'autres marnes colorées sans fossiles, qui sont elles-mêmes surmontées par des marnes marines généralement vertes, très-coquillières, assez argileuses pour servir à la fabrication des faïences communes et des briques. Elles contiennent souvent des rognons de sulfate de strontiane.

REMARQUES SUR LE BASSIN PARISIEN.

Le bassin de Paris se compose donc, comme nous l'avons vu, de formations lacustres alternant avec des formations marines. Pour expliquer ces faits, on a été porté à croire tout d'abord que, pendant la période éocène, il s'était produit, dans le lit de la mer et sur les continents voisins, des mouvements considérables qui avaient fait succéder les dépôts de mer profonde à ceux d'eau douce. Cependant, au lieu d'admettre des changements aussi importants, il est plus simple et plus conforme à l'observation des dépôts, de regarder le bassin de Paris comme une espèce de golfe où plusieurs rivières venaient affluer. On conçoit parfaitement ainsi, non-seulement les alternances des formations, mais encore les mélanges assez fréquents de coquilles marines, d'eau saumâtre et d'eau douce.

III. — ENVIRONS DE LONDRES.

Le bassin de Londres était, à l'époque éocène, complètement séparé de celui de Paris. Aussi, n'y rencontre-t-on pas les mêmes dépôts. La roche dominante est une argile tenace, brune et grise, employée pour la fabrication des briques qui servent aux constructions de Londres. Elle renferme des calcaires fort recherchés pour la confection du ciment romain.

Fossiles. — On y a rencontré des débris de mammifères, et particulièrement une mâchoire de singe, indice le plus ancien de l'existence des quadrumanes dans les temps géologiques. Ainsi, la température de Londres devait être alors celle qui existe maintenant entre les tropiques, ce que démontre, du reste, une flore assez riche que l'on rencontre dans l'argile.

Quant aux coquilles, elles sont, en grande partie, identiques à celles du bassin parisien.

IV. — ENVIRONS DE BRUXELLES.

La formation tertiaire des environs de Bruxelles offre une analogie assez grande avec celle de Londres. Ainsi, on y trouve de l'argile renfermant des concrétions calcaires. Au-dessus existe un mélange de principes siliceux et d'un calcaire grossier, jaunâtre, constituant des rognons et des masses englobées dans des parties meubles. — Enfin, à la partie supérieure, on voit des couches de grès de résistance variable, formant au milieu des sables des bancs et des blocs mamelonnés.

II. — Formation moyenne ou miocène.

Cette formation est très-répandue en France, où elle constitue de nombreux bassins disséminés. Nous étudierons : 1° les environs de Paris; 2° les faluns de Touraine; 3° la Brenne et les formations tertiaires du département de l'Indre; 4° les bassins tertiaires de l'Auvergne; 5° le bassin de l'Aquitaine; 6° celui du Languedoc et de la Provence.

I. — ENVIRONS DE PARIS.

La formation miocène des environs de Paris commence par des sables et des grès remarquables, surtout à Fontainebleau; au-dessus se trouvent des meulières que l'on voit à Marly, Meudon, etc.; enfin, à la partie supérieure, vient le calcaire de la Beauce et de Château-Landon.

I. Sables et Grès de Fontainebleau. — Les sables de cet étage, généralement rougeâtres et jaunâtres, sont parfois d'un beau blanc, et alors ils sont recherchés pour les verreries; tous renferment des lamelles de mica. — Les grès qui viennent ensuite sont d'une texture et d'une dureté variables ; ils forment le sol de la forêt de Fontainebleau et sont utilisés pour le pavage de Paris. — Là, la roche dominante est un grès blanc, homogène, formant de gros blocs mamelonnés, à surface tuberculeuse, empilés sans ordre les uns sur les autres, et englobés dans les sables blancs. Dans son intérieur, il existe parfois des cavités, où se trouvent des cristaux de chaux carbonatée quartzifère. On s'explique facilement l'aspect incohérent et pittoresque de l'ensemble par l'action des eaux qui ont enlevé les sables et les parties les moins résistantes. — C'est une formation marine.

II. Meulières de Meudon, Marly, Montmorency, etc. — Cet étage se compose de meulières et de sables argilo-ferrugineux. Les meulières les plus communes sont caverneuses et rougeâtres ; les variétés bleuâtres ou blanchâtres sont les plus estimées. En général, elles consistent en blocs très-irréguliers, peu continus, et diffèrent de celles de La Ferté-sous-Jouarre par l'absence de quartz cristallin et de calcédoine mamelonnée. On les emploie beaucoup à Paris pour la construction de voûtes de caves, d'égouts, etc. — Dans certaines parties, on trouve des coquilles d'eau douce et des graines de chara *(fig. 273)*.

III. Calcaire de la Beauce et de Chateau-Landon. — La Beauce (Eure-et-Loire), si renommée pour sa fertilité en céréales, a en grande partie pour sous-sol un calcaire d'eau douce ordinairement blanc, passant au grisâtre ou bleuâtre, dont la cohérence et la solidité offrent de nombreuses variations. — Quand il est meuble et friable, on l'emploie comme marne. — S'il est plus résistant, il renferme souvent des veines de calcaire cristallin, susceptible d'être poli comme le marbre ; tel est le calcaire de Château-Landon (Seine-et-Marne), que l'on utilise dans les monuments de Paris.

II. — FALUNS DE LA TOURAINE.

Les eaux chassées du bassin de Paris ont donné naissance, dans le Loiret, la Touraine, la Loire-Inférieure et dans plusieurs autres lieux, à des dépôts disséminés, dont quelques-uns sont célèbres sous le nom de faluns. Ils ont pour caractère commun d'être formés de calcaire incohérent, sableux, renfermant un nombre prodigieux de coquilles brisées, dont quelques-unes seulement sont entières. Tels sont, en particulier, les faluns des environs de Mantelan et Bossée (huit lieues de Tours, entre l'Indre et la Vienne). La contrée qui les renferme forme un plateau recouvert par une terre végétale très-fertile. A une petite distance au-dessous de la surface, se trouve une roche sablonneuse, très-meuble, contenant un nombre prodigieux de coquilles brisées, réduites en petits fragments que l'on exploite et que l'on transporte même à d'assez grandes distances pour l'amendement des terres. La couche falunière n'a guère plus de trois mètres d'épaisseur, et s'extrait sous l'eau, à la manière du sable de rivière. Au-dessous se trouve un calcaire très-résistant.

FOSSILES DE LA PÉRIODE MIOCÈNE (planche XVIII).

Mammifères. — Les débris de mammifères de cette période se sont rencontrés dans un grand nombre de lieux, et en particulier sur les bords de l'Ohio en Amérique, dans le val d'Arno en Italie, à Turin, dans les faluns de Touraine, et principalement ceux de l'Orléanais, à la colline de Sansan (Gers), etc.

Ceux qui ont surtout attiré l'attention, par leur forme et leurs dimensions, sont le mastodonte et le dinothérium; ce sont les premiers éléphants qui aient vécu.

Mastodonte. — Le mastodonte, qui avait à peu près la taille et la forme de l'éléphant actuel, s'en distinguait principalement par la forme de ses molaires; elles étaient à peu près rectangulaires, et leur couronne, au lieu d'être plate, était surmontée de grandes tubérosités coniques. De plus, ce pachyderme possédait quatre défenses, les deux plus petites à la mâchoire inférieure. La *figure 274* représente une tête de mastodonte, et la *figure 275* une molaire.

Dinothérium. — C'est le plus grand des mammifères connus. Sa tête, découverte dans le grand-duché de Hesse-Darmstadt, mesurait 1 mètre 10 centimètres de longueur sur 1 mètre de largeur; de la mâchoire inférieure partaient deux énormes défenses recourbées vers le bas; la mâchoire supérieure était sans doute munie d'une trompe. La *figure 276* montre la tête du dinothérium, et la *figure 277* une de ses défenses.

Les autres mammifères de cette époque se rattachaient aux hippopotames, aux rhinocéros, aux cerfs, etc.

Crustacés. — Les crustacés contiennent plusieurs genres, dont on retrouve actuellement des représentants. Citons :

1° **Cancer macrocheilus** *(fig. 278)*. — Il était voisin de notre crabe commun, dont la tête et le thorax sont confondus, les yeux pédonculés et mobiles. Sa carapace était très-large, arquée en avant et rétrécie en arrière;

2° **Balanus crassus** *(fig. 279)*. — Les espèces de ce genre vivent maintenant dans toutes les mers. Ce sont des êtres dépourvus de pieds; aussi sont-ils fixés aux corps sous-marins. — La coquille conique a six pièces articulées entre elles, et semblables aux pétales d'une tulipe.

Mollusques. — Les mollusques les plus caractéristiques sont :

Parmi les gastéropodes :

1° **Rostellaria pespelecani** *(fig. 280)* — voisin des pteroceras, à coquille fusiforme, turriculée, terminée par un développement en forme d'aile;

2° **Cerithium plicatum** *(fig. 281)* — déjà décrit à la période éocène;

3° **Conus mercati** *(fig. 282)* — à coquille épaisse, conique, enroulée sur elle-même au-dessus d'une spire déprimée; la bouche est longue, étroite, échancrée en avant;

4° **Carinaria Hugardi** *(fig. 284)* — à coquille mince, fragile comme du verre, tournée en spirale;

5° **Helix morognesi** *(fig. 283)* — espèce d'escargot.

Parmi les acéphales :

1° **Ostrea longirostris** *(fig. 285)* — huître de forme irrégulière, allongée;

2° **Pecten pleuronectes** *(fig. 286)* — à coquille ornée de côtes rayonnantes, terminée par deux oreillettes inégales. — Les valves sont à peu près égales.

Zoophytes :

Meandropora *(fig. 287)* — polypier massif, dont la surface offre des sillons sinueux, cloisonnés, compris entre des crêtes simples et continues.

FLORE DE LA PÉRIODE MIOCÈNE. — Les caractères les plus saillants de cette flore, dit M. A. Brongniart, consistent dans le mélange de formes exotiques propres actuellement à des régions plus chaudes de l'Europe, avec des végétaux croissant généralement dans les contrées tempérées, tels que les palmiers, une espèce de bambou, des laurinées, des légumineuses des pays chauds, une rubiacée tout-à-fait tropicale, unis à des érables, des noyers, des bouleaux, des ormes, des chênes, des charmes, etc., genres propres aux contrées tempérées ou froides.

La présence de formes équatoriales, et surtout de palmiers, paraît essentiellement distinguer cette époque de la suivante.

On a représenté :

1° Une feuille de **comptomia acutiloba** *(fig. 288)*;

2° Une feuille d'**orme** *(fig. 289)*;

3° Une empreinte de feuille de **palmier** *(fig. 290)*.

III.— BRENNE ET TERRAINS TERTIAIRES DU DÉPARTEMENT DE L'INDRE.

Les terrains tertiaires dont nous voulons parler ici présentent une ressemblance frappante. Ils s'étendent du sud au nord depuis la partie du département de la Vienne, voisine de Lignac, jusqu'à la bande de calcaire lithographique que l'on voit dans les communes de Niherne et de Villedieu. Cette bande de calcaire, d'environ deux lieues de largeur, est interrompue par l'Indre et se prolonge au-delà. De l'ouest à l'est, ils commencent aux environs de Mézières pour finir vers Arthon, la forêt de Châteauroux et Buxières-d'Aillac.

Dans cette étendue relativement vaste, ces terrains tertiaires sont coupés par diverses vallées assez profondes, notamment celles de l'Allemette, de l'Anglin, du Brion et de la Creuse. C'est à la partie comprise entre la Creuse et l'Indre que l'on donne spécialement le nom de Brenne; mais, au point de vue géologique et agronomique, il s'applique rigoureusement à tout le pays dont nous venons de donner la limite.

Pour donner une idée aussi exacte que possible de ces contrées, nous étudierons les couches sur lesquelles la formation s'est effectuée, puis le sol même de la formation, enfin le sous-sol et le sol végétal.

BASSIN DE LA BRENNE.— Vers le département de la Vienne, le grès de la Brenne repose sur des schistes friables (Brigueil); dans la même localité existe également le calcaire lias. A Lignac, les marnes et le calcaire lias se voient au-dessous du grès dans la vallée de l'Allemette et on les suit jusqu'à Chaillac. Le calcaire oolitique inférieur commence entre Lignac et Chalais. A Chalais, on le trouve sur les deux rives de l'Anglin, qu'il accompagne, du reste, dans la plus grande partie de son cours. Cette rivière très-encaissée permet d'examiner la grande puissance de la formation oolitique inférieure, dont la portion moyenne se délite assez facilement; aussi est-elle employée comme marne que l'on transporte à dos de mulet à cause des accidents de la contrée. On rencontre le même calcaire sur les deux bords du Brion, près d'Oulches; puis sur la rive gauche de la Creuse, toujours avec la même épaisseur. Partout, il a une structure oolitique très-prononcée; nous y avons rencontré les coquilles et les polypiers qui le distinguent, mais ils paraissent peu abondants.

Sur la rive droite de la Creuse, du côté de Secoury et de Ciron, on passe au calcaire oolitique moyen, caractérisé, comme nous l'avons dit, par de nombreux amorphozoaires et des rognons irréguliers de calcaire noyés dans une pâte blanche, également calcaire. Sur cette rive de la Creuse, la Brenne proprement dite est entourée d'une ceinture calcaire qui appartient à l'oolite moyenne, de Tournon au Blanc et à Saint-Gaultier, et à l'oolite inférieure, vers Lothiers, Luant, le Poinçonnet, etc. Ces formations calcaires se prolongent sous le sol de la Brenne; en effet, à Migné, on exploite, comme marne, le calcaire oolitique moyen, et l'on peut suivre le calcaire oolitique inférieur sur la route agricole qui va de la gare de Luant à Niherne; après avoir subi une interruption, il reparaît à la surface du sol aux Carbonnières (commune de Niherne), tout près du calcaire lithographique. Parallèlement au cours de l'Indre, c'est le calcaire lithographique qui forme le fond du bassin, comme on peut le voir à Neuillay-les-Bois, Vendœuvres, Arpheuilles. Du côté de Mézières, la formation repose sur les calcaires de la craie.

Ainsi, en résumé, partout au-dessous de la Brenne se trouvent des couches calcaires de diverses époques; en creusant, on les atteint à des profondeurs variables qui, souvent, ne seront pas très-grandes dans la Brenne proprement dite. Parfois elles viennent saillir à la surface, fournissent d'excellente marne et même de bonnes pierres de construction. On doit donc admettre que la formation tertiaire de la Brenne a nivelé le fond d'un bassin calcaire.

ROCHES DE LA BRENNE. — La formation de la Brenne est spécialement constituée par des grès. Cependant, on y rencontre aussi des argiles de pureté variables, des marnes et des calcaires, et quelques minerais de fer en grains, mélangés à des argiles.

1° Les grès de la Brenne paraissent s'être déposés au sein d'eaux animées de mouvements assez violents et qui tiraient certainement leur origine du plateau central; en effet, ils ne présentent qu'exceptionnellement des indices de stratification, et, de plus, on n'y a point encore signalé de fossiles.

Ces grès sont essentiellement formés par des grains de quartz réunis par un ciment argileux plus ou moins abondant. Les grains de quartz sont translucides, blancs, à arêtes arrondies ; leur dimension ne dépasse pas 3 à 4 millimètres. Quant à l'argile, elle provient de la décomposition de feldspaths qui, parfois, se sont conservés, et que l'on reconnaît alors à leurs clivages faciles et à leur couleur d'un blanc rosé. Avec les éléments précédents, les grès seraient d'un blanc grisâtre, c'est ce qui arrive fréquemment; mais souvent aussi l'oxyde de fer qui les a imprégnés forme de larges taches rouges, et dans certains cas même, comme à Rosnay, communique à la masse entière la couleur lie-de-vin.

Les propriétés physiques les plus importantes des grès de la Brenne sont dues à la proportion du ciment argileux. Quand ce ciment est peu abondant, la roche n'a pas de solidité et passe à des sablons ou à des sables fins que l'on peut voir aux environs de Luant, de Rosnay, etc. S'il est en proportion convenable, le grès est assez dur; les habitants le nomment grison ; il constitue les monticules dont nous parlerons plus bas. Enfin, la partie argileuse peut dominer et donne naissance à des argiles compactes, nommées falaises dans le pays, qui occupent des étendues considérables aux environs de Mézières.

Le grison, quand il est suffisamment résistant, fournit de bonnes pierres de construction ; mais, le plus souvent, on l'utilise pour le pavage des routes, à défaut d'autres matériaux plus convenables.

2° Les argiles de la Brenne paraissent provenir de la décomposition des grès. Elles ont, en général, une pâte grossière mélangée de grains de quartz ; l'oxyde de fer qui les colore en rouge les rend très-fusibles. On trouve cependant, en différents points, des argiles blanches assez pures pour servir de terre à gazette et donner des briques réfractaires.

3° Les marnes ne sont pas rares en Brenne, puisqu'aucune localité n'est éloignée de plus de cinq kilomètres d'un gisement de cette nature. Elles sont, en général, fournies par les calcaires qui constituent la base de la formation ; ainsi, à Lignac, ce sont les marnes du lias ; aux environs de Chalais, Oulches, Ciron, Migné, Nuret-le-Ferron, La Pérouille, Luant, etc., ce sont les marnes jurassiques ; vers Mézières, elles proviennent du terrain crétacé. — Fréquemment, les calcaires marneux ont été remaniés par les eaux pendant l'époque tertiaire. Cependant, il existe quelques marnières qui paraissent appartenir à cette période ; telles sont celles de Sandillac, près de Rosnay, celles des environs de Lingé, de Verneuil, Il en est de même du calcaire de Douadic, dont le grain est si fin et qui est susceptible d'un beau poli. — Quant à la constitution de ces marnes, elle est extrêmement variable ; cependant, les marnes du lias sont argileuses ; celles des terrains jurassiques sont très-riches en carbonate de chaux ; celles des terrains crétacés renferment beaucoup de silice.

4° Il n'est pas rare de rencontrer en Brenne des grains de minerai de fer disséminés. Toutefois, les argiles à minerai de fer exploitables ne sont un peu développées que sur la rive droite de la Claise, au nord-est de Mézières, puis aux environs de Neuillay et entre Lureuil et Tournon. Elles occupent la partie supérieure du grès et proviennent sans doute de la décomposition de certaines portions de ces roches assez riches en minerai de fer.

PHYSIONOMIE DE LA BRENNE. — Le sol de la Brenne n'est pas complètement plat ; il est formé d'une suite de dépressions peu profondes, séparées par des plateaux d'une faible élévation ; par suite, il présente une facilité déplorable pour la création et la conservation des étangs, car un simple barrage des parties basses suffit pour maintenir l'eau ; mais, par suite aussi, il offre partout assez de pente pour l'assainissement au moyen de fossés. Les saillies prennent parfois une importance plus grande et constituent des monticules, de forme conique ou allongée, séparés les uns des autres. Ils sont caractéristiques de la Brenne. On les rencontre surtout suivant une zone d'environ deux lieues de largeur passant près de Neuillay, Méobecq, Migné, le Bouchet, et se terminant à Lureuil. C'est la partie montagneuse de la Brenne ; là, se trouve la ligne de partage des eaux du bassin de la Creuse et de celui de la Claise. Certains points de cette zone ne sont pas dépourvus de beauté ; ainsi, au village du Tertre, près de Lingé, on domine une vaste et belle plaine qui s'étend jusqu'à Mézières ; du château du Bouchet, bâti sur le point culminant de la contrée, la vue, franchissant la vallée de l'Indre, découvre d'un côté les coteaux crayeux de Palluau, et de l'autre, franchissant la vallée de la Creuse, aperçoit les environs de Terrier-Porcher, ligne de faîte des bassins de l'Anglin et de la Creuse ; puis elle se repose agréablement sur le bel étang de la Mer-Rouge, situé au pied de la colline.

Les monticules sont constitués par un grès dur, à ciment ferrugineux, qui affleure souvent la surface du sol ; dans ce cas, ils sont d'une aridité extrême ; cependant, quand ils sont recouverts par une couche de terre meuble, la vigne y prospère, comme on peut le voir au village du Tertre. — Leur origine n'est pas douteuse ; les grands cours d'eau de l'époque quaternaire ont agi énergiquement sur le sol de la Brenne ; les parties les moins résistantes ont été entraînées et ont contribué à former le sous-sol de ce pays ; les monticules sont des témoins qui nous montrent quel était alors le niveau général de la contrée.

Sous-sol de la Brenne. — Le sous-sol de la Brenne, dont nous venons d'indiquer l'origine, consiste principalement en un mélange assez grossier de sable et d'argile ; les grains de quartz sont abondants et leur dimension ne dépasse guère 3 à 4 millimètres. La présence de l'argile lui donne une grande imperméabilité. On cite cependant quelques endroits où le sol est sablonneux sur une grande épaisseur ; tel est, à Douadic, le gouffre de Salvert, petite dépression où viennent se perdre les eaux du Suin.

Lorsque le calcaire se trouve à une faible distance au-dessous de la surface du sol, il est recouvert d'une terre de bonne qualité, qui se range dans la catégorie de celles appelées Beauces par les agriculteurs. S'il est un peu plus profond, il s'annonce quand on creuse par une couche d'argile peu sableuse de couleur brune.

Bien que les caractères précédents soient assez constants, nous devons faire observer que les terres produites comme celles de la Brenne par l'entraînement des eaux, varient fréquemment dans des limites assez considérables pour qu'on ne puisse en donner une description qui s'applique à tous les cas particuliers.

Sol végétal de la Brenne. — C'est au sol végétal de la Brenne que s'applique surtout cette remarque. En général, c'est un sol de bruyère, c'est-à-dire un sable très-fin complètement dépourvu d'argile, d'une faible épaisseur, riche en débris organiques qui lui communiquent une teinte noire. Mais il comporte bien des variétés : les plus communes sont le sable blanc, fin, sans argile, coloré en noir par l'humus, et le sable jaune, pulvérulent, sans aucune cohésion, s'envolant au moindre souffle du vent. Ce sol a mérité d'être classé parmi les plus mauvais : en effet, l'humidité du sous-sol l'empêche de s'échauffer au printemps et sa végétation est toujours en retard ; quand arrivent les sécheresses de l'été, il perd toute sa ténacité, devient sans cohésion, extrêmement perméable à la chaleur, et les racines des plantes sont grillées. Joignons à cela que les engrais, alternativement soumis à une humidité extrême et à une extrême sécheresse, ne peuvent éprouver leur décomposition normale ; de plus, ils sont entraînés en hiver par les eaux pluviales.

Moyens d'amélioration.— L'examen que nous venons de faire du sol et du sous-sol de la Brenne, conduit aux moyens d'amélioration suivants, que nous appellerons primordiaux ; car il ne peut entrer dans notre plan d'épuiser cet intéressant sujet.

Nous laisserons de côté les cas où le grès est très-près de la surface du sol ; pour nous, comme pour tous les agriculteurs éminents qui se sont occupés de la Brenne, il n'y a qu'une opération profitable, le boisement. Lui seul peut préparer les améliorations ultérieures.

Dans tous les autres cas, il faut d'abord assainir. La création des routes agricoles et le curage des cours d'eau rendront cette opération facile partout. Il faut que tous les fossés aient une pente qui permette à l'eau de ne jamais rester en aucun point. Dans bien des cas, cette eau pourra être utilisée pour la formation ou l'entretien de prairies naturelles. Car il ne faut pas perdre de vue que si l'eau des terres de bruyères n'a aucun effet bienfaisant, celle des terres cultivées est excellente et on ne doit la perdre qu'à la dernière extrémité.

En second lieu, l'introduction de l'élément calcaire est indispensable, car le sol général de la Brenne en est complètement dépourvu, et presque toutes les plantes que l'homme demande à la terre pour sa nourriture et celle des animaux, en ont besoin pour prospérer. Les nombreuses marnières actuellement connues et celles que l'on découvre tous les jours ont popularisé cette amélioration, qui devient promptement lucrative. Mais nous devons observer que la plupart des marnes, à l'exception de celles du lias, sont des calcaires délitables ou sableux ne renfermant que peu ou point d'argile mélangée intimement. On ne doit donc pas compter sur elles pour modifier profondément la nature des terres; car le carbonate de chaux ne possède qu'à un faible degré la propriété d'absorber l'eau et les liquides chargés de matières fertilisantes, propriété que l'argile offre à un degré éminent. Il est donc indispensable d'introduire directement cette dernière substance dans les terres. Des labours profonds suffiront presque partout, d'après la nature argilo-sableuse du sous-sol. Cet approfondissement est le complément de toute bonne culture; car seul il permet d'obtenir l'abaissement du plan des eaux, et par suite cette humidité équilibrée, condition première et fondamentale de toute terre végétale. Mais, dira-t-on, le sous-sol de la Brenne est plus improductif que le sol lui-même, et l'observation journalière prouve que son mélange frappe de stérilité. Nous répondrons que toujours, quand on veut atteindre un but, on doit choisir les moyens appropriés. Ce qui rend mauvais un sous-sol argileux, c'est qu'il n'est pas pénétré de gaz, et surtout qu'il manque de substances organiques fertilisantes. On sait que l'argile doit en absorber une grande quantité avant que de les céder aux plantes. Nous pensons donc que le moyen le plus sûr et peut-être même le plus prompt d'atteindre le but, consiste à remuer profondément le sous-sol pendant plusieurs années, puis à le mélanger avec la terre arable.

Ces considérations sont justifiées par l'observation directe. Il y a cinquante ans, les environs de Lignac, à sous-sol de grès, présentaient un aspect désolé; maintenant, c'est un pays fertile. Qu'a-t-on fait? D'abord l'assainissement était inutile, à cause des fortes pentes de la contrée. Il a suffi de l'introduction de la marne; mais, je le répète, cette marne contenait de fortes proportions d'argile. Sur plusieurs autres points, les agriculteurs intelligents n'ont pas redouté l'emploi des labours profonds, et le succès a justifié leurs efforts; ils ont pu souvent substituer alors la chaux à la marne, ce qui ne peut être conseillé en Brenne que quand le sol assaini a été rendu argileux.

IV. — BASSIN TERTIAIRE DE L'AUVERGNE.

Les bassins tertiaires de l'Auvergne, si remarquables par leur fécondité, présentent à peu près la même constitution que le bassin de Paris; ainsi, il y a des étages argileux, surmonté d'assises calcaires, des traces de formation gypseuse contenant des fossiles caractéristiques, et enfin des calcaires lacustres. On y remarque aussi des intrusions volcaniques qui n'ont pas été sans influence sur la fertilité de ces contrées.

Dans la Limagne, en particulier, la formation commence par des sables et des grès qui passent au grès calcarifère et alternent avec des dépôts argileux renfermant un peu de calcaire. Au-dessus se trouvent des calcaires de consistance variable devenant fréquemment marneux. Ces calcaires, surmontés par des dépôts alluviens formés de débris de roches de cristallisation, constituent des collines très-multipliées dans les parties basses du département du Puy-de-Dôme. Aux environs de Clermont, se trouvent des calcaires d'eau douce colorés par du bitume. C'est dans cet étage que l'on a rencontré, outre des coquilles lacustres, des ossements d'anthracothériums, d'anaplotériums, d'hippopotames, de tortues, de crocodiles, etc.

V.— BASSIN DE L'AQUITAINE.

Ce bassin, limité d'un côté par l'Atlantique, de l'autre par les Pyrénées, et enfin par la rive droite de la Garonne, comprend à peu près l'ancien royaume d'Aquitaine. On y trouve un terrain tertiaire complet, renfermant, surtout en Gascogne, de nombreuses formations d'eau douce.

Dans la partie inférieure, qui correspond à la période éocène, on trouve des sables (Royan), des calcaires à milliolites et à orbitholites (Blaye et Médoc), des mélanges de sables et d'argiles, des grès à paver (Bergerac) et des meulières plus compactes, constituées par des blocs plus étendus que ceux de La Ferté-sous-Jouarre.

La période miocène est représentée par les calcaires grossiers des environs de Bordeaux, renfermant de nombreux débris d'astéries, et surtout par les falunières de plusieurs localités de la Gironde.

Les faluns existent aussi dans le département des Landes, par exemple, aux environs de Dax et de Mont-de-Marsan. Au-dessus, s'étend le sable des Landes, au milieu duquel existe une sorte de minerai de fer impur, nommé alios, imperméable, et qui est la cause principale de la stérilité de cette contrée.

Vers le pied des Pyrénées, on rencontre une formation lacustre très-étendue; c'est une vaste plaine dont le niveau s'abaisse du sud au nord d'une manière insensible. Elle est formée de matériaux très-divers : dépôts limoneux, cailloux roulés, argiles impures, marnes avec grumeaux calcaires, sables consolidés. On y a rencontré, outre des coquilles d'eau douce, de nombreux ossements fossiles, principalement dans plusieurs gîtes voisins des Pyrénées. Un des plus remarquables est la colline de Sansan (Gers); elle a été explorée avec le plus grand soin par M. Lartet, qui a pu reconstruire un grand nombre d'animaux, la plupart perdus et inédits, appartenant aux genres suivants : singes, carnassiers, rongeurs, paresseux, pachydermes, ruminants, tortues. Parmi les plus fréquents, nous citerons : des mastodontes très-semblables à nos éléphants par les formes extérieures, mais en différant par des dents hérissées de pointes conoïdes, des rhinocéros, des dinothériums, remarquables par deux fortes défenses naissant de la mâchoire inférieure, des dicroceras (voisins des cerfs), etc.

VI. — PROVENCE ET LANGUEDOC.

La formation tertiaire, très-développée en Provence, repose sur le calcaire à hippurites.

La partie inférieure de ce bassin présente un grand intérêt. En effet, on y trouve aux environs d'Aix, à Fuveau, plusieurs couches de lignite, dont l'épaisseur varie de 1 mètre à 1 mètre 25 centimètres, et dont l'ensemble a l'importance d'un bassin houillier. Ces lignites, qui appartiennent à la variété nommée lignite parfait ou jayet commun, sont exploités en grand et sont formés par des palmiers, des conifères et des arbres dicotylédonés; dans les argiles qui les accompagnent, on voit des empreintes de feuilles et des fruits que l'on ne peut guère distinguer de ceux qui existent maintenant. — Les seules coquilles que l'on rencontre appartiennent aux eaux douces. — A Aix même, existe une formation gypseuse très-développée et très-exploitée.

La colline qui contient la pierre à plâtre est percée dans tous les sens, et, dans ces souterrains, on trouve fréquemment des plaques couvertes d'empreintes de poissons d'eau douce, de débris d'insectes et de feuilles de palmiers.— C'est dans des couches de même date, colorées en noir par le carbone, que l'on a découvert, aux environs d'Apt (Vaucluse), un gîte de pachydermes de la plus grande richesse. On y voit particulièrement des paléothériums identiques à ceux de Montmartre.

L'étage miocène est aussi très-développé en Provence. Il consiste en un vaste dépôt de molasse. On nomme ainsi un mélange variable de sable, de calcaire et d'argile, acquérant souvent assez de dureté pour servir dans les constructions. Quand le calcaire domine, il passe fréquemment au falun et offre parfois des couches presque entièrement formées de grandes huîtres. Les autres mollusques sont identiques à ceux des faluns de la Touraine et de la Gironde. On y trouve également des débris de squale et de mammifères terrestres.

III.— Formation tertiaire supérieure ou pliocène.

La formation pliocène ne paraît pas être représentée dans le nord de la France. On l'observe sur quelques points de l'Auvergne, mais surtout dans la Bresse (Ain) et au pied des Apennins.

I.— AUVERGNE.

La Limagne, comme nous l'avons vu, est en grande partie formée de dépôts miocènes. Sur quelques points, cependant, existe un terrain formé de sables, de galets, provenant de roches anciennes et que l'on rattache à la période pliocène parce qu'on y remarque des débris d'hyènes et d'autres carnassiers qui dominent dans la période quaternaire.

C'est à la même époque que l'on rattache les lignites bitumeux de Mérat (Puy-de-Dôme), intercalés dans des fragments de roches anciennes. On a essayé de les utiliser pour la décoloration des sirops de sucre de betterave et la confection d'un engrais appelé noir-sang.

II. — DÉPOTS DE LA BRESSE.

Ces dépôts s'étendent, non-seulement sur toute la plaine de la Bresse (Ain), mais ils se prolongent encore d'un côté dans les départements du Rhône et de l'Isère, et d'autre part dans les départements de Saône-et-Loire, du Doubs et du Jura, sur une étendue de 125 lieues.

Ils consistent en cailloux roulés, sables plus ou moins argileux, souvent micacés. On ne remarque dans l'ensemble qu'une stratification confuse. Parfois les sables et les cailloux roulés sont agglutinés de manière à former de véritables poudingues. Sur plusieurs points où le terrain se régularise, on trouve des lignites au milieu de sables argileux, un peu schisteux ou charbonneux, plus ou moins mélangés de cailloux roulés et de sables.

Les principales exploitations existent près de La Tour-du-Pin (Isère), à Anjou (même département) et à Pamiers, au nord de Grenoble. Ces lignites, formés de sapin, de chêne, d'aune, sont très-imparfaits; ils consistent surtout en troncs d'arbres plus ou moins aplatis, dont on distingue la structure ligneuse; ils brûlent parfois avec une odeur aromatique. On y rencontre des coquilles d'eau douce.

III. — TERRAIN SUBAPPENNIN.

Au pied des Apennins, qui constituent pour l'Italie une sorte de colonne vertébrale, se trouve une série de collines, partie la plus remarquable d'une ceinture qui entoure la Méditerranée et qui s'est déposée dans une mer plus étendue qu'aujourd'hui.

A la partie inférieure, elles présentent une marne bleuâtre; à la partie supérieure, un sable jaunâtre. C'est dans ce sable, surtout, que l'on rencontre beaucoup de coquilles identiques à celles de la Méditerranée actuelle.

Matières utiles. — Ce terrain offre en Toscane un grand développement de gypse salifère et de sel gemme. Aux environs de Volterra et de Castellina, se trouve l'albâtre qui se vend dans le monde entier. Il consiste en rognons glanduleux, très-blancs, très-translucides, surtout à Castellina, dispersés au milieu du gypse et de marnes grises ou bleuâtres. Quant au sel gemme, il est intercalé dans des marnes plus ou moins gypseuses et ne peut être exploité qu'au moyen de la dissolution dans l'eau.

La Toscane est remarquable aussi par ses suffionis. Ce sont des jets de gaz et de vapeur d'eau qui existent dans les maremmes de la Toscane. On a construit des bassins en maçonnerie où l'eau s'accumule ; les gaz, en la traversant, lui abandonnent l'acide borique qu'ils contiennent et que l'on recueille par l'évaporation de l'eau, évaporation qui s'effectue à l'aide de la chaleur des gaz et des vapeurs. On purifie l'acide borique en le faisant cristalliser une seconde fois.

Sicile. — En Sicile, aux environs de Villarosa, les mines de soufre classique sont ouvertes dans des marnes noires bitumineuses qui renferment, avec le soufre, du bitume, du sel gemme et du succin. Elles sont antérieures au terrain pliocène qui les recouvre.

Mines de sel de Pologne. — C'est à la période tertiaire qu'appartiennent les célèbres mines de sel de Wieliczka et de Bochnia, en Pologne. Ce terrain salifère a 3,000 mètres de longueur sur une largeur de 1,300 mètres. On y distingue 63 amas de sel, dispersés dans des argiles qui contiennent quelques coquilles marines et lacustres. — En général, la stratification, bien qu'évidente, est peu nette, car le terrain est très-tourmenté. — Le sel des parties inférieures est cristallin et à grandes facettes; le reste est verdâtre et plus ou moins mélangé d'argile.

FOSSILES DE LA PÉRIODE PLIOCÈNE (planche XIX).

Mammifères. — En Europe, apparaissent plusieurs genres qui se rattachent à l'hippopotame, au chameau, au cheval, au bœuf, au cerf, etc., tandis que de grands édentés vivent en Amérique. Les plus remarquables sont les milodons, les mégalonix et surtout les mégathériums.

Le **Mégatherium** *(fig. 291)* — ou animal du Paraguay, était gros comme un éléphant ; il avait plus de 4 mètres de longueur sur 3 de hauteur ; les hanches avaient 1 mètre 67 centimètres de large ; le fémur était énorme et beaucoup plus large que long. — La tête, qui ressemble à celle des paresseux, était sans doute munie d'un prolongement, comme chez le tapir ; les pattes antérieures formaient un instrument puissant pour fouiller le sol ; la queue, énorme, servait probablement comme moyen formidable de défense et pour supporter le corps. Du reste, la locomotion était lourde, difficile et lente. — Cet animal se nourrissait principalement de racines.

Mollusques. — La faune marine était à peu près la même que dans la période précédente ; mais les espèces de mollusques sont nombreuses et caractéristiques. Voici les plus communes :

Parmi les gasteropodes :

1° **Pleurotoma rotata** *(fig. 292)* — à coquille turriculée, fusiforme, terminée antérieurement par un canal étroit assez long ; — le genre est assez abondant pendant toute l'époque tertiaire.

2° **Murex alveolatus** *(fig. 293)* — à coquille munie de spires plus ou moins nombreuses ou allongées, dont la surface est toujours garnie d'épines ou de tubercules distribuées régulièrement ; — l'ouverture assez petite, ovale, se prolonge en un canal droit ou courbe.

3° **Buccinum prismaticum** *(fig. 294)*. — La coquille est conique, à spire assez allongée, terminée par une ouverture large-ovale.

4° **Voluta lamberti** *(fig. 295)*. — La coquille est ordinairement ovale-oblongue ou ventrue, à spire assez courte; la bouche est allongée, ample, terminée en avant par une échancrure assez profonde, sans canal.

5° **Cypræa coccinelloïdes** *(fig. 296)* — déjà décrit à la période éocène.

Parmi les acéphales :

1° **Panopœa aldrovandi** *(fig. 297)* — à coquille équivalve, inéquilatérale, bâillante. — L'animal est très-allongé. — Les panopées vivent sur les côtes sablonneuses et s'enfoncent dans le sable ou la vase.

2° **Astarte Basteroti** *(fig. 298)* — déjà décrite à l'étage moyen de l'oolite.

FLORE DE LA PÉRIODE PLIOCÈNE.

Considérée en Europe, dit M. Brongnart, la végétation de la période pliocène nous offre comme caractères particuliers une extrême analogie avec la flore actuelle des régions tempérées de l'émisphère boréal, je ne dis pas de l'Europe, car elle comprend plusieurs genres étrangers à notre Europe actuelle, mais propres à la végétation de l'Amérique et de l'Asie tempérée.

Les palmiers ont complètement disparu dans les parages européens. Du reste, cette flore est extrêmement riche; mais toutes les espèces qu'elle comprend, bien qu'offrant beaucoup de ressemblance avec celles de l'époque actuelle, ne leur sont point complètement identiques.

Ainsi, la température de l'Europe, qui commençait à s'abaisser dans les périodes précédentes, comme le prouve le mélange des palmiers avec des ormes, des chênes, etc., a continué à décroître. La distinction des flores et des faunes propres à chaque contrée s'accuse d'une manière de plus en plus prononcée.

SEPTIÈME LEÇON.

TERRAINS QUATERNAIRES.

Le soulèvement de la partie principale des Alpes mit fin à la période tertiaire. Alors l'étendue relative des terres et des mers se rapprocha beaucoup de ce qu'elle est actuellement. Les dépôts se continuèrent, mais sur une échelle moindre; les roches formées d'une importance généralement peu considérable se distinguent à peine de celles de l'époque précédente.

Ce qui caractérise surtout la période quaternaire, ce sont les violents mouvements des eaux qui la marquèrent et qui la font appeler époque du diluvium ou des alluvions anciennes. Ces eaux dénudèrent de vastes espaces, déplacèrent des masses considérables de terrains pour les abandonner ailleurs à l'état de cailloux roulés, de sables, parfois d'argile et de sédiments fins. Bien plus, de gros blocs, appelés blocs erratiques, furent arrachés aux montagnes de transition, transportés à de grandes distances; leur entraînement paraît avoir, comme nous le verrons, une liaison intime avec les surfaces polies et striées que l'on voit dans presque toutes les chaînes de montagnes.

La remarque que nous avons faite, relativement à la longévité plus grande des espèces chez les mollusques que chez les mammifères, devient évidente ici. En effet, les mollusques de l'époque quaternaire ne diffèrent plus guère de ceux de l'époque actuelle, tandis que les grands mammifères de cette période sont pour la plupart complètement éteints.

Pour avoir une idée complète des terrains quaternaires, il faut étudier:

1° Les dépôts sédimentaires de cette période;

2° Les phénomènes de transport qui ont donné naissance aux erratiques et aux dépôts à stratification irrégulière.

I. — Dépôts sédimentaires.

Ces dépôts existent principalement à peu de distance du rivage des mers et à une hauteur bien plus grande que leur niveau actuel; parfois cependant ils recouvrent de vastes espaces.

Les coquilles qu'ils renferment vivent encore pour la plupart dans les mers voisines; toutefois quelques débris fossiles leur sont spéciaux. Du reste, leurs caractères minéralogiques seuls ne pourraient pas servir à les distinguer des sédiments tertiaires, ni des sédiments actuels.

On n'a point signalé en France de ces dépôts, mais il y en a en Angleterre, en Italie, en Sicile, en Russie, en Afrique, dans l'Amérique méridionale, etc. Nous allons dire quelques mots sur chacun d'eux.

ANGLETERRE.—Les sédiments quaternaires de l'Angleterre existent près de Norwich; ils sont formés de lits de sable et de limon fossilifère. La plupart des coquilles qu'ils renferment appartiennent à la mer du Nord; on y trouve aussi des débris de **l'elephas primigenius** (mammouth), caractéristique de l'époque quaternaire, du cheval, du cochon, du daim.

ITALIE. — C'est à cette époque que l'on doit rapporter les travertins de Toscane, de Rome, des environs de Naples. Ce sont des calcaires grossiers, caverneux, formés par précipitation chimique. L'eau chargée d'acide carbonique dissout des quantités notables de carbonate de chaux; l'acide carbonique vient-il à disparaître, le carbonate de chaux se dépose; telle est l'origine des incrustations calcaires des environs de Clermont et de beaucoup d'autres lieux; tel est le mode de formation des travertins.

SICILE. — Cette île offre des sédiments quaternaires très-importants. Ils s'avancent jusqu'à son centre et s'élèvent jusqu'à 500 mètres de hauteur; leur épaisseur est d'environ 200 mètres. La partie inférieure consiste essentiellement en argiles et marnes bleuâtres. Au-dessus, se trouvent des calcaires grossiers et compactes, parfois en couches nettes et régulières. — Les mêmes dépôts se voient dans les îles de Malte et de Sardaigne. Plusieurs portions sont riches en coquilles qui appartiennent pour la plupart aux mers voisines.

ALGÉRIE et AFRIQUE. — On trouve encore des dépôts coquilliers semblables en Algérie et de part et d'autre du détroit de Gibraltar. Mais dans le grand désert du Sahara, il n'y a que des sables mouvants, considérés comme le fond d'une mer de la période quaternaire.

RUSSIE. — Ces dépôts, composés de sable et d'argile, forment les steppes de la Russie orientale. On y trouve les mêmes mollusques que dans la mer Caspienne et des débris de mammouth (**elephas primigenius**). C'est à cette même période que l'on rattache le terreau noir qui donne aux plaines méridionales de ce vaste empire une fertilité extraordinaire. On en tire les blés qui d'Odessa sont transportés en France et dans les autres parties de l'Europe.

PAMPAS DE L'AMÉRIQUE MÉRIDIONALE. — Ce sont les sédiments les plus étendus de la période quaternaire; ils consistent en une terre argileuse d'un brun rouge foncé, contenant des blocs irréguliers de calcaire et des lits horizontaux de concrétions marneuses. Souvent leur surface est recouverte d'un limon jaune dépourvu de carbonate de chaux.

On y trouve des coquilles qui, presque toutes, appartiennent à l'Atlantique et aux eaux douces du pays. Mais les restes les plus remarquables appartiennent aux mammifères. Ce sont de grands édentés, voisins des paresseux, et que l'on nomme **megatherium, megalonyx, milodon**. On ne les a pas rencontrés en Europe.

II. — Phénomènes erratiques et dépôts de transport.

Ces phénomènes sont tout-à-fait particuliers à l'époque quaternaire. Nous étudierons : 1° le dépôt erratique ; 2° les alluvions anciennes des vallées ; 3° les alluvions plusiaques, c'est-à-dire contenant des minerais précieux ; 4° les cavernes et les brèches qui renferment principalement les ossements des animaux de l'époque quaternaire. Enfin, nous discuterons le moment de l'apparition de l'homme.

I. — PHÉNOMÈNE ERRATIQUE.

Tous les grands massifs montagneux, particulièrement ceux du centre et du nord de l'Europe, se montrent comme le point de départ des phénomènes erratiques. Ces phénomènes sont caractérisés par la présence dans des positions anormales de gros blocs de roches, étrangers aux roches du pays et arrachés à des montagnes plus ou moins éloignées. Ils sont liés d'une manière étroite aux stries, aux raies, aux légères ondulations, que l'on remarque fréquemment sur les parois des montagnes.

Les plus remarquables sont ceux des Alpes et du Nord.

ERRATIQUE DES ALPES. — Dans les Alpes, sur des points que n'atteignent pas les glaciers actuels et jusque dans la plaine de la Suisse, on voit, au milieu de débris de toutes les grosseurs, des masses considérables à angles intacts et à peine émoussés. Il y en a qui sont perchés bien au-dessus des glaciers actuels; d'autres sont dispersés dans la plaine qui sépare la Suisse du Jura ; on en voit sur le flanc oriental de cette chaîne, à une grande hauteur et dans une position d'équilibre incroyable. Tous ces blocs sont composés de granits, de protogynes, identiques à ceux des terrains de cristallisation des Alpes.

ERRATIQUE DU NORD. — Dans le Nord, les phénomènes erratiques ont été plus étendus et plus complexes. D'abord dans la Scandinavie, la Laponie, la Finlande, on voit les parois des montagnes polies, striées, mamelonnées comme dans les Alpes; on remarque aussi des blocs nombreux, à angles à peu près intacts, transportés au loin et de même constitution que les roches striées.— Puis, toutes les plaines septentrionales de l'Europe sont formées d'un dépôt qui les a recouvertes après en avoir nivelé les dépressions. Au milieu des sables et des cailloux roulés constituants, se trouvent une multitude de fragments de rochers anguleux, isolés ou rassemblés en traînées.

Les contrées arctiques paraissent avoir été le point de départ de ces grands mouvements, dont la direction moyenne est le nord-ouest. A mesure que l'on s'éloigne de l'origine, les dépôts vont en divergeant, s'étalent sous la forme d'une large nappe sur la Russie du Nord et se lient à ceux qui constituent les plaines de la Pologne, de la Prusse et de la Hollande. On en a une idée assez exacte en se figurant un demi-cercle dont le centre serait à Stockholm et dont le rayon s'étendrait jusqu'à Moscou sur une longueur de 200 lieues. Remarquons que la grosseur des fragments va en diminuant à mesure que l'on s'approche de cette circonférence et qu'au-delà se trouve une large zone de terrains limoneux et sablonneux qui représentent certainement la dernière phase du phénomène, celle où les eaux n'étaient plus animées que d'une faible vitesse. Il faut noter aussi que si ces dépôts se composent pour une large part de débris qui ne rappellent en rien le sol qui les supporte et proviennent évidemment de roches boréales, chaque localité renferme cependant des portions de roches sous-jacentes.

Erratique des autres contrées. — Les mêmes phénomènes se remarquent autour de toutes les contrées montagneuses : on les voit dans le voisinage des Pyrénées et dans les pays qui, comme le nôtre, entourent le plateau central ; l'intensité seule paraît avoir été plus faible. On les a signalés également dans l'Amérique septentrionale et même dans l'Amérique méridionale, au-delà de l'Équateur.

Explication des phénomènes erratiques. — On a d'abord pensé que les transports erratiques avaient été produits par des eaux boueuses animées d'une grande vitesse. Cette hypothèse a été abandonnée parce qu'elle n'expliquait pas les raies et les stries des montagnes qui ont servi de point de départ.

On a ensuite admis l'existence d'un abaissement considérable de température en Europe pendant la période quaternaire, et les travaux de MM. Venetz, Charpentier et Agassiz sur les glaciers actuels des Alpes, ont établi définitivement leur liaison avec les phénomènes erratiques. Donnons d'abord une description succincte de ces glaciers :

Glaciers des Alpes. — Les glaciers sont des amas de glace encaissés dans les vallées ou suspendus aux flancs des plus hautes montagnes. Parmi ceux des Alpes, il en est qui ont environ cinq lieues de long sur une lieue de large et qui descendent des sommités jusque dans les parties cultivées. On distingue trois régions dans un glacier : 1° Le champ ou plateau supérieur ; sur ces points élevés, la neige tombe, s'accumule et forme des masses blanches et poudreuses. 2° Le Névé ; il vient au-dessous du champ supérieur, contient encore de la neige, mais elle est grenue et d'une teinte plus ou moins grisâtre à la surface. 3° Enfin, le glacier proprement dit, placé encore plus bas, est alimenté par les deux régions précédentes. Il est formé par de la glace compacte, résultant de l'union de grains de neige à l'aide de l'eau qui s'est formée par suite de la fusion d'une partie des masses supérieures et qui s'est congelée de nouveau. La surface en est rugueuse et une coupe montre plusieurs couches, correspondant chacune à la quantité de neige tombée pendant une année.— Notons encore que la glace est traversée par une quantité prodigieuse de petites fissures capillaires.

Mais ce qu'il importe le plus de constater, c'est le mouvement que possède le glacier; il descend constamment dans le sens de la plus grande pente. Sans doute que la pesanteur n'est point étrangère à ce déplacement, mais il est dû principalement à la dilatation de l'eau contenue dans les canaux capillaires. En effet, cette dilatation partielle donne naissance à une dilatation totale qui ne peut s'effectuer librement que dans le sens de l'épaisseur et celui de la pente; latéralement, elle est gênée par les parois des roches encaissantes : de là un effort qui, par suite de l'immobilité de ces dernières, pousse le glacier en avant. — Dans ce mouvement, les roches latérales sont polies, marquées de raies parallèles entre elles et à la pente par les petits fragments de matières dures enchâssées dans la glace. De plus, entre le fond du glacier et la surface sous-jacente, existe principalement en été une couche de boue pleine de petits fragments très-durs enlevés à la montagne et qui de leur côté usent, creusent, polissent. De là l'aspect moutonné des parois inférieures quand la glace est fondue.

Au-dessus du glacier se trouvent de petits monticules provenant des débris des roches encaissantes; on les appelle des moraines, et suivant leur position, on les désigne sous le nom de moraines frontales, latérales, médianes.

Si l'on imagine que les glaciers viennent à disparaître, il restera donc des blocs irréguliers placés dans des positions singulières et souvent alignés.

On voit immédiatement qu'un abaissement considérable de la température dans la période quaternaire a dû étendre la surface des glaciers, et, par suite de leur fusion, les phénomènes erratiques ont été produits. Mais cette fusion n'a pu avoir lieu sans de grands mouvements des eaux qui expliquent l'étendue et la puissance des alluvions de l'époque quaternaire. Elle ne s'est certainement pas effectuée en un seul temps, et il en est résulté certains phénomènes que nous aurons occasion de signaler dans le diluvium des vallées.

On s'est demandé quelle a été l'origine de l'abaissement de température à l'époque quaternaire. Là s'ouvre un vaste champ d'hypothèses plus ou moins ingénieuses. La plus simple consiste à admettre qu'il y a eu un soulèvement lent du relief général de l'Europe suivi d'un abaissement progressif. Dans cette manière de voir, les mouvements du sol que l'on a signalés dans le Groënland et la Scandinavie seraient les derniers vestiges de ces grandes oscillations.

Quant à l'époque de ces cataclysmes, elle est relativement récente. Se rattache-t-elle au déluge de la Bible, dont les traditions de tous les peuples ont, du reste, gardé le souvenir et qui paraît avoir été produit par le soulèvement du prolongement de la portion sud de la chaîne du Caucase? Cette opinion deviendrait probable si l'on démontrait l'existence de l'homme à l'époque quaternaire, existence que les recherches récentes tendent à affirmer, comme nous le verrons.

II. — DILUVIUM DES VALLÉES.

Parmi les vallées, les plus fréquentes sont celles d'érosion, c'est-à-dire celles qui ont été façonnées en quelque sorte par les eaux, bien qu'elles se trouvent généralement placées dans les lignes de fracture des montagnes. Ce sont elles qui présentent en général les phénomènes appartenant à ce que l'on appelle diluvium ou alluvions anciennes des vallées.

Lorsqu'on examine un cours d'eau un peu important, on

remarque sur ses rives et à des niveaux beaucoup plus élevés que le lit actuel des dépôts de sables, d'argiles, de cailloux roulés très-variés dans leur nature. Parfois même, près des cours d'eau très-importants, ils forment plusieurs étages d'autant plus larges qu'ils sont plus élevés. La nature des terrains transportés est nécessairement très-complexe, mais en relation intime avec les roches du point de départ, si bien que l'on peut reconnaître le lieu d'où ils proviennent et même souvent les roches actuellement en place qui les ont fournies. Voici une loi générale de ces formations : leurs éléments sont d'autant plus grossiers qu'ils sont placés à une plus grande profondeur et qu'ils sont plus rapprochés des montagnes qui leur ont donné naissance.

Pour expliquer le diluvium des vallées, on peut admettre d'abord que l'état hydrographique n'était pas aussi parfait autrefois qu'aujourd'hui. Alors il y avait sans doute de grands lacs à des niveaux élevés; leurs parois, rongées par l'action incessante des eaux, ont fini par être emportées et il en est résulté de violentes débâcles. On peut croire aussi que les phénomènes erratiques n'y ont point été étrangers. En effet, il est facile de se figurer quels dégâts ont dû causer les eaux provenant de la fusion des glaciers. On est en outre forcé d'admettre plusieurs périodes dans le diluvium. Dans la première, les vallées ont été comblées jusqu'aux niveaux les plus élevés ; dans la seconde, de nouvelles eaux se sont creusées un lit dans le premier dépôt. — S'il y a plusieurs étages, comme cela existe pour la Garonne, on doit admettre autant de phases, et à chaque fois les eaux se formaient un lit plus restreint dans les dépôts précédents.

DÉPARTEMENT DE L'INDRE.

Ces considérations trouvent leur application dans le département de l'Indre. Sur les bords de la Creuse, de la Bouzanne et de l'Indre, il existe des sédiments de sables, de cailloux roulés à un niveau bien plus élevé que le lit actuel. Sur les bords de l'Indre, ces dépôts sont assez étendus et fort bien caractérisés depuis la vallée de Corlay jusqu'à Châteauroux et même au-delà. Pour les étudier, il faut examiner les carrières de sables et de cailloux. Ainsi, à Saint-Maur, près Châteauroux, on trouve au milieu de sable fin des fragments de quartz roulés, puis, plus rarement des débris de granits, de schistes; parfois ces schistes sont friables et constituent la terre pourrie des ouvriers. Si l'on se rappelle que les schistes contiennent beaucoup de potasse, on s'expliquera pourquoi les sols d'alluvion sont si favorables à la croissance des arbres et de la fougère dans les environs d'Ardentes.

Nous avons vu aussi dans le diluvium de Saint-Maur des silex cariés avec empreintes de coquilles, arrachés certainement à la formation siliceuse que nous avons signalée dans l'oolite inférieure. Ce qu'il y a de curieux, c'est que les alluvions de la Creuse en contiennent également; à Secoury, commune de Ciron, par exemple, bien au-dessus du lit actuel de la Creuse, on en extrait des champs une assez grande quantité pour les employer à la construction des murs. Dans le même lieu, nous avons également observé beaucoup de débris de schistes friables.

Le diluvium des vallées a été précédé dans notre département par des phénomènes de transport qui reconnaissent pour origine le plateau central et qui ont recouvert tous les terrains précédemment formés. Nous leur attribuons les dénudations de la Brenne, la disparition superficielle du calcaire dans les terrains crétacés des environs d'Écueillé et de Valençay, la couche sablo-argileuse, en général d'une faible épaisseur qui s'étale sur tout le calcaire lithographique, les sables rouges plus ou moins mélangés de cailloux que l'on voit d'Aigurande à Cluis et la plupart des dépôts sableux ou argileux qui, bien qu'encaissés dans des dépressions de terrains d'époques différentes, présentent cependant une certaine ressemblance. Parmi les argiles, il en est de bien blanches, qui ont été peu imprégnées d'oxyde de fer et qui conviennent parfaitement pour la fabrication des briques réfractaires (environs d'Ardentes, d'Argenton, d'Oulches, de Mézières, de Saint-Genou, etc.).

En général, les terrains de transport de notre département passent pour peu fertiles; ils conviennent surtout aux bois. Mais sur quelques points où ils renferment un peu d'argile et où on a pu les marner, ils donnent d'abondantes récoltes. On y voit de belles vignes produisant de bon vin et surtout de belles luzernières (environs de Secoury, déjà cité). Ce fait se généralise de plus en plus; il est probable que l'emploi des phosphates fossiles favorisera puissamment dans ces sortes de terres la production des céréales.

Le diluvium des vallées comporte partout des conditions agricoles semblables à celles de nos pays. Le Rhin, dont les alluvions sont ordinairement caillouteuses, présente une exception entre Bonn et Schaffouse. Dans cet endroit, la vallée forme une espèce de bassin. Là se trouve un mélange heureux de matière argileuse, sableuse et calcaire, appelé lehm et très-productif. On y rencontre aussi des concrétions calcaires, des coquilles terrestres, des débris de mammifères et en particulier du mammouth (**elephas primigenius**).

III. — ALLUVIONS PLUSIAQUES.

On nomme ainsi des alluvions de l'époque quaternaire étendues sur les plaines en forme de nappe et recélant des substances précieuses. Ce sont les gisements habituels du platine, de l'or, du diamant. Ces substances ont été arrachées et transportées avec les débris de roches anciennes qui les renfermaient. — Pour le diamant, on le trouve au milieu des sables dans l'Inde (royaumes de Visapour et de Golconde) et au Brésil. — A Pégu et à Ceylan on en extrait le rubis et le saphir.— Les sables aurifères de la Californie, de l'Australie, de l'Oural, sont célèbres pour l'exploitation de l'or et du platine.— On sait aussi que les sables du Rhin et de plusieurs de nos rivières de France renferment assez de paillettes d'or pour qu'on les ait exploitées autrefois.— Quant à notre département, il doit à cette époque son principal minerai de fer qui se présente sous la forme de grains arrondis et que l'on nomme pour cette raison minerai oolitique. Il est ordinairement mélangé à une forte proportion d'argile et remplit des cavités dans les terrains secondaires et tertiaires. Aussi, l'exploitation, bien que très-simple, puisqu'elle consiste à extraire et à laver le mélange de minerai et d'argile, n'est pas très-active, parce que la richesse des gîtes n'a aucune régularité. Les principaux lieux d'exploitation sont Mézières, la Ferté, Sainte-Fauste, Celon, Cluis, Neuvy, Argenton, Tilly, Luçay, Segris, Bommiers et Faverolles. — Les fers de l'Indre sont tous fabriqués au bois et occupent un rang distingué sous le rapport de la qualité.

IV. — FOSSILES DE L'ÉPOQUE QUATERNAIRE. — CAVERNES ET BRÈCHES OSSEUSES. (Planches XIX et XX.)

CONSIDÉRATIONS GÉNÉRALES.—Les mollusques de l'époque quaternaire, qu'ils soient marins, lacustres, fluvialiles ou terrestres, appartiennent presque tous aux espèces actuelles, et, par suite, n'ont rien de remarquable.

Tout l'intérêt se concentre sur les mammifères. On doit distinguer ceux de l'Europe et ceux de l'Amérique.

En Europe, régnait un faune uniforme dans toutes les contrées, même les plus éloignées. Parmi les nombreuses espèces dont on rencontre les débris, il y en a un petit nombre qui existe encore, mais la plupart sont spéciales à l'époque quaternaire. Voici celles qui sont les plus fréquentes :

1° **Elephas primigenius**, plus souvent nommé **mammouth** (tête *fig. 299;* dent *fig. 300).* — Il était plus grand que l'éléphant actuel ; sa tête atteignait jusqu'à 5 à 6 mètres de hauteur ; à l'âge adulte, il présentait quatre dents, comme celui qui vit de nos jours et était muni de deux défenses courbées en arc de cercle longues d'environ quatre mètres ; le reste du squelette ne présentait aucune particularité remarquable. — Des poils longs et serrés couvraient son corps et une crinière flottait sur son cou ;

2° **Ursus speleus** (ours des cavernes). — On a représenté une tête *fig. 301* et une dent *fig. 302*. Cet ours, qui pouvait avoir 2 mètres de hauteur et 3 mètres de longueur, et, par conséquent, était plus grand que l'ours actuel, a été trouvé en France, en Belgique, en Allemagne, etc. ;

3° **Hyœna spelea** (hyène des cavernes). — On a représenté sa tête *fig. 303* et une de ses dents *fig. 304*: — Elle se rapprochait de l'hyène tachetée de notre époque ; elle était peut-être un peu plus grande ;

4° **Felis spelea** (grand chat des cavernes). — Mâchoire de felix spelea *fig. 305*. — C'était un carnassier gigantesque qui tenait à la fois du lion et du tigre ;

5° **Felis tigris** (tigre). — Canine et molaire de tigre récent *(fig. 306)* ;

6° **Rhinocéros tricorrhinus**. — Molaire de la mâchoire inférieure *(fig. 307)*. — Ce nom lui a été donné parce qu'il avait les narines cloisonnées, disposition qui entraînait l'existence de deux cornes, tandis que le rhinocéros est maintenant unicorne ;

7° **Hyppopotame**. — Dent molaire trouvée dans une caverne près de Palerme *(fig. 308)* ;

8° **Sus scrofa** (cochon). — Dent molaire d'une marne coquillière d'Angleterre *(fig. 309)* ;

9° **Equus communis** (cheval). — Dent molaire de la mâchoire inférieure d'un cheval fossile *(fig. 310)*. — Il habitait l'Europe et l'Amérique, d'où il avait complètement disparu à l'époque actuelle ; il était de plus petite taille que notre cheval ;

10° **Tapirus americanus** (tapir). — Dent molaire d'un tapir récent *(fig. 311)* ;

11° **Cervus** (cerf).—Ce genre a compté de nombreux représentants, parmi lesquels il faut citer : 1° **Cervus megaceros**, dont les bois atteignaient un grand développement et qui se rapprochait de l'élan ; 2° **Cervus tarandus** (renne). — Cet animal, qui ne se trouve plus qu'en Laponie, a laissé de nombreux débris dans les cavernes de France. — On a représenté une mâchoire de renne de la caverne d'Aurignac (Haute-Garonne) *(fig. 312)* et une dent molaire de daim récent *(fig. 313)* ;

12° **Bos ferus** (Auroch). — Dent molaire de la mâchoire supérieure *(fig. 314)*. — Ce bœuf avait une taille plus élevée et des cornes plus longues que celles du bison actuel ;

13° **Rat** (Arvicola). — Mâchoire *(fig. 315)*. — Ce petit rongeur se rencontre fréquemment dans les cavernes, mais on ne peut pas affirmer qu'il ne s'y soit pas introduit postérieurement à l'époque quaternaire.

En Amérique, les terrains du diluvium renferment aussi des ossements fossiles ; ils appartiennent presque tous à ces grands paresseux que l'on nomme **megatherium, megalonix, milodon**.

PRINCIPAUX GISEMENTS. — On rencontre les ossements des mammifères fossiles dans les vallées d'érosion, les cavernes et les brèches osseuses. Disons quelques mots sur les principaux gisements.

I. VALLÉE D'ÉROSION. — Presque toutes les vallées d'érosion renferment des animaux perdus, mais quelques-unes en contiennent des quantités extraordinaires. Tels sont, par exemple, le Val-d'Arno en Toscane, les environs de Necker, dans le Wurtemberg, et surtout l'immense ossuaire des bords de la mer Glaciale. — Dans toutes ces localités, on rencontre surtout des débris de l'*elephas primigenius* (mammouth). Le plus remarquable est celui qui a été découvert en 1799 par un pêcheur, vers l'embouchure de la Léna ; il était engagé dans la glace et sa chair fut assez bonne pour nourrir des chiens. Sa peau était couverte de crins noirs et d'un poil laineux rougeâtre; il avait sur le cou une longue crinière et ses défenses recourbées avaient une longueur de trois mètres. — Du reste, dans le nord de la Sibérie, les dents et les défenses d'éléphant sont si abondantes, qu'elles sont l'objet de recherches actives qui alimentent en partie le commerce de l'ivoire. Certaines îles de la mer Glaciale sont presque complètement formées de fragments de mammouth mélangés à quelques ossements de rhinocéros.

II. Cavernes. — Les cavernes existent dans presque tous les grands massifs calcaires de l'époque secondaire qui ont été plus ou moins disloqués. Le plus souvent, elles contiennent plusieurs chambres communiquant entre elles par des ouvertures étroites. Elles débouchent à l'extérieur par des puits ou des fentes naturelles. Généralement, les parois en sont recouvertes d'incrustations calcaires et leur sol est caché par un dépôt limoneux et ferrugineux renfermant fréquemment des débris de mammifères au milieu de cailloux roulés. L'origine des cavernes n'est pas douteuse. Les calcaires fissurés par les soulèvements ou même par d'autres causes, ont livré passage à des eaux plus ou moins chargées d'acide carbonique qui ont rongé le calcaire et déterminé des excavations très-variées dans leurs formes. On reconnaît l'action érosive des eaux en enlevant la couche qui recouvre les murailles.

Les animaux des cavernes sont à peu près les mêmes que ceux des vallées d'érosion. Toutefois, on n'y trouve qu'exceptionnellement les rhinocéros et les éléphants; les ossements d'ours, d'hyènes, de lions y dominent et sont fréquemment mélangés à des débris d'herbivores. On a cru longtemps que les eaux avaient transporté pêle-mêle tous ces fossiles. Sans doute, ce fait s'est produit dans plusieurs cas ; mais M. Buckland a établi par l'examen attentif de certaines cavernes de l'Angleterre, qu'elles avaient été habitées par des hyènes qui y entraînaient leurs proies. De nombreuses observations plus récentes ont du reste mis hors de doute que beaucoup de cavernes ont échappé à l'action des eaux, soit de l'époque quaternaire, soit d'époques plus récentes.

Les grottes que l'on a explorées jusqu'ici sont très-nombreuses. Les plus remarquables sont celles de Franconie, de Wurtemberg, des environs de Liège, de plusieurs parties de l'Angleterre, de Palerme, de Pikermy en Grèce. En France, nous citerons celles de Lunelviel (Hérault), des Cévennes, de la Franche-Comté, des Pyrénées, d'Aurignac, de Lourdes. Il en existe aussi dans notre département, particulièrement sur les bords de la Creuse, aux environs d'Argenton.

III. Brèches osseuses. — Dans certains terrains, les poches, les boyaux, les fentes ont été remplis par des fragments de roches et d'ossements réunis par un ciment calcaire, presque toujours colorés en rouge par l'oxyde de fer. C'est ce que l'on nomme les brèches osseuses ; il est à remarquer qu'elles forment une sorte de ceinture autour de la Méditerranée. Au reste, les débris d'animaux y sont les mêmes que dans les cavernes.

V. — APPARITION DE L'HOMME.

On a depuis longtemps rencontré des débris de l'industrie humaine au milieu des ossements des cavernes ; mais on les expliquait toujours au moyen d'un entraînement postérieur des eaux. Toutefois, la découverte des silex taillés dans le dilivium de la Somme, faite par M. Boucher de Perthes, en des points peu éloignés de ceux où l'on trouvait des débris d'animaux de l'époque quaternaire, ne permit plus de douter de la haute antiquité de notre espèce. Plus récemment, le même savant a découvert près d'Abbeville, à Moulin-Quinon, une mâchoire d'homme fossile. Elle était à une petite hauteur au-dessus de la craie, vers la base des alluvions anciennes. Il est vrai que M. Elie de Beaumont pense que ce gisement appartient à un terrain quaternaire, remanié pendant l'époque actuelle ; mais cette assertion est contredite par d'autres savants. Les recherches faites dans les cavernes semblent démontrer que l'homme a été contemporain de l'ours des cavernes et d'autres animaux, particulièrement du renne, que l'on ne trouve plus dans nos contrées. Nous citerons principalement les observations de M. Lartet sur la grotte d'Aurignac (Haute-Garonne). La discussion minutieuse des faits l'a conduit à regarder cette grotte comme un lieu de sépulture. Pardevant, on remarque un foyer qui a dû servir aux repas des funérailles. C'est la station humaine la plus curieuse qui ait été observée.

Des silex taillés ont été aussi découverts dans des grottes aux environs d'Argenton, mélangés avec des débris d'animaux aujourd'hui disparus. M. le docteur Beaufort, de Saint-Benoît-du-Sault, en possède une collection remarquable. Enfin, M. A. Meillet, de Poitiers, a exploré les grottes de Chaffaud, sur les bords de la Charente (département de la Vienne), et y a trouvé, avec les ossements des grandes races antédiluviennes, de nombreux débris de l'industrie humaine, et, en particulier, des haches, des couteaux en silex, des os de divers animaux façonnés de manière à former des lances, des poinçons, des couteaux pour percer et soulever les peaux des animaux, etc.

Pour donner une idée de l'industrie de l'homme à cette époque reculée, nous avons représenté :

1° Une flèche en bois de renne *(fig. 316)* ;
2° Deux couteaux en silex *(fig. 317)* ;
3° Un glaive en silex *(fig. 319)* ;
4° Une scie en silex *(fig. 320)* ;
5° Une hache en silex *(fig. 321)* ;
6° Aiguille en corne de renne *(fig. 322)* ;
7° Poinçon en corne de cerf *(fig. 323)* ;
8° Polissoir en bois de cerf *(fig. 324)*.

En discutant les faits récemment découverts, MM. Boucher de Perthe, Lartet, etc., admettent l'existence de l'homme pendant toute l'époque quaternaire. Cette époque, que l'on appelle souvent aussi l'âge de pierre, parce que l'usage du bronze, du fer et des autres métaux était inconnu, se diviserait en trois périodes:

La première coïnciderait avec la formation des sédiments quaternaires. Les débris du diluvium de la Somme et de la grotte d'Aurignac lui appartiendraient.

La seconde correspondrait à l'extension considérable du froid en Europe; elle serait caractérisée par l'existence du renne dans nos contrées.

Dans la troisième, enfin, la température étant redevenue normale, l'homme se serait établi près des lacs; de là les nombreux débris des habitations lacustres de la Suisse, de l'Italie et surtout celles de la Suède.

Ce serait à cette période que l'on rattacherait le déluge biblique qui, du reste, n'a guère manifesté son action qu'aux environs des lieux où l'a placé l'écrivain sacré. Sans doute qu'il a coïncidé avec le soulèvement des Andes et de la pointe méridionale de la Morée. Depuis, il n'y a eu que des mouvements locaux qui ont été sans influence sur la configuration générale du sol.

Nous avons parcouru la longue série des formations sédimentaires. En même temps que nous avons signalé avec soin la marche de l'animalisation, nous nous sommes appliqué à fixer les circonstances dans lesquelles peuvent se rencontrer les substances que l'agriculteur emprunte au sein de la terre. Mais nous savons que les roches éruptives jouent un grand rôle dans la constitution de notre planète. Leur étude fera l'objet de la prochaine leçon.

III. — TERRAINS ÉRUPTIFS.

HUITIÈME LEÇON.

Les terrains éruptifs, par leur apparition aux diverses époques de l'existence de la terre, ont puissamment contribué à lui donner son relief actuel; leurs éléments désagrégés, puis entraînés par les eaux, entrent pour une large part, non-seulement dans la structure de l'écorce terrestre, mais encore dans la composition de la terre végétale.

Cette leçon comprendra les trois parties suivantes :
1° Éléments des roches éruptives ;
2° Description des terrains éruptifs ;
3° Des filons et des gîtes métallifères.

I. — Éléments des roches éruptives.

Ces éléments sont très-variés dans leur aspect. Aussi, leur étude complète offre-t-elle des difficultés sérieuses; il n'en est plus de même lorsque l'on ne veut considérer, comme nous nous proposons de le faire, que les traits saillants et véritablement importants à connaître.

ÉLÉMENTS CHIMIQUES CONSTITUANTS. — Les éléments chimiques des roches éruptives sont peu nombreux. On n'y rencontre guère qu'un seul acide ; l'acide silicique. Ce corps joue dans la nature minérale un rôle analogue à celui du carbone dans la nature organique; de même que le carbone combiné à l'oxygène, l'hydrogène et l'azote donne toutes les substances qui forment les organes des animaux et des plantes, de même l'acide silicique, en s'unissant en proportions variées à un petit nombre de bases, constitue toutes les masses plutoniques.

Les bases les plus répandues, sont : la potasse, la soude, la chaux, la magnésie et l'oxyde de fer. Une remarque importante, c'est que la potasse et la soude existent surtout dans les silicates à base d'alumine, tandis que la chaux se trouve généralement dans les silicates à base de magnésie. L'importance de la potasse dans l'agriculture et l'industrie a provoqué les recherches de procédés propres à l'extraire de certaines roches éruptives; jusqu'ici, ils n'ont pas franchi les laboratoires. Mais en divers lieux et principalement en Allemagne dans le voisinage de divers volcans, on utilise comme amendements et à la place des cendres les portions friables de certains silicates à base d'alumine. Il n'est pas douteux que cet usage doive se généraliser; car c'est un moyen précieux de restituer la potasse enlevée par les récoltes successives. Les portions granitiques du département de l'Indre pourraient sans doute en fournir en échange de la chaux qui leur manque.

La combinaison des éléments chimiques dont nous venons de parler a donné naissance à un grand nombre de minéraux. Voici le tableau de ceux qui sont indispensables à l'étude des terrains éruptifs :

Tableau des Minéraux constituant les Roches éruptives.

		ÉLÉMENTS CHIMIQUES.	FORMULES MINÉRALOGIQUES.
	Quartz............	Acide silicique............	Si.

Silicates alumineux.

	Kaolins............	Acide silicique et alumine....	Pas de formule à cause de la variabilité des éléments constituants.
	Argiles............	Mêmes éléments et petites quantités de potasse, de soude, de chaux et d'oxyde de fer.....	
FELDSPATHS	*Orthose*............	Silicate d'alumine et de potasse renfermant une petite quantité de soude................	$3\ Al\ Si^4 + (K\ Na)\ Si^3.$
	Albite............	Silicate d'alumine et de soude renfermant un peu de potasse.	$3\ Al\ Si^3 + (Na\ K)\ Si^3.$
	Oligoclase...........	Silicate d'alumine et de soude renfermant de la potasse et de la chaux en petite quantité..	$3\ Al\ Si^2 + (Na\ K\ Ca)\ Si^3.$
	Labrador...........	Silicate d'alumine et de chaux.	$3\ Al\ Si + Ca\ Si^3.$
	Anortite...........	Silicate d'alumine et de chaux renfermant de la potasse et de la soude................	$3\ Al\ Si + (Ca\ K\ Na)\ Si.$
	Amphigène..........	Silicate d'alumine et de potasse.	$3\ Al\ Si^2 + K\ Si^2.$

Silicates trappéens.

SILICATES DE MAGNÉSIE.	*Talcs*.............	Silicate de magnésie hydraté..	$3\ Mg^2\ Si^3 + 2\ aq.$
	Stéatite...........	Silicate de magnésie hydraté...	$3\ Mg^2\ Si^3 + 2\ aq.$
	Serpentine..........	Silicate de magnésie contenant de la chaux et du fer......	$(Mg\ Ca\ fe)\ Si + aq.$
	Péridot............	Silicate de magnésie et de fer.	$(Mg\ fe)\ Si.$
PYROXÈNES et AMPHIBOLES	*Pyroxène diopsiole*.....	Silicate de chaux et de magnésie.	$Ca\ Si^2 + Mg\ Si^2$
	Pyroxène augite.......	Silicate de chaux et de fer....	$Ca\ Si^2 + fe\ Si^2.$
	Diallage...........	Silicate de magnésie contenant de la chaux et de l'oxyde de fer.	$(Mg\ Ca\ fe)\ Si^2.$
	Amphibole..........	Silicate de chaux et de fer.....	$Ca\ Si + 3\ fe\ Si^2.$

Silicates complexes.

	Micas.............	Composition très-complexe; on y trouve: silice, alumine, fer, potasse, magnésie, fluor.....	$(Al\ fe\ K\ Mg)\ Si\ Fl.$

Les formules minéralogiques que nous venons de donner sont loin d'être invariables ; elles sont vraies seulement pour les plus beaux échantillons présentant une pureté exceptionnelle ; dans la plupart des cas, la présence de substances accidentelles modifie la composition type.

Nous allons décrire chacune de ces espèces, en insistant sur celles dont nous n'avons pas parlé dans le Chapitre premier et en fournissant pour les autres les caractères que nous avons dû omettre alors.

I. — QUARTZ.

Silice.

Le quartz se présente sous des aspects si variés, que, dans les grandes collections, il est représenté par plus de quatre cents échantillons tous parfaitement distincts. Dans tous les cas, on le reconnaît aux caractères suivants :

Il est inattaquable par les acides, infusible au chalumeau, fusible seulement au chalumeau à gaz oxygène et hydrogène, n'est pas rayé par l'acier, raye le verre. Cette grande dureté explique pourquoi le quartz est fort répandu dans les roches éruptives et sédimentaires. — Il fait feu avec l'acier, et toutes les roches qui en contiennent une certaine quantité à l'état libre possèdent aussi cette propriété.

Les variétés principales sont :

1° Quartz cristallin ;
2° Agathes et Jaspes ;
3° Quartzites ;
4° Silex, — Meulières, — Quartz terreux.

I. Quartz cristallin, — Quartz hyalin, — Silice pure. — Les cristaux de quartz sont des prismes à six pans terminés par des pyramides à six faces. Ces faces sont en général inégalement développées, et, par suite, les pans n'ont pas les mêmes dimensions. Ces pans sont striés transversalement; c'est là un caractère tout-à-fait distinctif.

Ce quartz sert à la confection de lunettes d'un grand prix; à l'état de sable, on l'emploie dans la confection du verre et du cristal. Enfin, certaines variétés sont employées en bijouterie. Celles qui ont le plus de valeur sont:

Le quartz violet (améthiste). Une petite quantité de manganèse lui donne sa couleur.

Le quartz jaune du Brésil (fausse topaze). Une petite quantité de fer le colore.

Le quartz aventuriné. C'est un quartz mélangé de petites paillettes de mica.

II. AGATHES et JASPES. — Ces deux variétés, moins pures que le quartz hyalin, présentent des couleurs vives et variées. Les agathes en plaques minces sont transparentes, ce qui n'a pas lieu pour les jaspes, plus chargés de matières colorantes, bien que conservant une grande dureté.

Les plus belles variétés d'agathe viennent de l'Inde; celles de Bavière sont aussi fort estimées. Elles se présentent sous forme de rognons et de nodules, offrant parfois des zones de diverses couleurs (onyx). — Celles qui ont le plus de valeur dans la bijouterie sont la cornaline, d'un blanc laiteux, la calcédoine jaunâtre ou rougeâtre et la chrisoprase verte.

Les jaspes se trouvent dans les mêmes conditions de gisement que les agathes, mais en masses plus considérables sous forme de dykes ou de filons. On recherche surtout le jaspe rouge, le jaspe vert foncé parsemé de rouge et les jaspes zonés de rouge, jaune, vert, etc.

On trouve dans le département de l'Indre, près de Clion, une roche qui se rapproche beaucoup du jaspe et qui pourrait être employée dans l'ornementation.

III. QUARTZITES.— Ce sont des quartz d'un blanc laiteux, d'une texture serrée et homogène, d'une grande dureté, constituant des blocs irréguliers dont la structure présente des indices de cristallisation. On en trouve beaucoup aux environs de Saint-Benoît-du-Sault. On les utilise comme pierres réfractaires, comme pierres meulières de moulins à blé et surtout comme matériaux de construction d'une résistance exceptionnelle.

IV. Silex, — Meulières, — Quartz terreux. — Le silex a pour caractère spécial de posséder une texture compacte qui, dans le silex pyromaque (pierre à fusil), a une finesse extrême. — Les cailloux si abondants dans les alluvions anciennes de l'Indre appartiennent à cette catégorie.

La meulière est un silex essentiellement caverneux, formant, comme nous l'avons vu, des couches puissantes dans certains terrains sédimentaires.

Le quartz terreux est de la silice pulvérulente ; c'est lui qui constitue l'enduit blanc enveloppant les rognons de la craie. Le plus important se rencontre en Bohême, dans le Hanovre ; on l'emploie sous le nom de tripoli pour polir les métaux, il est formé en grande partie par des débris d'infusoires microscopiques.

Ce quartz forme le passage à la silice pulvérulente, soluble dans les acides, qui existe dans les terres arables et qui entre dans la composition de certaines plantes, par exemple, des fougères, des bruyères et des graminées.

SILICATES ALUMINEUX.

II. — KAOLINS, — ARGILES.

Les argiles, bien que douées d'une composition variable, ont des propriétés tellement caractéristiques, qu'on ne peut les confondre avec aucune autre espèce minérale.

Lorsqu'elles ont été desséchées au soleil, elles sont très-avides d'eau ; aussi, happent-elles à la langue. Elles possèdent une odeur spéciale qu'elles dégagent fortement lorsque la pluie les mouille après la sécheresse. Mises en contact avec l'eau, elles s'y désagrègent et forment une pâte quand la quantité d'eau n'est pas trop grande. Cette propriété constitue la plasticité de l'argile, c'est-à-dire la faculté de prendre des formes très-variées et assez résistantes. On dit que la pâte est longue lorsque roulée elle s'allonge et ne se rompt que sous un poids assez fort; la pâte est courte lorsque, dans les mêmes circonstances, elle casse plus facilement. Un pétrissage prolongé avec une quantité d'eau convenable augmente la longueur de la pâte. — En délayant les argiles dans une grande quantité d'eau, elles se divisent en particules extrêmement ténues, qui se déposent lentement, ce qui permet de les purifier et de les séparer des cailloux, des sables, etc., qu'elles renferment.

Les argiles desséchées à la température ordinaire sont tantôt dures, tantôt douces; elles sont toujours très-tendres et s'écrasent facilement sous les doigts. — Leur couleur est variable; l'oxyde de fer les colore en jaune ou en rouge; le carbone, parfois le bitume, les rend brunes ou noires; le silicate de fer les teint en vert.

Voici la composition générale des argiles :

    Alumine............... 18 à 39 0/0.
    Silice................. 42 à 66 0/0.
    Eau................... 6 à 24 0/0.

Mais cette simplicité de composition est toujours altérée par des substances accidentelles dont les plus fréquentes sont: le quartz, le feldspath, le mica, parfois le carbonate de chaux. — La plupart des argiles sont attaquables par les acides, surtout lorsqu'elles ont été desséchées à 300°. Ainsi, les argiles blanches nuancées de jaune du département de l'Indre (Brenne et environs d'Ardentes) sont complètement décolorées, surtout à chaud, par l'acide chlorydrique qui en dissout l'oxyde de fer. Cette propriété permettrait d'utiliser ces argiles pour la confection des poteries fines. Mais c'est surtout l'acide sulfurique qui attaque les argiles en se combinant avec l'alumine; aussi, plusieurs argiles blanches sont-elles maintenant employées à fabriquer du sulfate d'alumine et surtout de l'alun. D'après M. Mitscherlish, les argiles contiennent toujours de la potasse qui, parfois, s'élève à 4 0/0.

On sait que les argiles sont employées à la confection des poteries. — Les plus pures fournissent la porcelaine et les faïences fines; leur infusibilité les rend précieuses pour la confection des briques réfractaires, des fourneaux, des creusets, des cornues à gaz, etc. Elles sont une source de richesses pour les pays qui les possèdent.

Parmi les variétés d'argile, on doit distinguer : 1° les kaolins; 2° les argiles plastiques; 3° les argiles smutiques ou terres à foulon.

1° KAOLINS. — Le gisement des kaolins est lié aux roches feldspathiques éruptives. On les trouve en veines, filons, dikes et amas dans les pegmatiques, les granits ou les porphyres. — Les kaolins sont des argiles à pâte courte, mais très-fine; par la cuisson, ils donnent des biscuits translucides sur les bords.

Voici, d'après M. Salvetat, la composition de quelques kaolins :

	Silice.	Alumine.	Potasse et soude.	Eau.
Saint-Yriex, près Limoges..	48,0	37,0	2,5	13,10.
Nièvre..................	49,0	36,0	1,6	12,60.
Bretagne................	48,0	36,0	2,0	13,00.
Chine...................	40,5	33,7	1,9	11,20.

C'est la potasse et la soude qui, sous l'influence d'un violent coup de feu, provoquent un commencement de fusion et rendent les biscuits translucides.

2° ARGILE PLASTIQUE. — Presque toutes les argiles du département de l'Indre appartiennent à ce groupe. Parfois, elles sont assez pures pour servir à faire des briques réfractaires ; le plus souvent, on les emploie à la confection de briques ordinaires ou de poteries grossières. Leur composition est très-variable ; elles sont généralement colorées en jaune et en rouge par de l'oxyde de fer ; elles renferment toujours de la silice et de l'alumine avec de l'eau combinées.

3° ARGILES SMUTIQUES OU TERRES A FOULON. — Ces argiles contiennent plus d'eau combinée que les argiles plastiques ; elles sont très-douces au toucher, se délaient mal dans l'eau, mais absorbent les corps gras avec facilité ; aussi, les emploie-t-on dans ce but pour le foulage des draps. — On en trouve aux environs d'Argenton.

Aux argiles, se rattachent les ocres employés comme couleurs. Ce sont des argiles fortement colorées en jaune et en rouge par l'oxyde de fer ; elles ne sont pas rares dans la Brenne ; un simple lavage, suivi d'une décantation, suffirait pour donner de fort belles nuances.

III. — FELDSPATHS.

Tous les feldspaths ont un certain nombre de caractères communs : 1° ils sont fusibles à une température élevée, ce que l'on constate au moyen du chalumeau ; 2° leur dureté, inférieure à celle du quartz, est cependant supérieure à celle de tous les minéraux communs ; 3° leur structure est lamelleuse, ce qui les distingue du quartz ; 4° ils sont en général peu colorés ; leur couleur varie depuis le blanc limpide ou mat jusqu'au rose et au rougeâtre ou jaunâtre, etc. ; 5° les acides ne les attaquent pas.

Les principaux felspaths sont : *l'orthose*, *l'albite*,

l'*oligoclase*, le *labradorite ;* nous y rattacherons deux espèces qui en sont assez voisines : l'*anortite* et l'*amphigène*.

1° Feldspath orthose.—C'est le plus répandu de tous les feldspaths ; il forme l'un des éléments essentiels et prédominants des roches de refroidissement et d'épanchement ; la plupart des laves des volcans actuels sont encore à base de feldspath orthose.

Ses couleurs les plus fréquentes sont le blanc, le rosé, le rouge, le jaunâtre et le bleu ; il est toujours lamelleux.

Voici la composition chimique de l'orthose :

Silice.....................	65,70
Alumine..................	18,18
Potasse...................	14,14
Soude....................	1,44
Chaux....................	traces.

La soude entre pour une petite quantité dans tous les feldspaths orthoses, mais elle y est toujours beaucoup moins abondante que la potasse.

Il existe deux variétés d'orthose qu'il importe de connaître ; ce sont :

1° Les *ryacolites*, caractéristiques des roches trachytiques et que l'on peut extraire facilement par le lavage des portions de ces roches qui sont friables. Exemple : Mont-d'Or, en Auvergne.— Les cristaux de ryacolite sont vitreux et translucides, fendillés comme les substances refroidies subitement après avoir été portées au rouge ;

2° Le *pétrosilex*. — Cette variété compacte, non cristallisée, présente une grande finesse de grain, une cassure esquilleuse et céroïde qui la caractérise ; elle pourrait être confondue avec certains quartz si elle n'était pas fusible, plus fusible même au chalumeau que le feldspath ordinaire.

L'orthose est employée pour faire la couverte des porcelaines et les boutons dits de porcelaine. L'agriculture en tirera sans doute un grand parti.

2° FELDSPATH ALBITE. — C'est un feldspath dans lequel la potasse est remplacée en presque totalité par la soude comme l'indique l'analyse suivante :

Silice	67,90
Alumine	19,61
Soude	11,12
Chaux	0,66
Potasse	traces.

Il est beaucoup moins répandu que l'orthose, dont il ne diffère que par la cristallisation, caractère assez délicat à apprécier. Les premiers échantillons observés étaient d'un blanc mat; de là, le nom d'albite. Les plus beaux viennent du Dauphiné, du Tyrol et du Saint-Gothard.

3° FELDSPATH OLIGOCLASE. — C'est un feldspath moins silicaté que les précédents et renfermant à la fois de la chaux, de la soude et de la potasse, ainsi que l'indique l'analyse suivante :

Silice	63,70
Alumine	23,95
Chaux	2,55
Soude	8,15
Potasse	1,20

Les cristaux types viennent d'Arendal en Norwège; ils sont d'un gris jaunâtre. Quand l'orthose et l'oligoclase sont associés dans un granit, c'est le dernier qui est le moins coloré. Du reste, ils possèdent les mêmes propriétés et ne peuvent se distinguer que par le mode de cristallisation.

4° FELDSPATH LABRADORITE. — Il contient encore moins

de silice que les précédents. Les analyses ont donné assez constamment :

Silice	55,75
Alumine	26,50
Chaux	11,25
Soude	4,50
Oxyde de fer	1,25
Potasse, magnésie	traces.

On le trouve principalement sur la côte du Labrador, sous forme de masses lamelleuses, cristallines, assez belles pour qu'on les emploie dans l'ornementation. Il entre également dans la composition des roches éruptives où dominent les bases (mélaphyres, basaltes); les échantillons ont parfois une compacité et une ténacité remarquables, qui leur ont mérité le nom de Jade feldspathique.

Observons que ce feldspath est attaqué totalement par une digestion prolongée dans l'acide chlorhydrique.

5° ANORTITE. — C'est une substance accidentelle que l'on trouve dans certaines laves associée au pyroxène. Exemple : somma du Vésuve. Elle est d'un blanc mat et lithoïde ; ses cristaux sont vitreux et limpides. — Dans sa composition entrent la silice, l'alumine, la chaux et de petites quantités de potasse et de soude.

6° AMPHIGÈNE. — Cette substance, qui est un silicate double d'alumine et de potasse, est parfaitement distincte des feldspaths. Sa propriété physique caractéristique consiste dans la force trapezoïdale de ses cristaux. Elle existe surtout dans les volcans anciens et accidentellement dans les volcans modernes.

SILICATES TRAPPÉENS.

Ces roches ne contiennent pas d'alumine, ou du moins

elle ne s'y trouve qu'à l'état de mélange. — Les bases dominantes sont la chaux, la magnésie, le protoxyde de fer. — Le quartz est beaucoup moins abondant dans les silicates trappéens que dans les silicates alumineux précédents.

IV. — TALC. STÉATITE.

On ne peut pas séparer l'étude de ces deux substances à cause de leur grande ressemblance. Elles contiennent en proportion variable de la silice combinée à la magnésie, à l'oxyde de fer et à l'eau. Dans quelques échantillons, il y a des traces de potasse, de soude et de fluor.

Le talc est d'un blanc verdâtre plus ou moins foncé, la poussière en est toujours plus blanche que la masse. — Quand il est pur, ce qui est rare, il est lamelleux, translucide, en veines et nodules; le plus souvent, il est disséminé dans les protogynes et les stéaschistes. Dans tous les cas, son éclat est un peu nacré et gras; il est doux et onctueux au toucher et se laisse rayer par l'ongle.

Les stéatites possèdent la plupart des propriétés du talc; cependant, elles ne sont jamais cristallisées; leur structure est compacte, parfois fibreuse. Enfin, elles sont plus abondantes que le talc et s'isolent en masses assez considérables.

Le talc et surtout la stéatite ont plusieurs applications intéressantes. Sous le nom de *Craie de Briançon*, les tailleurs les emploient pour tracer sur les étoffes; réduites en poudre, on les utilise pour adoucir les frottements (savon de bottes), pour confectionner le fard et les crayons de Pastel. — La stéatite compacte est utilisée comme pierre réfractaire; elle peut être tournée et on en confectionne des vases, des plats, des assiettes qui résistent bien au feu; elle peut être sculptée et sert aux Chinois à fabriquer les figurines connues sous le nom de magots.

V. — SERPENTINE.

La serpentine est toujours d'une couleur verte plus ou moins foncée, parfois tirant sur le noir et d'un aspect céroïde. Dans quelques cas elle renferme des substances accidentelles qui se détachent nettement sur la masse, de manière à lui donner quelque ressemblance avec la peau d'un serpent. Une pointe de fer la raye.

La composition de la serpentine est très-variable, même quand elle est sous forme de rognons et de veines, ce qui constitue la serpentine noble. Elle renferme :

Silice.................. 40 à 45.
Magnésie.............. 35 à 38.
Protoxyde de fer....... 2 à 7.
Eau................... 12 à 13.

Dans la serpentine roche, il y a plus de protoxyde de fer et parfois du manganèse. Quelques variétés sont colorées en rouge par le sesquioxyde de fer. — Comme la serpentine est peu fusible, elle constitue des pitons et des montagnes qui semblent être sorties de terre à l'état solide; quand elle a traversé des calcaires, elle s'y est intercalée d'une manière intime, ce qui a donné les marbres serpentineux exploités dans les Pyrénées, en Corse et en Italie. — Du reste, quand elle est compacte, on en fait des cheminées, des vases, des plaques, des socles, etc.

VI. — PÉRIDOT.

Le péridot est translucide, d'une couleur vert-olive; sa dureté est assez grande pour rayer le verre. Il est infusible au chalumeau et se dissout en gelée dans l'acide chlorhydrique. Voici sa composition :

Silice..................... 40
Magnésie................. 44
Protoxyde de fer........... 16

Il abonde dans les roches basaltiques et s'y présente sous forme de grains vitreux et translucides connus sous le nom d'olivines. Certains volcans modernes (île Bourbon) donnent des laves très-péridotiques.

Les plus beaux cristaux de péridot viennent de l'Inde ; ils sont utilisés comme gemmes et atteignent un prix assez élevé lorsqu'ils ont une teinte riche et une belle eau.

VII. — PYROXÈNES.

Les pyroxènes et les amphiboles contiennent également de la silice unie aux trois bases : chaux, magnésie et protoxyde de fer. Ils se distinguent nettement entre eux par leurs caractères cristallographiques ; les amphiboles, plus riches en silice, s'unissent fréquemment au quartz et aux feldspaths orthose et albite ; les pyroxènes moins silicatés s'unissent de préférence au feldspath Labrador et à l'amphigène ; aussi, les conditions de gisement de ces deux genres de minéraux sont essentiellement différentes, et la présence bien constatée de l'un d'eux exclut l'autre. Disons encore que les pyroxènes sont en général plus riches en chaux et les amphiboles plus riches en magnésie.

On distingue deux variétés de pyroxènes : 1° le *pyroxène diopside ;* 2° le *pyroxène augite.*

I. Pyroxène diopside. — Il est translucide, d'un vert plus ou moins foncé, est rayé par le quartz et le feldspath, fusible au chalumeau et inattaquable par les acides.

En voici une analyse :

Silice....................	54,64
Chaux....................	23,90
Protoxyde de fer..........	3,08
Magnésie.................	18 »

Le diopside compacte ou lamelleux constitue certaines roches des Pyrénées qui sont d'un vert foncé.

Certaines variétés de diopside contiennent de fortes proportions de protoxyde de fer, et forment le passage en pyroxène augite.

II. Le Pyroxène augite est d'un vert noirâtre, d'une texture lithoïde; il est rayé par le quartz, fusible au chalumeau, peu attaquable par les acides. Voici sa composition, tirée des cristaux du Vésuve:

      Silice 52,36
      Chaux.................... 22,19
      Magnésie 4,99
      Protoxyde de fer......... 17,38

Ce corps est l'élément constituant et souvent dominant des roches basaltiques; parfois il s'isole en cristaux et donne à ces roches un aspect porphyroïde. — On le nomme souvent pyroxène des volcans, parce que les laves des volcans éteints ou en pleine activité en contiennent une forte proportion.

VIII. — AMPHIBOLES.

Les amphiboles présentent de nombreuses variétés que l'on peut rattacher aux deux suivantes: 1° *amphibole blanche;* 2° *amphibole verte ou noire.*

I. Amphibole blanche (tremolite, grammatite). — Cette amphibole, fusible au chalumeau, est un émail blanc et inattaquable par les acides. La variété pure est relativement rare et se trouve surtout au Saint-Gothard. Voici sa composition:

      Silice.................... 58,07
      Chaux................... 12,99
      Magnésie 24,46
      Oxyde de fer............. 1,90

A l'amphibole blanche se rattachent l'asbeste et l'amiante. Ce sont des minéraux fibreux et plus ou moins flexibles. Dans l'asbeste, les fibres sont serrées et soudées ensemble; dans l'amiante, elles sont, au contraire, indépendantes et comparables à l'étoupe de lin ou même à la bourre de soie et de coton.— Lorsque les fibres de l'amiante sont longues, on peut les tisser seules ; lorsqu'elles sont courtes, on les mélange avec du chanvre et du coton ; puis, on passe l'étoffe au feu, le chanvre ou le coton brûle et il reste un tissu entièrement composé d'amiante, et, par suite, incombustible. De là, quelques usages de l'amiante qui n'ont pas pris de développement: fabrication de papier, de mèches et d'étoffes qui se nettoient en les exposant à l'action d'une flamme vive.—L'amiante est surtout employée dans les laboratoires pour filtrer les liquides qui attaquent la cellulose.

II. Amphibole verte (actinote) ou noire (hornéblende). — Les diverses variétés sont d'un vert plus ou moins foncé, suivant la proportion d'oxyde de fer qu'elles renferment; quand cette proportion atteint 20 0/0, la couleur est noire. Elle sont fusibles au chalumeau. — L'amphibole verte est souvent fibreuse et radiée; elle abonde surtout dans quelques roches de la Suède et de la Norwège.

L'amphibole hornéblende est d'un vert foncé ou noire. Voici la composition de cristaux tout-à-fait noirs:

Silice....................	57,60
Protoxyde de fer	22,67
Magnésie.................	7,85
Chaux....................	9,56

Les amphiboles noires appartiennent en général aux terrains volcaniques, les vertes aux terrains granitiques.

Remarque sur les pyroxènes et les amphiboles.— Nous avons vu que les pyroxènes renferment 22 à 23 0/0 de chaux; les amphiboles, de 9 à 12. Ces roches sont donc précieuses pour fournir l'élément calcaire aux pays éruptifs qui les possèdent, pourvu qu'elles se délitent facilement à l'air. — Les pyroxènes sont assez résistants; mais, le plus souvent, les amphiboles sont promptement décomposables.

IX. — DIALLAGE.

Le diallage se rapproche des amphiboles par sa composition, dans laquelle il entre de la silice, de la magnésie, de la chaux et du protoxyde de fer. Il est également fusible au chalumeau, mais se décolore en fondant. Les acides ne l'attaquent pas. Ce qui le distingue, c'est la texture lamelleuse au moins dans un sens. Du reste, sa couleur est toujours d'un vert plus ou moins foncé, souvent bronzé.

Il est principalement disséminé dans certaines serpentines et leur communique parfois des qualités précieuses pour l'ornementation.

SILICATES ALUMINEUX COMPLEXES.

X. — MICA.

Les micas sont faciles à reconnaître; ils sont divisibles en lames minces, flexibles et élastiques, d'un éclat brillant et semi-métallique; du reste, leur couleur est très-variable.

On peut les diviser en deux groupes :

I. MICAS MAGNÉSIENS. — Ils renferment 16 à 25 0/0 de magnésie, 11 à 16 0/0 d'alumine, 8 à 10 0/0 de potasse.

II. MICAS NON MAGNÉSIENS. — Point de magnésie, 25 à 37 0/0 d'alumine, 8 à 10 0/0 de potasse.

Quand les micas sont à peu près purs, ils constituent les micaschistes; mais ils sont surtout importants à considérer comme éléments des granits. On en trouve aussi dans quelques porphyres et quelques trachytes. Ces détails suffisent pour compléter ceux qui ont été donnés sur ces substances dans la première leçon.

II. — Description des Terrains éruptifs.

DE L'AGE DES ROCHES ÉRUPTIVES.

La détermination de l'âge des roches éruptives présente de grandes difficultés; on n'a plus pour se guider ni la stratification, ni les fossiles qui rendent de si grands services dans l'étude des roches sédimentaires. On se laisse diriger par les considérations suivantes:

1° Une roche éruptive est plus ancienne que la couche sédimentaire qui la recouvre. Ce fait est évident. C'est ainsi qu'en Auvergne on voit des couches de la période éocène reposer sur certaines roches éruptives;

2° Il est arrivé que certaines roches éruptives se sont intercalées parfois sur de vastes espaces entre des couches sédimentaires déjà formées. On reconnaît qu'il en est ainsi aux actions métamorphiques qui ont altéré les roches aqueuses; l'altération va en diminuant à mesure que l'on s'éloigne du centre de l'intrusion;

3° Si l'on rencontre dans une roche éruptive des fragments appartenant à une roche sédimentaire, il est clair que celle-ci était déjà formée avant l'épanchement.

On pourrait croire que les mêmes caractères minéralogiques suffiraient pour indiquer des roches contemporaines; mais il n'en est rien, car l'observation prouve que les granits, par exemple, sont apparus à diverses époques géologiques; de plus, des roches de composition différente ont pu surgir dans la même période. Toutefois, pour la facilité de l'étude, nous adopterons les divisions suivantes, qui représentent assez bien l'âge relatif de la majorité des roches éruptives :

1° Terrain granitique, correspondant à la période de transition ;

2° Terrain porphyrique, correspondant à la période secondaire ;

3° Terrain volcanique, correspondant aux périodes tertiaires, quaternaires et actuelles.

I. — TERRAIN GRANITIQUE.

Roches constituantes. — Les roches de ce terrain sont toutes formées de minéraux cristallins à l'état isolé. Ce sont :

1° Les granits, composés de feldspaths, de quartz et mica ;

2° Les progynes, formées de feldspaths, quartz et talc ;

3° Les syénites, composées de feldspahts, quartz et amphiboles.

Ces trois roches principales donnent naissance à de nombreuses variétés qui tiennent à la proportion des substances constituantes, à la composition variable des feldspaths et aux dimensions relatives des éléments cristallins.

Le quartz est toujours en grains translucides.

Le mica, le talc et l'amphibole possèdent les caractères qui leur sont propres.

Les feldspaths dominent en général ; ils sont en cristaux lamelleux définis. C'est l'orthose qui est le plus fréquent ; cependant on rencontre, principalement dans les roches granitoïdes à grandes parties, de l'albite et de l'oligoclase en proportion variable.

Types des roches granitiques. — La France fournit de bons types des roches granitiques. Ainsi :

Le plateau central présente aux environs de Limoges des

granits quartzeux, passant souvent aux pegmatites (granits sans mica) et aux roches kaolineuses.

Le Forez offre des granits quartzeux, à petits grains, très-micacés, passant aux protogynes.

Dans le Morvan, on trouve des variétés porphyroïdes à grands cristaux.

Dans les Vosges, les granits sont pauvres en quartz, à feldspaths multiples ; on y trouve aussi des syénites.

Enfin, dans les Alpes et les Pyrénées, chaque pic présente une variété différente.

Age des granits. — Le granit est considéré comme la roche primordiale par excellence. Toutefois il s'est encore épanché à diverses époques.

Les granits les plus anciens sont les granits quartzeux ; ils servent de support au gneiss et aux couches métamorphiques.

Les granits moins riches en quartz, à grands cristaux et à feldspaths multiples, sont plus récents ; ils traversent sous forme de dikes et de pitons, non-seulement les terrains de transition, mais encore ceux de la période secondaire. — La syénite en paraît contemporaine ; dans certains lieux, elle traverse le lias et le recouvre.

Les protogynes appartiennent presque exclusivement au Mont-Blanc ; c'est la moins âgée des roches granitoïdes éruptives, puisque son apparition paraît postérieure à la période éocène.

Roches enveloppantes. — Les roches qui enveloppent ou accompagnent les granits proprement dits sont les gneiss et les micaschistes. Pour les syénites, ce sont des gneiss ou schistes amphiboliques ; enfin, les protogynes sont revêtues de gneiss talqueux ou de stéaschistes.

Usages des granits. — Les granits donnent d'excellentes

pierres d'appareil. Ainsi, à Paris, les trottoirs sont en granits gris et rose de Normandie; le granit gris de Laber (Bretagne) a fourni le soubassement de l'obélisque de Louqsor, qui est lui-même en granit rose d'Egypte.

Le granit antique, qui vient presque toujours de l'Égypte, est utilisé pour la confection des statues, colonnes, vases, etc.; il contient du feldspath rouge, uni à 1/10e de quartz en grains translucides et à 1/10e de mica noir en veines réticulées.

Les syénites des Vosges, composées de feldspath rouge et gris-jaunâtre, avec de l'amphibole verte-noirâtre et très-peu de quartz, rivalisent avec le granit antique.

Enfin, les pegmatites paraissent l'origine du kaolin employé pour faire la porcelaine.

II. — TERRAIN PORPHYRIQUE.

Le terrain porphyrique correspond à peu près à la période secondaire.

ROCHES CONSTITUANTES. — Les roches constituantes sont très-variées, et il est important de remarquer qu'elles sont d'autant plus riches en silice que leur époque d'émission est plus ancienne.

On peut les diviser en quatre groupes :
1° Les porphyres;
2° Les diorites;
3° Les trapps;
4° Les serpentines.

On peut les caractériser comme il suit :

I. PORPHYRES. — Tous les porphyres sont constitués par une pâte feldspathique sur laquelle se dessinent des cristaux de feldspath mélangés d'une quantité variable de quartz. Les principales variétés sont :

1° Les *porphyres quartzifères* (Elvan). — Ils sont formés

d'une pâte felspathique avec un excès de silice dans laquelle s'isolent des cristaux de feldspath et le quartz en petits grains cristallins et arrondis; on y remarque accidentellement des cristaux de mica, de tourmaline et d'amphiboles. Le feldspath dominant est l'orthose ; l'albite s'y rencontre quelquefois associé à l'oligoclase ;

2° Les *porphyres feldspathiques*.—Ils sont constitués par une pâte feldspathique dans laquelle s'isolent des cristaux de feldspath et accessoirement de petits cristaux d'amphibole et de mica. Le feldspath dominant est l'oligoclase ; dans les porphyres plus récents, c'est le Labrador ;

3° L'*eurite*.— C'est une pâte feldspathique sans cristaux, riche en silice, dont elle se distingue par sa fusibilité ;

4° Le *pétrosilex*.— L'eurite prend le nom de pétrosilex quand sa pâte est très-compacte ; il a l'aspect cireux et est un peu plus fusible que le feldspath.

II. DIORITES. — Ce sont des roches granitoïdes de passage. D'un côté, elles se lient aux syénites, les plus anciennes roches amphiboliques, et de l'autre aux trapps. Elles sont formées d'orthose, d'albite et d'oligoclase associés à l'amphibole noire. Les éléments constituants sont toujours visibles à la loupe.

III. TRAPPS.— Ces roches, compactes, sont ordinairement vertes ou noires, d'une faible dureté. Elles ne contiennent point de quartz et sont assez fusibles. — Dans leur constitution, entrent l'orthose, ou l'albite mélangés avec de l'amphibole noire ; ces éléments ne sont point séparés ni visibles à la loupe. Cependant, l'amphibole s'isole quelquefois avec la structure fibreuse et radiée qui la caractérise. Presque toujours, les feldspaths sont moins abondants que l'amphibole.

On peut dire que les trapps offrent un aspect et une composition différents dans tous les pays où on les rencontre.

IV. Serpentines. — Ces roches, comme nous l'avons déjà dit, sont formées de silice, de magnésie et d'oxyde de fer. Elles sont peu fusibles et d'une couleur verte plus ou moins foncée.

1° PORPHYRES.

Structure. — Ces roches ont dû faire leur apparition dans un état de fusion avancé. Aussi se présentent-elles sous formes de masses irrégulières, composées de blocs sans formes déterminées; parfois, cependant, les fissures de retrait, lors de la solidification, ont donné naissance à une structure prismatique, ou globulaire à couches concentriques. On les trouve dans les pays de montagnes, constituant des dykes, des masses arrondies et des buttes isolées, et elles contribuent au relief du sol tant par leurs saillies que par les bouleversements qui ont accompagné leur apparition.

Types. — On trouve des types de porphyre en France (plateau central et Vosges), en Saxe, dans la Suède et la Norwège. Dans les Pyrénées, on trouve surtout des ophites, roches vertes avec un caractère tout-à-fait amphibolique.

Les environs d'Autun, de Roanne, de Clermont, etc., présentent le porphyre quartzifère.

On rencontre ce même porphyre dans les Vosges mélangé à des porphyres feldspathiques, des eurites, des trapps et des mélaphyres, roches composées de feldspath Labrador et de pyroxène vert foncé.

Les porphyres de Suède et de Norwège sont fort beaux; leur pâte est très-serrée, rougeâtre, brune et même noirâtre, et est parsemée de petits cristaux blancs ou jaunes qui sont sans doute de l'oligoclase.

Age des porphyres. — Les porphyres quartzifères qui

sont les plus anciens, paraissent être contemporains du grès rouge et du grès bigarré. C'est à la décomposition d'un porphyre quartzifère rouge que l'on peut attribuer la formation de la partie inférieure du terrain permien des Vosges.

Les porphyres feldspathiques sont un peu postérieurs, mais ne paraissent pas avoir dépassé le trias.

Roches de contact. — Sur le contour des roches porphyriques, on trouve des masses qui forment le passage entre les roches éruptives et les véritables roches sédimentaires. Ce sont des conglomérats ayant l'aspect bréchiforme et parfois prismatique. Dans d'autres cas, ils ressemblent à de l'argile durcie (argilophyre); leur pâte grenue et terreuse contient quelques cristaux.

Applications. — Les porphyres sont susceptibles d'un beau poli et donnent des matériaux pour l'ornementation. Les plus remarquables sont: les porphyres de Suède, de Norwège et ceux des Vosges qui contiennent accidentellement des cristaux d'amphibole et de mica; — le porphyre rouge antique, qui est un véritable argilophyre, et le porphyre vert antique d'Égypte, qui doit sa couleur à de petits cristaux de pyroxène et dont la pâte dure, à texture fine, contient des cristaux de labradorite.

2° DIORITES.

Types. — Les diorites, roches granitoïdes, présentent plusieurs variétés :

1° La *diorite des Vosges;* elle est formée de feldspath blanc et d'amphibole noire, lamelleuse, en prismes courts et passe à une diorite compacte ou schisteuse dont les éléments sont plus distincts;

2° La *diorite orbiculaire de Corse;* elle est composée

d'oligoclase blanc et d'amphibole vert foncé; ces deux éléments s'isolent en nodules cristallins formant des zones concentriques. Lorsqu'elle est sciée et polie, ces zones constituent des dessins orbiculaires du meilleur effet se détachant sur le fond clair de la roche.

Des passages minéralogiques lient les diorites aux syénites et même aux granits.

3° TRAPPS.

Composition. — Ces roches compactes, vertes ou noires, sont constituées presque exclusivement par des silicates de magnésie, de chaux et de fer; les feldspaths sont accidentels; cependant, on y rencontre d'une manière normale des cristaux de diallage, de stéatite, d'amphibole et de pyroxène.

Types. — Les principaux types sont:

Bavière. — Dans ce pays, les trapps sont des roches noires, compactes, d'une composition problématique. On y rencontre des concrétions dont l'intérieur contient des nodules de carbonate de chaux cristallisé, d'agates et de jaspes. C'est de là que vient la plus grande partie des jaspes et agates taillés du commerce.

Nord de l'Écosse. — Ce sont encore des roches d'une composition problématique contenant de l'amphibole vert-noirâtre, grenues plutôt que lamelleuses, des feldspaths blancs laiteux et beaucoup de grains de pyrites.

Vosges. — Les trapps y sont noirs et compacts, renfermant de l'amphibole en aiguilles et veinée de parties blanches (pétrosilex); du reste, la texture en est très-fine.

Pyrénées. — Les roches trappéennes y sont représentées par des roches vertes d'un caractère tout-à-fait amphibolique et nommées ophites ou amphibolites.

Aspect et mode d'apparition des trapps. — Ces roches,

qui jouent un grand rôle dans le relief de certaines contrées en Amérique, en Angleterre, dans les Vosges en France, etc., ont apparu à un état de liquidité très-marqué. En effet, elles forment des nappes d'une grande étendue qui recouvrent les terrains sédimentaires. Souvent aussi, elles traversent ces terrains sous forme de dykes et filons, s'y enchevêtrent, en englobent des fragments et même des portions considérables; bien plus, elles se sont insinuées entre les couches, les ont pénétrées sur une vaste échelle et les ont suivies parfois avec une si grande perfection qu'on les croirait de formation contemporaine. C'est l'Angleterre qui présente de la manière la plus remarquable ces curiosités géologiques; ainsi, on y voit assez souvent une couche de trapp se maintenir longtemps entre deux couches sédimentaires, puis s'infléchir, couper brusquement les plans de stratification et s'insinuer plus haut entre deux autres couches.

On conçoit facilement que des roches fluides, possédant une température élevée, ont dû provoquer des altérations profondes dans les roches sédimentaires de contact; aussi, les phénomènes de métamorphisme s'y sont développés avec une puissance singulière; le carbonate de chaux a été transformé en marbre; les argiles se sont durcies et ont donné des schistes; les grès ont été fondus, etc.

Age des trapps. — En Angleterre, les trapps traversent le terrain de transition, le terrain carbonifère et même le lias pour s'épandre en nappes à la surface.

En Bretagne, les amphibolites traversent le terrain de transition et même, près de Niort, le terrain jurassique.

Dans les Pyrénées, l'apparition des ophites commence aux terrains crétacés et ne dépasse pas le terrain nummulitique.

Matières utiles.—Les roches trappéennes ont beaucoup d'affinité pour les minerais, qui s'y trouvent soit disséminés dans la pâte, soit englobés sous forme d'amas éruptifs. Au point de vue agricole, on peut les considérer comme des sources importantes de chaux, de magnésie, de potasse et de fer sulfuré.

4° SERPENTINES.

COMPOSITION. — Nous avons déjà dit que les serpentines sont des silicates de magnésie hydratés. A l'état de roches, elles sont chargées d'oxyde de fer et de magnésie; le diallage lamelleux, la stéatite, parfois le grenat, s'isolent fréquemment dans la pâte.

ASPECT. — Les serpentines sont peu fusibles; aussi, forment-elles des pitons, des montagnes, sortis pâteux et presque solides.

TYPES. — On les trouve dans presque toutes les chaînes de montagnes; ainsi, on les voit sur les versants méridionaux des Alpes, dans les Apennins, l'île d'Elbe, les Vosges, l'Aveyron, le Tarn, le Limousin, l'Indre, etc.

AGE. — Les serpentines du Limousin, de l'Aveyron, du Tarn, ont fait leur apparition vers la fin du trias; celles des Apennins, du revers méridional des Alpes, ont traversé le terrain jurassique, le terrain crétacé et même le terrain tertiaire.

USAGES. — Certaines serpentines contiennent des minerais importants. Mais c'est surtout pour les constructions et l'ornementation qu'on les emploie; citons : les marbres serpentineux de l'Italie, de la Corse, des Pyrénées, qui sont des mélanges de calcaires et de serpentine; les serpentines du cap Lizard, dont on fait des cheminées, des plaques, des vases, des socles. — Les couleurs les plus fréquentes sont : le vert-grisâtre, le brun-rougeâtre et le rouge.

III. — TERRAIN VOLCANIQUE.

Le terrain volcanique comprend un ensemble de roches dont les dernières se confondent tant par leur mode d'émission que par leur constitution avec celles des volcans actuels ; il commence au milieu de la période tertiaire, se prolonge pendant la période quaternaire et continue à se former à l'époque actuelle : on le divise en trois formations :
1° Formation trachytique ;
2° Formation basaltique ;
3° Formation lavique.

1° FORMATION TRACHYTIQUE.

Roches constituantes. — Les roches trachytiques ont une composition chimique peu différente de celle de certains porphyres dont elles diffèrent complètement par l'aspect ; ainsi, leur pâte est un feldspath impur dans laquelle s'isolent souvent des cristaux d'orthose ; le feldspath labradorite n'y est pas rare et se trouve associé avec d'autres éléments mal déterminés toutes les fois que la roche est attaquée par digestion de l'acide chlorhydrique.

Du reste, les trachytes se présentent sous des aspects plus divers que les autres roches ignées ; les variations dans la couleur sont, pour ainsi dire, illimitées ; il en est de noirs, de rouges, de verts, de blancs ; la pâte peut être compacte, terreuse, vitreuse, scorifiée ; — la grandeur, le nombre, l'éclat, l'espèce des cristaux de feldspath, leur association à des substances diverses n'offrent aucune stabilité ; toutefois, les cristaux de feldspath sont presque toujours frittés.

Voici les variétés les plus remarquables :

1° *Trachytes proprement dits*. — Ce sont des roches grenues, rudes au toucher, d'une couleur grise, brune ou violacée ; leur pâte feldspathique contient des cristaux de feldspath d'un blanc vitreux, toujours très-fendillés et comme frittés; elles ne font pas feu au marteau. — Comme exemple, on doit citer le trachyte terreux (domite), qui constitue entièrement la masse du Puy-de-Dôme et dont la pâte rude et terreuse, presque dépourvue de cristaux de feldspath, se taille assez facilement pour donner de bonnes pierres de construction. — Les trachytes proprement dits sont généralement accompagnés de roches poreuses, tendres, souvent remaniées par les eaux que l'on appelle tufs, ponces, cendres trachytiques.

2° *Phonolites*. — Ce sont des roches grises ou brunes, généralement compactes, contenant parfois des cristaux de feldspath et d'amphibole; souvent leur structure est schisteuse et alors on peut les débiter en pierres plates sonores (de là le nom de phonolites) et même en plaques assez minces pour remplacer l'ardoise. — Elles sont attaquables par l'acide chlorhydrique.

3° *Obsidiennes*. — Elles se rencontrent en masses circonscrites et sont constituées par une pâte feldspathique fondue, maintenue à l'état vitreux par un refroidissement rapide. — D'ordinaire, leur couleur est d'un noir foncé, translucide sur les bords; lorsqu'elles sont vertes, grises, jaunâtres ou rougeâtres, elles ont l'apparence des laitiers de nos fourneaux.

PAYS, TYPES. — Les roches trachytiques sont représentées dans le centre de la France par les trois contrées montagneuses les plus élevées de ce pays : 1° le groupe du Cantal; 2° les Monts-Dores; 3° la chaîne du Velay.

1° *Groupe du Cantal*. — Ce groupe forme un cône irrégulier, surbaissé, évidé à son centre; la base en est à peu près circulaire et a environ 75 kilomètres de diamètre; les montagnes centrales s'élèvent à une hauteur comprise entre 1,400 et 1,800 mètres.— Il est constitué par des roches d'agrégation avec lesquelles alternent des trachytes dont l'importance diminue à mesure que l'on s'éloigne du centre. Dans la dépression centrale s'élèvent plusieurs pics formés de phonolites, qui surgissent au-dessus de conglomérats trachytiques.

2° *Groupe des Monts-Dores.* — Ce groupe, moins régulier que celui du Cantal, a l'aspect d'un cône circulaire dont le diamètre est d'environ 12 kilomètres et dont les masses les plus élevées encaissent une vaste dépression (vallée des Bains); l'une d'elles, le pic Sancy, atteint une élévation de 1,887 mètres. — Il est constitué par des trachytes qui dominent dans les crêtes et les aspérités et de roches agglomérées que l'on remarque surtout dans les vallées. — Les masses trachytiques affectent une forme régulière et arrondie qui est surtout remarquable dans le Puy-de-Dôme, élevé de 1,468 mètres, et dans trois dômes voisins moins importants. Elles rappellent, sur une petite échelle, les grands cônes trachytiques des Andes Cordillères.

3° *Chaîne du Velay* (limite orientale de la vallée de la Haute-Loire). — C'est une zone composée de pics et plateaux indépendants, dont la plus grande largeur est de 15 kilomètres. Vue de la vallée, la chaîne du Velay termine l'horizon par un long rideau bizarrement découpé: ce sont des pics aigus, de grosses montagnes arrondies ou terminées par des plateaux escarpés sur toutes leurs faces, tantôt pressés, tantôt clairsemés. Le point culminant est le pic de Mézène, qui atteint 1,774 mètres d'élévation. — Ce sont les phonolites qui dominent partout; ils paraissent avoir fait irruption en un grand nombre de points, suivant une longue fissure dirigée du nord-ouest au sud-ouest.

AGE ET ASPECT DES ROCHES TRACHYTIQUES. — Ces roches ont commencé vers le milieu de la période tertiaire et se sont continuées au moins jusqu'à la fin de cette période. — Les masses trachytiques de l'Auvergne et du Cantal ont surgi immédiatement après le terrain tertiaire moyen; les phonolites sont peut-être un peu plus récents. — Elles ont traversé les fissures du sol, constituant des dykes et des filons, puis, arrivées à la surface, elles se sont épanchées; mais, en vertu de leur fluidité pâteuse due au feldspath qu'elles renferment, elles se sont accumulées de manière à former des masses arrondies plus ou moins régulières.

Usages. — On emploie surtout les roches trachytiques pour les constructions; telle est la lave de Volvic, empruntée au Puy-de-Dôme, dont on fait usage à Clermont. Parfois leur structure celluleuse les rend propres à fabriquer des meules de moulin : telle est la lave d'Andernach, sur les bords du Rhin.

2° FORMATION BASALTIQUE.

Constitution. — Cette formation est essentiellement constituée par les basaltes; les autres roches que l'on pourrait signaler sont accidentelles — ce sont des roches que l'on considère comme composées par des éléments cristallins de pyroxène augite (silicate de chaux et de fer) et de Labrador. Si le pyroxène domine, la pâte est noire; elle est grise si c'est le Labrador. Souvent la pâte contient de petits cristaux de péridot, translucides, d'un vert olive, clair et foncé.

La basalte compacte compte au moins quatre variétés :

1° *Basalte porphyroïde.* — La pâte, faite de basalte noir, est compacte, parsemée de cristaux de pyroxène et renferme de petits cristaux de péridot très-disséminés; quand elle n'est pas décomposée, elle est remarquable par sa dureté et sa compacité.

2° *Basalte variolitique.* — La pâte basaltique, plus ou moins compacte, quelquefois rougeâtre, est caractérisée par la présence de nodules de carbonate de chaux et de silicates alumineux hydratés.

3° *Basalte feldspathique.* — Il est homogène, dur, tenace, gris et contient peu de péridot.

4° *Basalte pyroxénique.* — C'est un basalte noir, cristallin, souvent cellulaire et bulbeux comme les laves modernes; il renferme beaucoup de péridot disséminé.

MODE D'ÉMISSION ET STRUCTURE DES BASALTES. — Les basaltes ont surgi dans un état de fluidité comparable à celui des laves des volcans actuels ; aussi, après avoir traversé la croûte terrestre sous forme de dykes ou de filons, se sont-ils accumulés rarement au-dessus des orifices d'émission ; ils se sont plutôt répandus en nappes d'épaisseur variable et couvrant de vastes plateaux avec une continuité remarquable.

Le caractère le plus saillant des basaltes, c'est leur structure prismatique; elle vient des fissures de retrait qui se manifestent facilement dans les laves homogènes et à grains fins. De là ces colonnades constituées par des prismes à cinq ou six pans perpendiculaires aux plans des nappes, qui attirent si vivement l'attention et que l'on nomme Chaussées des Géants. Tout le monde connaît la grotte de Fingal, à l'île de Staffa, l'une des Hébrides. En France, on doit citer les orgues d'Espaly, près du Puy, les coulées colonnades voisines d'Aubenas, la chaussée du Volant (Ardèche).

TYPES DE CETTE FORMATION. — On voit cette formation sur les bords du Rhin, dans les Hébrides, l'Islande; mais la France centrale en présente un excellent type, dont nous nous contenterons de parler. On peut y distinguer deux séries parallèles d'éjections basaltiques : celle de la Haute et de la Basse-Auvergne, puis celle du Velay et du Vivarais, qui est la plus puissante. Dans le Bas-Vivarais, les orifices d'émission présentent la forme de cônes à cratères, d'une conservation parfaite. — Dans la partie occidentale de la vallée de la Haute-Loire, on trouve une centaine de cônes ou soufflures volcaniques, alignés dans le sens de cette vallée, qui ont donné des nappes couvrant le sol d'un manteau épais ; leur décomposition est assez avancée. Enfin, quelques lacs (lac de Saint-Front) sont des dépressions cratériformes creusées dans les plateaux et rappellent celles des bords du Rhin ; sans doute qu'une vaste colonne de lave, après avoir percé le sol et s'être déversée, se retira en laissant un enfoncement que les dernières explosions configurèrent en forme de cratère.

Age des basaltes. — Les basaltes paraissent postérieurs aux premières émissions trachytiques et se sont continués jusqu'à la période quaternaire. Les émissions basaltiques du Vivarais, d'une conservation parfaite, semblent antérieures à celles de la Haute-Loire, dont la décomposition est assez avancée.

Usages. — Les basaltes sont utilisés comme pierres de construction. La lave de certains sables basaltiques donne aux environs du Puy des péridots, des corindons (alumine cristallisée), des zircons (silicate de zircone).

3° FORMATION VOLCANIQUE.

Roches constituantes.— La formation volcanique comprend l'ensemble des roches qui ont été rejetées par des volcans, montagnes coniques pourvues à leur sommet d'un cratère, c'est-à-dire d'une dépression circulaire, partie supérieure d'un conduit qui met en communication la portion incandescente du globe avec sa surface.

En examinant la constitution chimique de ces roches, on trouve qu'elles renferment de la silice, de l'alumine, des alcalis (potasse et soude), de la chaux, de la magnésie et de l'oxyde de fer, comme du reste toutes les roches éruptives. Leur constitution minéralogique est assez variable et difficile à définir; on les considère comme formées de feldspath et spécialement de feldspath Labrador, souvent mélangé de pyroxène; quelques-unes sont presque entièrement pyroxéniques; ce sont des basaltes avec une texture scoriacée.

Sous le rapport de l'aspect, on distingue:

1° Les *laves compactes*. — Les roches volcaniques ont coulé en donnant des nappes dont la partie centrale est compacte et contient une faible quantité de bulles. Dans ce cas, les fissures de retrait produites pendant le refroidissement leur ont souvent communiqué une structure prismatique. Les cristaux feldspathiques et pyroxéniques se sont isolés, de sorte que la masse a l'aspect porphyroïde. — Ces roches ont une couleur foncée.

2° Les *laves poreuses et scoriacées*. — Elles ont la même composition que les précédentes, mais leur texture est lâche et poreuse.

3° Enfin, une suite de fragments portent le nom de ponces quand ils sont très-poreux et très-légers, de pouzzolanes quand ils forment des grains grossiers — ce sont les sables des volcans —, de cendres quand les grains sont plus fins, de lapilli ou rapilli quand les grains plus ou moins grossiers sont soudés ensemble. — Les pouzzonales entrent dans la constitution de ciments hydrauliques fort estimés. — Les terrains formés par les détritus volcaniques sont en général d'une fertilité exceptionnelle; on connaît les excellents vins produits aux environs de Naples. — Les ponces employées dans les arts viennent des îles Lipari.

Lois de la formation des volcans. — Les volcans ne se sont point dispersés sans ordre à la surface de la terre. Ils se sont produits dans les points où l'écorce terrestre offrait le moins de résistance, et, par suite, soit dans une fracture préexistante, soit sur son prolongement. — Ces fractures ont eu une étendue considérable en longueur et c'est en divers points de ce vaste parcours que se sont produites les éruptions volcaniques. Aussi, en examinant sur un globe la position des volcans, on distingue facilement qu'ils sont disposés en séries linéaires, et même en considérant chaque volcan en particulier, on reconnaît que son grand axe est dans la direction générale. Comme exemple d'une série linéaire, citons les volcans des Açores, des Canaries, des îles du cap Vert, de Sainte-Hélène et de l'Ascension.

En second lieu, les volcans sont généralement placés sur les côtes ou dans les îles. Tels sont les volcans de la Méditerranée. On doit cependant excepter parmi les volcans éteints, ceux de la France centrale et des bords du Rhin, et parmi ceux qui sont en activité, les volcans de l'Asie centrale et des Andes cordillères. Si donc les eaux de la mer en pénétrant dans le sein de la terre ne jouent pas dans tous les cas un rôle prépondérant, il faut cependant en tenir compte pour l'explication complète des phénomènes des volcans actuels.

Cette position des volcans se conçoit facilement. En effet, quand ils sont parallèles aux saillies continentales, ils sont placés sur les lignes de fracture des soulèvements; quand ils sont dans les îles, ils représentent en puissance volcanique dépensée la force qu'il aurait fallu pour produire un exhaussement continental.

VOLCANS ÉTEINTS. — Les volcans éteints sont fort bien représentés dans la France centrale. Le plateau granitique qui domine la ville de Clermont, à l'ouest, est surmonté par environ cinquante cônes volcaniques, qui se sont produits sur une longue fissure dirigée du nord au sud. Presque tous possèdent un cratère très-bien conservé et ont donné des courants de laves. Ces laves ont une texture cellulaire, poreuse, grenue et cristalline; elles sont tantôt feldspathiques, tantôt pyroxéniques. Leur surface présente la plus grande irrégularité, sans doute parce que les gaz emprisonnés dans la masse ont fait explosion en donnant naissance à

FORMATION VOLCANIQUE. 283

des blocs anguleux, qui se sont accolés dans le plus grand désordre. — Malgré leur parfaite conservation, qui tient surtout à leur éloignement des eaux, les volcans de la France centrale sont certainement antérieurs à l'époque historique.

Sur les bords du Rhin, la plupart des volcans éteints présentent un caractère bien différent. Ce sont en général des dépressions cratériformes situées au niveau du sol environnant, où les eaux se sont rassemblées et forment maintenant des lacs à peu près circulaires. On les considère comme produits par des explosions gazeuses très-violentes.

Volcans actuels. — Les phénomènes des volcans actuels méritent de fixer toute notre attention parce qu'ils nous représentent avec des caractères spéciaux et certainement avec une intensité moindre les apparitions des roches éruptives dans les temps passés. Nous étudierons :

1° Les tremblements de terre; 2° les éruptions volcaniques.

Tremblements de terre. — Les tremblements de terre se font sentir particulièrement près des lieux où existe une communication entre la partie incandescente du globe et sa surface, c'est-à-dire dans les contrées où des actions volcaniques se sont manifestées dans les temps anciens ou dans les temps actuels. — Ils s'annoncent par des bruits sourds, des roulements souterrains qui sont entendus à de grandes distances. Puis, surviennent les mouvements du sol ; tantôt ce sont des trépidations, des oscillations horizontales saccadées, tantôt des secousses verticales provoquant des soulèvements et des affaissements successifs ; parfois ces deux genres de mouvements se combinent ; de là, des tournoiements auxquels rien ne résiste. Quand les phénomènes acquièrent une grande intensité, tout est renversé, les édifices les plus solidement établis et même les cités entières.

Le sol se fend. Les crevasses peuvent se faire suivant une ligne droite et présenter des crevasses secondaires perpendiculaires à leur direction; parfois d'une crevasse centrale partent des rayons divergents. Dans d'autres cas, le sol est soulevé et de larges ouvertures béantes se produisent, dont les bords sont tantôt à la même hauteur, tantôt à des hauteurs inégales. Parfois, au contraire, le sol s'enfonce; alors, les rivières et les ruisseaux sont absorbés; des lacs apparaissent; des torrents se précipitent. L'état hydrographique de la contrée est changé.

Les secousses peuvent exister loin des côtes, et les navires éprouvent le même effet que s'ils avaient touché un rescif.

La durée des tremblements de terre est très-variable; tantôt les trépidations finissent au bout de quelques secondes; tantôt elles se succèdent pendant quelques minutes. Quelquefois même, elles recommencent à des intervalles plus ou moins rapprochés pendant des mois et même des années entières.

Généralement, les tremblements de terre sont assez circonscrits, mais dans quelques cas ils se sont fait sentir à des distances considérables; tel est le célèbre tremblement de terre de Lisbonne (1755), qui s'étendit d'un côté jusqu'en Laponie et de l'autre jusqu'au Mexique.

ÉRUPTIONS VOLCANIQUES. — Les éruptions volcaniques sont les derniers résultats des tremblements de terre. On remarque, en effet, que les mouvements du sol deviennent moins intenses ou même cessent tout-à-fait dès qu'elles ont eu lieu quelque part.

Nous avons déjà dit qu'un volcan était une montagne conique surmontée par une ouverture en forme d'entonnoir que l'on nomme cratère. Les parois du cratère et même de la plus grande partie du cône sont formées par des laves ou des produits d'éjection.

FORMATION VOLCANIQUE.

Au commencement de l'éruption, s'échappent du fond du cratère des masses énormes de gaz et surtout de vapeur d'eau accompagnées de cendres et de scories arrachées aux flancs mêmes de la montagne. Ces vapeurs s'élèvent et forment des nuages pelotonnés gris ou blancs, suivant la proportion de cendres qu'ils renferment; les laves incandescentes entraînées donnent des gerbes lumineuses qui jettent un vif éclat; de temps en temps, de grosses bulles de vapeur s'échappent avec de bruyantes explosions et lancent de gros blocs de matières fondues incandescentes qui montent en tournoyant; on les appelle *bombes* ou *larmes volcaniques*. — Quand les nuages poussés par les vents descendent près de terre, ils répandent une odeur de gaz sulfureux et chlorhydrique. Souvent ils se résolvent en une pluie boueuse qui produit sur les flancs de la montagne des torrents dévastateurs. Parfois aussi, les cendres sont emportées et obscurcissent la lumière de contrées lointaines.

Pendant ce temps, la lave s'élève et s'abaisse alternativement dans l'intérieur du cratère; ces mouvements sont fréquemment interrompus par des explosions qui lancent en l'air les fragments à demi-consolidés de la surface. Malgré tout, l'ascension des matières fondues continue, et il arrive un moment où elles se déversent par-dessus les bords après les avoir ébréchés plus ou moins profondément; mais si le volcan est trop élevé, il se produit des fissures et des crevasses sur les flancs et même au pied de la montagne; c'est par là que les laves s'échappent, donnent des *coulées* qui descendent les pentes de la montagne, puis, arrivées en bas, s'étalent en nappes plus ou moins épaisses.

Quand la pente est forte, le courant est rapide et il reste peu de matières sur les flancs des volcans. — Si la pente s'abaisse au-dessous de trois à quatre degrés, les laves cheminent plus lentement et acquièrent plus d'importance. La surface supérieure se refroidit assez rapidement; mais de temps en temps des explosions la brisent; il en résulte des fragments qui s'entassent, se soudent dans le plus grand désordre. S'il n'y a pas d'explosions, la lave s'écoule comme dans un canal solide, et lorsque de nouvelles matières ne viennent plus remplacer les anciennes, la portion supérieure s'affaisse et il en résulte un demi-canal dont les bords et le fond sont très-irréguliers.

C'est seulement lorsque le sol est à peu près horizontal qu'il se forme des nappes; leur surface se refroidit vite; mais l'intérieur reste très-longtemps chaud; les laves compactes ne se rencontrent que dans des nappes épaisses; toutes les matières superficielles, toutes celles qui forment les coulées sont scoriacées, poreuses, pleines de bulles et de fentes.

Lorsque l'éruption cesse, la lave redescend dans la cheminée du cratère et il ne sort plus que des matières gazeuses accompagnées de vapeur d'eau. Ces matières gazeuses entraînent de petites quantités de substances qui se déposent à l'état cristallin sur les parois des fissures; tels sont le sel ammoniac, le chlorure de fer, le fer oligiste, les sulfures d'arsenic, etc.

Les contrées qui ont été le théâtre d'éruptions volcaniques en gardent toujours des traces; tantôt il se dégage par les fissures du sol de l'acide carbonique, comme à la grotte du Chien, près de Naples, tantôt de l'hydrogène sulfuré, qui, en se décomposant au contact de l'air humide, donne de l'eau et du soufre qui se déposent. C'est ainsi que se sont formées les solfatares de la Sicile, qui fournissent le soufre au monde entier. Les eaux jaillissantes de l'Islande, ainsi que les eaux minérales, sont aussi des vestiges de phénomènes volcaniques.

VOLCANS REMARQUABLES. — Il existe actuellement plus de trois cents bouches volcaniques à la surface du globe. — Parmi les volcans actuels qui attirent le plus l'attention, il faut citer le Vésuve, près de Naples, l'Etna, en Sicile, le

FORMATION VOLCANIQUE.

Stromboli, appartenant à l'une des îles Lipari, et les volcans boueux de Java.

Le Vésuve, près de Naples, se compose des restes d'un vaste tronc de cône présentant du côté de la mer une crête en demi-cercle ; cette base, que l'on nomme la Somma, était autrefois terminée par un cratère aujourd'hui ébréché. Le cône actuel qui s'élève au milieu a été, suivant l'opinion générale, formé lors de la grande éruption de l'an 79, qui coûta la vie à Pline et ensevelit sous un monceau de débris et de tufs ponceux les villes d'Herculanum et de Pompeï. — Aujourd'hui, les éruptions du Vésuve sont séparées par de courts intervalles.

L'Etna, qui forme le trait le plus caractéristique de la Sicile, a une base circulaire de dix lieues de diamètre et une hauteur de 3,300 mètres ; c'est le plus grand volcan d'Europe. On y distingue trois régions : la région inférieure cultivée, dont les pentes sont faibles, est formée de roches calcaires et d'autres sédimentaires ; la région moyenne boisée a des pentes un peu plus fortes, enfin, la partie supérieure, masse noire composée de roches volcaniques, est terminée par un plateau du milieu duquel s'élève un cône d'une hauteur de 300 mètres. Le cratère terminal trop élevé ne laisse échapper que des vapeurs et des gaz ; les éruptions se font par de nombreux cônes secondaires situés dans la région moyenne.

Le Stromboli est placé sur l'une des îles Lipari ; il est constamment en activité ; la lave monte et descend dans sa cheminée volcanique ; des explosions gazeuses lancent au loin des débris de lave incandescente qui, pendant la nuit, éclairent d'une lueur sinistre la mer et les campagnes voisines.

Les volcans de Java ne rejettent que des gaz, des vapeurs et des matières boueuses. Parmi les gaz dominent l'acide sulfureux et l'hydrogène sulfuré qui fournissent beaucoup de soufre. Quant aux masses boueuses, elles sont dues à l'action des gaz acides et des vapeurs surchauffées sur les parois de la montagne.

Disons, en terminant, qu'il existe aussi des volcans sous-marins. Ils ont souvent donné naissance à des îles qui parfois ont disparu peu de temps après leur formation. Telle est en particulier l'île Julia, apparue en 1831 au sud-ouest de la Sicile, rasée plus tard par les vagues de la mer. Cette année même une nouvelle île a surgi dans la rade de Santorin sans être accompagnée d'éruption proprement dite.

III. — Des Filons et des Gîtes métallifères.

Parmi les métaux, il n'y a guère que l'or et le platine que l'on trouve à l'état natif; les autres sont unis à divers corps simples, tels que l'oxygène, le soufre, le phosphore, l'arsenic, etc.; ces composés se nomment des *minerais*. Les minerais eux-mêmes sont accompagnés ou mélangés à des matières inertes que l'on appelle *gangues*; ils forment au milieu des roches métallifères des gîtes qui doivent être rapportés à deux types :

1° Les filons ou gîtes réguliers ;

3° Les amas, veines, gîtes métamorphiques irréguliers.

I. — FILONS.

Idée générale. — Les filons sont des cassures faites dans l'écorce terrestre lors de la sortie des roches éruptives et remplies postérieurement de minerais et de gangue, de sorte qu'ils constituent des masses aplaties comprises sous deux plans à peu près parallèles, ne présentant aucune relation de composition avec les roches environnantes, dont les couches sont coupées sous des angles variables. Ils sont rarement isolés; mais dans le même groupe, il s'en rencontre parfois plusieurs de stériles. De plus, les portions du sol déjà fracturées ayant une grande tendance à se fissurer de nouveau, le même pays renferme souvent des filons de différents âges qui sont remplis de gangues et de minerais différents ; alors, tantôt ils sont parallèles, tantôt ils sont croisés. Le filon croiseur n'est pas interrompu, tandis que le filon croisé a éprouvé un rejet qui l'a déplacé du côté de l'angle obtus de l'intersection.

On nomme affleurement les points suivant lesquels les filons coupent la surface du sol. Ces points ont une direction déterminée, et si la masse minérale présente une grande dureté, elle se dresse en saillie au-dessus du sol. C'est ce qui arrive pour les mines de cuivre gris de Mouzaïa, en Algérie. Dans le cas contraire, des traces de filons de plusieurs kilomètres de longueur, cachées par les bois, les cultures, etc., sont à peine visibles. — Lorsque l'on suit un filon en profondeur, on ne tarde pas à reconnaître qu'il forme un angle constant avec la surface du sol ; c'est ce que l'on nomme l'inclinaison du filon. Le plan et l'inclinaison d'un filon se conservent d'ordinaire sur une étendue considérable ; aussi, est-il possible de prévoir où on le rencontrera en creusant des puits et des galeries.

Il ne faut cependant pas compter sur une grande régularité ; car elle est exceptionnelle. Les filons se renflent, se rétrécissent, présentent des étranglements complets ; ils peuvent se diviser, se ramifier, offrir des courbures, des inflexions. Quand ils passent d'une roche dans une autre, ils changent de formes et d'allures ; cheminent-ils dans une roche qui se fracture nettement, ils sont assez droits ; mais dans les argiles, ils se séparent en une foule de rameaux.— On aura une idée assez nette des accidents des filons par la considération suivante : coupez une feuille de papier suivant une ligne ondulée ; séparez les deux fragments et laissant l'un immobile, faites glisser l'autre soit de haut en bas, soit de bas en haut, vous aurez les figures variées qui se rencontrent dans les filons.

Structure et composition d'un filon. — Du mode d'inclinaison d'un filon, il résulte qu'il présente une face inférieure, le *mur*, et une face supérieure, le *toit*. La masse encaissée par le toit et le mur est en grande partie constituée par des gangues; les plus fréquentes sont : 1° la silice (quartz cristallin, jaspes, agates de nuances variées) ; 2° le carbonate de chaux cristallin ou fibreux; 3° le spath fluor ; 4° la baryte sulfatée ; 5° les argiles impures et l'oxyde de fer. Les filons pourris remplis d'argile provenant de la décomposition des roches encaissantes sont souvent très-riches.

Les gangues ne sont pas mélangées confusément et sans ordre ; elles forment des plaques symétriques deux à deux par rapport au plan axial du filon. Ainsi, à partir du mur, on pourra trouver des zones successives de spath calcaire, spath fluor, quartz, sulfate de baryte; les mêmes roches se rencontreront avec la même suite à partir du toit. Les espaces vides seront remplis de nouvelles espèces minérales stériles ou métallifères : c'est dans cette position qu'existent les poches à cristaux donnant les beaux échantillons qui ornent les collections et qu'il faut considérer comme tout-à-fait accidentels. — On ne doit pas attribuer à la structure dont nous venons de parler un caractère absolu ; ainsi, elle n'existe pas quand les filons sont remplis par de l'argile, des grès et des conglomérats ; mais parfois elle est si régulière, qu'on n'aurait pas pu mieux faire avec un compas. Remarquons que la pointe des cristaux est toujours tournée vers l'intérieur.

Quant à la puissance des filons, elle est extrêmement variable. Ainsi, le filon argentifère de la Vita-Madre (Mexique), qui a été suivi sur une longueur de 12,000 mètres et sous une profondeur de 400 mètres, a de 35 à 45 mètres de puissance, tandis que les filons stannifères du Limousin n'ont guère que 1 centimètre à 3 centimètres d'épaisseur. On peut admettre qu'elle est en moyenne de 1 à 2 mètres. Ce qu'il faut surtout noter, c'est que l'on n'a pas rencontré jusqu'ici des filons se terminant en profondeur.

D'ordinaire, les filons ne contiennent qu'une catégorie de minerais; ainsi, il y en a qui renferment de l'oxyde d'étain, d'autres de la galène (sulfure de plomb), d'autres sont cuprifères, etc. — Quant à la richesse, elle est difficile à prévoir *à priori;* toutefois, le mineur se laisse guider par quelques considérations assez générales; si la nature des roches encaissantes et leur peu de résistance ont facilité le remplissage à l'aide de blocs et de débris provenant des parois elles-mêmes, le filon sera pauvre; un vide longtemps prolongé a, au contraire, facilité le développement du minerai. — La continuité du minerai est en raison inverse de son abondance; on rencontre parfois de belles accumulations métallifères de deux ou trois mètres d'épaisseur, mais elles ne s'étendent pas loin. — Le minerai présente de l'affinité pour certaines gangues; leur présence est un indice de son existence; d'autres, au contraire, ne sont jamais métallifères. — En somme, le minerai ne joue qu'un rôle secondaire dans les filons et y est disséminé en veines, veinules, petits amas, rognons, graines, cristaux et paillettes.

Origine du minerai dans les filons. — En comparant entre eux les filons connus, on est arrivé à rapporter à deux groupes les actions qui avaient contribué à les remplir : 1° le remplissage a pu avoir lieu de bas en haut, et alors tantôt il y a eu injection, c'est-à-dire que des matières fondues, comprimées, ont été poussées du sein de la terre et ont rempli des fentes préexistantes ou des fentes contemporaines; tantôt il y a eu sublimation, c'est-à-dire que des suies minérales se sont déposées pendant de longues années sur les parois des filons, cheminées gigantesques en communication avec l'intérieur de la terre. Cette sublimation a été favorisée le plus souvent par la vapeur d'eau, les gaz et les acides qui réagissaient sur les matières entraînées. — 2° Le remplissage s'est aussi effectué de haut en bas; des eaux minérales métallifères se sont écoulées dans les filons, et sous l'influence d'une température élevée ont provoqué des réactions nombreuses qui ont donné naissance aux minéraux et aux gangues déposés. Dans ces dernières années, de nombreuses expériences, exécutées surtout par MM. de Sénarmont, Daubrée, Becquerel, Ebelmen, H. Deville, etc., ont fait connaître la plupart des actions qui se sont produites dans les filons et ont constitué cette portion si intéressante de la science chimique que l'on appelle synthèse minéralogique.

II. — AMAS ET GITES IRRÉGULIERS.

Les gîtes irréguliers sont, ainsi que leur nom l'indique, très-variables dans leur aspect et leurs allures. Ils se présentent tantôt sous forme de veines qui diffèrent des filons par l'irrégularité de leur marche; les minéraux y sont disposés sans aucun ordre; tantôt en amas soit parallèles, soit inclinés par rapport à la stratification des roches encaissantes, tantôt en veinules, nœuds ou particules isolées.

Ils offrent cependant quelques règles générales qui en facilitent l'étude; ainsi, leur gisement et leur composition sont intimement liés à la nature des roches encaissantes. — Les minéraux ont rarement la texture cristalline; les cristaux, lorsqu'ils existent, sont empâtés dans la gangue et difficiles à isoler.

Les mêmes contrées métallurgiques peuvent présenter des gîtes irréguliers et des filons; cependant, l'un des deux modes domine toujours; ainsi, dans le Harz, la Saxe, le Cornwall, les filons sont en majorité, tandis que dans la vallée de la Meuse, les provinces rhénanes, la Suède, la Toscane, ce sont les gîtes irréguliers.

Du reste, les gîtes irréguliers, de même que les filons, doivent leur formation à la sortie des roches éruptives.

Age des minerais. — Puisque les filons et les gîtes irréguliers sont en rapport intime avec les roches de cristallisation, l'âge des minerais doit varier avec l'époque de sortie de celles qui leur ont donné naissance; mais cette relation est souvent bien difficile à établir. Voici ce que l'on peut dire d'une manière générale :

La période granitique est surtout caractérisée par l'oxyde d'étain qui existe dans les granits du Limousin, de la Bretagne et surtout dans ceux de Cornwall, en Angleterre; un grand nombre de gisements de cette contrée appartiennent même à la période porphyrique. Il est à remarquer que les granits métallifères sont à grande partie, ne forment que des massifs circonscrits correspondant sans doute à des éruptions particulières qui se sont produites probablement à la fin de la période primitive.

La période porphyrique est la période métallifère par excellence; ainsi, on y rencontre de nombreux gisements de cuivre pyriteux, de galène (sulfure de plomb), de blende (sulfure d'arsénic), de sulfure d'argent, de cinabre (sulfure de mercure).

Jusqu'ici, la période volcanique n'a présenté que peu de gisements métallifères. Cependant, on doit remarquer que dans les cratères des volcans actuels, on a signalé la présence accidentelle de nombreux minéraux cristallisés qui sont sans doute pour nous les témoins de phénomènes ayant présenté autrefois une intensité beaucoup plus considérable. Il est très-probable que les gisements argentifères de l'Amérique méridionale sont liés à l'apparition des trachytes de la chaîne des Andes Cordillières.

L'or paraît être d'origine assez récente. On le trouve fréquemment au milieu de sables quartzeux de la période quaternaire; dans les gisements restés en place, l'or est presque constamment associé au quartz, mais le quartz contient souvent aussi des oxydes et du sulfure de fer.

Les principaux gisements de l'or qui a eu une grande diffusion sont l'Oural, la Sibérie, l'Australie et la Californie.

Dans l'Oural, l'or se rencontre dans du quartz qui forme des veines dans des filons de granits, qui eux-mêmes sont enclavés dans une grande formation de schistes talqueux.

L'or de Vittoria, en Australie, est également renfermé dans des filons de quartz qui traversent le terrain silurien, s'infléchissent pour suivre les strates, remontent, puis pénètrent dans le silurien supérieur.

En Californie, la région aurifère occupe un vaste espace; c'est un rectangle qui a environ 19,000 kilomètres carrés et qui est couvert de sables quartzeux aurifères. Le sol lui-même est traversé en son milieu par un puissant filon de quartz contenant plus ou moins d'or. Quand le quartz est compacte, à cassure vitreuse, sans pyrites, il est peu riche; il l'est davantage quand il est rubanné, peu résistant sous le choc du marteau, d'un éclat gras résineux, pyriteux; mais les portions qui contiennent le plus d'or sont des veines d'argiles enclavées dans le quartz.

L'apparition de ce quartz aurifère est certainement postérieure au terrain tertiaire le plus récent; du reste, certaines sources thermales de Californie continuent à notre époque à amener au jour ce métal précieux.

IV. — ÉPOQUE ACTUELLE.

NEUVIÈME LEÇON.

DE L'AIR ET DE L'EAU.

Nous avons fait connaître jusqu'ici les roches d'origine aqueuse ou ignée qui constituent l'écorce terrestre ; il nous reste à examiner l'air qui enveloppe notre globe, l'eau et la terre végétale qui en recouvrent la surface.

I. — De l'Air.

La masse gazeuse, qui entoure la terre et la sépare du vide des espaces célestes, se nomme l'atmosphère. Sa hauteur qui, du reste, n'est pas bien connue, est évaluée à douze ou quinze lieues.

L'air qui la forme est un gaz sans odeur, ni saveur, permanent, c'est-à-dire qu'on n'a pas pu le liquéfier ; il exerce une pression qui varie sans cesse ; on la mesure au moyen du baromètre ; la pression moyenne au niveau de la mer est de $0^m,76$ de mercure, ce qui équivaut à $1^{kg},033$ par centimètre carré ; elle diminue à mesure que l'on s'élève.

L'air est pesant. Un litre d'air à zéro degré et sous la pression $0^m,76$ pèse $1^g,293$.

En petite masse, il est incolore. Toutefois, comme il absorbe inégalement une faible partie des rayons qui constituent la lumière blanche du soleil, le bleu domine dans celle qui arrive jusqu'à nous ; c'est la couleur du ciel sans nuages. Mais lorsque le soleil est près de l'horizon, l'air paraît jaune ou rouge ; c'est que la vapeur d'eau, qui est toujours assez abondante dans les régions inférieures de l'atmosphère, absorbe tous les rayons à l'exception du jaune et du rouge.

Ainsi l'air joue le rôle d'un écran, susceptible de modifier la lumière blanche du soleil; il en éteint également une partie. Lorsque le soleil est au zénith et le ciel pur, chaque faisceau lumineux perd seulement un cinquième de sa valeur primitive ; mais lorsqu'il est près de l'horizon, l'affaiblissement, même quand il n'y a pas de nuages, est assez grand pour que l'on puisse regarder cet astre à l'œil nu. — La chaleur est absorbée dans les mêmes proportions que les rayons lumineux. Du reste, la température décroît avec la hauteur ; dans nos climats, la diminution est de un degré pour 200 mètres.

Les travaux de Lavoisier ont mis hors de doute que l'air était composé de deux gaz : l'oxygène et l'azote. L'oxygène joue un rôle très-actif, puisque c'est lui qui entretient la combustion et la vie. L'azote a pour fonction principale d'en modérer l'action. Toutefois, ce dernier entre dans la constitution des animaux et des plantes, et certaines plantes, par exemple les légumineuses, puisent vraisemblablement une portion de leur azote dans l'atmosphère. Voici la composition exacte de l'air d'après les expériences de MM. Dumas et Boussingault :

En volume :

Oxygène............	20,80
Azote..............	79,20
Total......	100,00

En poids :

Oxygène............	23,10
Azote..............	76,90
Total......	100,00

Bien que l'air ne soit qu'un mélange d'oxygène et d'azote, il présente une grande constance dans sa composition dans tous les lieux et à toutes les hauteurs. D'après

M. Regnault, la proportion d'oxygène oscillerait entre 20,9 et 21,0 pour cent parties d'air (en volume). Dans certains cas qui se produisent plus fréquemment dans les pays chauds, la quantité d'oxygène s'abaisserait à 20,3.

L'air contient aussi d'une manière normale de la vapeur d'eau et de l'acide carbonique.

La proportion de vapeur d'eau varie beaucoup. Cependant on peut dire que dans nos contrées elle est comprise entre 0,017 et 0,055 pendant l'été; entre 0,005 et 0,007 en hiver. A mesure que l'on s'élève dans l'atmosphère, l'air devient plus sec.

La quantité d'acide carbonique est de 4 à 6 dix millièmes dans les circonstances ordinaires; elle est donc toujours très-faible. T. de Saussure a constaté qu'elle était plus grande la nuit que le jour sur les montagnes que dans les plaines, dans les villes que dans les campagnes; une pluie la diminue; un hiver froid accompagné de gelées l'augmente.

Si les corps précédents sont ceux dont la présence dans l'air est la plus facile à constater, ils sont loin d'être les seuls qu'il renferme. Signalons d'abord une modification particulière qui affecte une très-minime fraction de l'oxygène et qui est connue sous le nom d'ozone; sous cet état particulier, l'activité chimique de ce gaz est exaltée et il provoque des oxydations rapides; — puis des traces d'ammoniaque et d'acide azotique, engendrés sans doute par les décharges électriques dès temps d'orage; — un principe hydrocarboné; — plusieurs sels entraînés par l'évaporation des eaux; le plus important est le sel marin. Si l'on recueille l'eau qui se dépose sur les parois d'un ballon rempli d'un mélange réfrigérant, elle se putrifie rapidement, surtout quand on procède au-dessus des marais ou dans une enceinte renfermant beaucoup de monde; ce qui prouve l'existence d'un principe organisé complexe analogue aux matières animales. — Lorsqu'un rayon de soleil pénètre dans une chambre obscure, on est étonné de la quantité prodigieuse de poussières que l'on voit en suspension dans l'air. Parmi ces poussières, il y a des particules minérales, des débris de plantes, des grains de pollen, et aussi, d'après les expériences de M. Pasteur, des germes de plantes et d'animaux inférieurs. Il est vraisemblable que ce sont des organismes de ce genre qui engendrent les maladies épidémiques, attribuées jusqu'ici à des miasmes qui n'ont pu être saisis.

La complexité de la composition de l'air s'explique aisément par les nombreux phénomènes qui s'accomplissent dans son sein et y versent des produits variés, transportés au loin par les vents. Ce qui doit nous frapper surtout, c'est la constance remarquable de sa constitution à notre époque ; elle repose sur un mécanisme admirable. D'un côté, l'acide carbonique tend à augmenter par la combustion, la respiration des animaux, les émissions gazeuses des volcans des deux mondes ; de l'autre, les feuilles des plantes décomposent cet acide carbonique sous l'influence directe des rayons solaires, absorbent le carbone pour accroître leurs tissus et rejettent l'oxygène. Ces actions inverses se contrebalancent ; de là l'équilibre.

Il est très-probable que dans les premiers âges de notre planète, quand son enveloppe était encore très-chaude, l'air était beaucoup plus impur qu'aujourd'hui. La vapeur d'eau, l'acide carbonique, les substances susceptibles d'être volatilisées, les matières organiques y abondaient. L'atmosphère était lourde, difficilement perméable à la chaleur et à la lumière solaire. C'est sans doute l'exhubérante végétative de la période houillère qui commença à la purifier. Mais sa transparence et son état actuel ne paraissent guère dater que de l'époque tertiaire.

II. — De l'Eau.

I. — PROPRIÉTÉS GÉNÉRALES.

L'eau à l'état de pureté est uniquement formée par l'union de deux gaz, l'oxygène et l'hydrogène. Lorsque l'on porte l'hydrogène à la température de 400° dans l'oxygène ou dans l'air, il brûle et donne de l'eau.

Voici la composition de l'eau établie par M. Dumas :

En volume :

2 volumes d'hydrogène ⎫ donnent 2 volumes de vapeur
1 volume d'oxygène ⎭ d'eau.

En poids :

Hydrogène............ 11,11
Oxygène............. 88,89
     Total......... 100,00

L'eau peut être à l'état solide, à l'état liquide et à l'état gazeux.

I. Eau solide. — L'eau passe généralement à l'état solide à zéro degré du thermomètre centigrade, et reste constamment à cet état dans les lieux où cette température se maintient. C'est ce qui arrive d'après M. Dufrénoy :

Vers le 70ᵉ degré de latitude à une hauteur de 1,052ᵐ.
     65ᵉ   —   —   —   1,500
     45ᵉ   —   —   —   2,925
     20ᵉ   —   —   —   4,677
    Sous l'équateur   —   4,872

Dans notre hémisphère, les glaces polaires permettent d'avancer jusque vers le 79ᵉ degré de latitude ; elles sont beaucoup plus étendues dans l'hémisphère sud. Les mers de ces contrées sont couvertes par de vastes champs de glace qui s'élèvent de deux ou trois mètres au-dessus de la surface et s'enfoncent jusqu'à six mètres de profondeur.

D'après le capitaine Scoresby, ils se forment de la manière suivante :

La glace atteint naturellement un mètre d'épaisseur, puis elle reçoit de la neige qui se fond, regèle et la hauteur s'accroît. Ces champs se brisent assez souvent; ils s'entrechoquent, se soudent et donnent naissance à des chaînes très-irrégulières. On rencontre aussi des montagnes de glace qui sont peu étendues, mais fort élevées; il y en a fréquemment à l'embouchure des fleuves qui se rendent dans les mers polaires; leur surface est couverte de quartiers de rochers, de débris de plantes, d'arbres déracinés; elles sont très-fragiles. La rupture des glaces a lieu au pôle boréal vers le mois de juin; lorsque les masses détachées se rencontrent, il en résulte des chocs épouvantables. De temps en temps, de grandes débâcles se produisent qui amènent des blocs jusque vers le 40e degré de latitude et même, dit-on, jusque dans les régions équatoriales.

Dans les circonstances ordinaires, l'eau passe à l'état solide sans prendre de formes déterminées. Lorsque la congélation a lieu au milieu d'eaux vaseuses, la cristallisation se manifeste et donne souvent de beaux prismes à six pans. — La neige qui n'est que de la vapeur d'eau solidifiée est constamment cristalline; fréquemment elle représente une étoile à six rayons; parfois le centre est occupé par une lame hexagonale brillante, et les rayons divergent de chacun des angles; on a observé une cinquantaine de formes distinctes qui se rattachent toutes au système cristallin de la glace.

L'eau augmente du quinzième de son volume en passant à l'état solide; la densité de la glace est 0,918; aussi flotte-t-elle à la surface de l'eau. Cet accroissement de volume s'accomplit avec une force considérable, capable de briser les enveloppes les plus résistantes. De là, l'explication d'un grand nombre de phénomènes naturels, tels que la destruction des tissus des jeunes plantes, la dislocation des pierres gelives, etc. L'action alternative du gel et du dégel est certainement l'un des grands moyens naturels de la pulvérisation des roches.

Pendant sa congélation, l'eau dégage une quantité de chaleur assez grande pour élever de 1° la température de 79 grammes d'eau. Aussi la solidification n'est-elle jamais instantanée, parce que la chaleur abandonnée maintient pendant quelques instants à l'état liquide les particules voisines.

Cette propriété sert à expliquer la malléabilité de la glace. Que l'on en place des fragments dans un moule et que l'on exerce une forte pression, on reconnaîtra que l'ensemble prend très-exactement la forme de l'enveloppe et qu'il constitue une masse unique ; c'est que par la compression une partie de la glace a passé à l'état liquide ; puis la liquéfaction a été suivie du regel qui a soudé entre elles les diverses portions. Certainement que cette sorte de plasticité curieuse de la glace joue un rôle dans la constitution et le mode de descente des glaciers.

L'eau, qui contient des substances salines en dissolution comme l'eau de mer, gèle à une température inférieure à zéro; il faut remarquer que la partie qui se solidifie est de l'eau à peu près pure ; les sels restent dans le liquide. Les habitants des contrées voisines des mers septentrionales profitent de cette propriété pour concentrer les eaux salées avant d'en retirer le sel par l'évaporation.

II. Eau a l'état liquide. — L'eau est incolore en petite masse; en grande masse, elle est bleue vue par réflexion, verte par transmission, c'est-à-dire qu'elle paraît bleue lorsque les rayons nous arrivent après avoir été réfléchis à sa surface et qu'elle semble verte lorsqu'ils viennent à notre œil après l'avoir traversée sous une grande épaisseur.

Lorsque l'on chauffe de l'eau à partir de zéro, son volume diminue jusqu'à la température de 4°, puis il augmente de manière à devenir à 8° sensiblement le même qu'à zéro. On voit donc que l'eau à 4° pèse plus sous le même volume qu'à toute autre température. Aussi est-ce la température de 4° que l'on observe au fond des lacs, l'eau la plus dense devant toujours être la plus basse. C'est l'existence du maximum de densité de l'eau qui explique également les puits des glaciers. En effet, qu'une pierre se trouve sur un glacier, le soleil la réchauffe; elle provoque la fusion de la glace qu'elle touche. Dès que la portion liquéfiée a atteint 4°, elle descend, fond la glace inférieure, se refroidit, remonte et est remplacée par de l'eau à 4° qui agit de la même manière et ainsi de suite.

Mais la propriété la plus importante de l'eau liquide, c'est son pouvoir dissolvant; il n'est aucune roche sur laquelle elle ne puisse exercer son action; aussi l'eau dans la nature n'est jamais pure. Nous reviendrons sur ce sujet à la fin de cette leçon.

III. Eau a l'état de vapeur. — La glace émet des vapeurs sensibles et elle disparaît partiellement sous l'influence du vent du nord lorsque le froid se prolonge. — L'eau donne des vapeurs à toutes les températures; la quantité qui se vaporise augmente rapidement avec l'accroissement de la chaleur.

Il faut remarquer que le poids de la vapeur qui peut être contenue dans un volume limité d'air n'est pas indéfini; il y a une limite qui n'est jamais dépassée, lorsque la température demeure constante. Quand cette limite est atteinte, on dit que l'air est saturé. Il résulte de là qu'il contient toujours moins de vapeur l'hiver que l'été, bien que dans cette dernière saison, il soit souvent très-sec et fort éloigné de son point de saturation, ce qui n'arrive que rarement dans la première.

Poids maximum de la vapeur qui peut être contenue dans un mètre cube d'air à diverses températures.

Température.	Tension en millimètres.	Poids maximum.
— 5	3,11	3^g,30
0	4,11	4,82
+ 10	9,16	8,85
+ 15	12,70	12,86
+ 20	17,39	16,21
+ 30	31,55	29,76

Quand un mètre cube d'air à 30° est presque saturé, et par suite renferme près de 29^g de vapeur d'eau, s'il tombe à 15°, il ne peut plus en retenir que 12^g; l'excédant se convertit en eau. C'est sur ce principe que repose la formation des nuages et des brouillards, ainsi que la production des eaux météoriques : la rosée, la pluie, la neige. — L'eau de la mer, des lacs, des rivières et des fleuves est soumise à une évaporation continuelle; la vapeur s'élève dans l'air, se convertit en nuages qui se résolvent en pluie lorsque la température s'abaisse.

L'eau bout à 100° environ dans les circonstances ordinaires. Mais est-elle renfermée dans un vase à parois inextensibles, sa température s'élève sans que l'ébullition puisse se produire; la vapeur acquiert alors une tension énorme, capable de soulever des masses considérables. Ce fait doit se produire au sein de la terre dans les cavités voisines de la région incandescente, et paraît être la cause principale des tremblements de terre et des émissions volcaniques.

Enfin, un kilogramme d'eau pour passer à l'état de vapeur absorbe assez de chaleur pour élever de 100° la température de 5^{kg},350 de ce liquide. C'est pourquoi dans le voisinage des grandes masses d'eau, l'air est plus frais, toutes circonstances égales d'ailleurs, que dans les plaines.

II. — EAU DANS LA NATURE.

L'eau est le corps le plus répandu dans la nature; la mer, les lacs, les fleuves et les rivières recouvrent plus des trois quarts de la surface de la terre; de plus, dans l'épaisseur de la croûte terrestre, il existe des nappes d'eau stagnantes et même des rivières animées de mouvements plus ou moins rapides. Toutes ces eaux sont loin d'avoir les mêmes propriétés et le même degré de pureté.

Nous étudierons: 1° les eaux météoriques; 2° les eaux de rivières, de sources et de puits; 3° les mers; 4° les eaux minérales. Nous terminerons en signalant l'action de l'eau sur les roches.

I. — Eaux Météoriques.

Les eaux météoriques comprennent : les brouillards, la rosée, la pluie, la neige, le grésil et la grêle.

I. BROUILLARDS. — Les brouillards se forment ordinairement lorsque la surface de la terre est plus chaude que l'air et que celui-ci est très-humide; la vapeur d'eau qui s'élève s'ajoute à celle que contient déjà l'atmosphère; bientôt la limite de saturation étant atteinte, une portion ne peut plus rester en dissolution; elle se transforme en particules liquides extrêmement fines; de là, les brouillards et les nuages. Les brouillards sont des nuages qui rasent le sol.

M. Boussingault, qui s'est occupé de doser les quantités d'ammoniaque et d'acide nitrique contenues dans les brouillards, a obtenu les résultats suivants:

Le poids de l'ammoniaque a varié depuis $2^{mg},56$ dans un litre d'eau fourni par le brouillard jusqu'à $137^{mg},84$. Ce dernier nombre a été constaté dans un brouillard très-épais de Paris, d'une odeur pénétrante qui affectait péniblement les organes de la respiration; elle était due probablement à cette forte proportion d'ammoniaque.

Pour l'acide nitrique, la dose a oscillé entre $0^{mg},390$ par litre d'eau recueillie et $10^{mg},1$.

Il résulte de ces observations que l'ammoniaque et l'acide azotique sont plus abondants dans les brouillards que dans la pluie.

II. Rosée. — Par une nuit calme et sereine, les corps placés à la surface de la terre rayonnent vers les espaces célestes de la chaleur que rien ne leur restitue; leur température s'abaisse donc, refroidit l'air environnant qui ne peut retenir en dissolution toute la vapeur qu'il renferme; alors elle se dépose sous forme de gouttelettes d'eau.

Il y a environ cent jours de rosée par an dans nos climats. D'après Flaugergues, chaque rosée donnerait à un hectare 500 litres d'eau. Mais M. Boussingault s'étant astreint à essuyer l'herbe avec une éponge sur une surface de quatre mètres carrés et ayant recueilli l'eau exprimée, a obtenu un nombre trois fois plus fort qui ne doit être cependant considéré que comme un minimum. Ce résultat fait ressortir l'utilité de la rosée pour atténuer les mauvais effets d'une sécheresse prolongée.

M. Boussingault a également recherché le poids de l'ammoniaque et de l'acide nitrique contenu dans la rosée, et a constaté les nombres suivants :

La dose d'ammoniaque renfermée dans un litre de rosée a varié de $3^{mg},13$ à $6^{mg},20$. — Quantité abandonnée par chaque rosée sur un hectare, de 5 à 9 grammes.

La quantité d'acide azotique a oscillé par litre entre $1^{mg},06$ et $1^{mg},12$. Poids par hectare pour chaque rosée, de $1^{g},5$ à $1^{g},7$.

La rosée est comparable aux brouillards pour les proportions d'acide azotique et d'ammoniaque qu'elle possède.

III. Pluie. — L'eau qui s'évapore de la surface des mers, des lacs, des rivières et de la terre s'élève sous forme de vapeur dans les régions supérieures de l'atmosphère, se change en fines gouttelettes pour constituer les nuages qui donnent la pluie par suite d'un abaissement de température.

La pluie n'est pas de l'eau pure, bien qu'elle provienne d'une distillation. Quand on réfléchit que dans la France septentrionale il tombe chaque année 678^{mm},4 d'eau équivalant à 6,784,000 litres par hectare, et dans la France méridionale 804 millimètres équivalant à 8,400,000 litres, on conçoit combien il était important de rechercher la nature et la proportion des substances restituées au sol par cette voie. Voici d'abord d'après divers observateurs le poids du résidu de un million de litres d'eau de pluie :

MM. Brandes, 1825......... 26^{hg} »
    I. Pierre, 1854......... 24, 5
    Barral, 1860......... 28, 8

Ces substances solides sont des chlorures de sodium, de potassium, de magnésium, de calcium, des sulfates de potasse, de soude, de chaux et de magnésie. M. Barral a également établi que dans le résidu d'un million de litres, il y avait environ 70 grammes d'acide phosphorique.

M. Boussingault a fait un grand nombre d'expériences pour étudier les quantités d'ammoniaque et d'acide nitrique contenues dans l'eau de pluie. Voici les résultats obtenus :

1° La quantité d'ammoniaque renfermée dans un litre de pluie oscille entre 2^{mg},94 et 0^{mg},41.

2° Le poids d'acide azotique maximum observé a été de 6^{mg},23. Dans quelques cas qui se sont présentés, principalement à la fin d'une pluie, il n'y a pas eu d'acide azotique.

3° La quantité d'ammoniaque est constamment moindre

à la fin d'une pluie qu'au commencement, lors même que les deux pluies se succèdent à un court intervalle. — La dose d'acide azotique diminue généralement à la fin d'une pluie, mais d'une manière moins prononcée et moins régulière que celle de l'ammoniaque.

Si l'on essaie d'estimer d'après ces données les substances que la pluie restitue à la terre par hectare dans nos contrées, on trouve :

   Acide azotique......... 10 kilogrammes.
   Ammoniaque......... 25 id.
   Acide phosphorique... 400 grammes.

Ces nombres font ressortir quelques-unes des causes des effets bienfaisants de la jachère en même temps qu'ils indiquent combien sont faibles les aliments restitués aux plantes par les pluies.

IV. Neige. — La neige tombe lorsque la température de l'air est voisine de zéro; elle produit d'excellents effets dans la culture; d'abord elle agit comme un écran qui empêche l'abaissement de température de la terre; puis elle condense l'ammoniaque qui s'échappe du sol. Ainsi M. Boussingault a observé que la neige, en contact avec la terre végétale d'un jardin, renfermait $10^{mg},34$ d'ammoniaque par litre d'eau de fusion, tandis que celle recueillie sur une terrasse n'en possédait que $1^{mg},78$. — D'après le même observateur, un litre d'eau, provenant de la fusion de la neige, contient depuis $0^{mg},32$ jusqu'à 4 milligrammes d'acide azotique. — On doit donc admettre que la neige est plus riche que la pluie en ammoniaque et en acide azotique.

V. Grêle. — La grêle est formée de couches successives de glace au centre desquelles on rencontre souvent un noyau de neige. Elle renferme aussi de l'acide azotique et de l'ammoniaque. Une expérience a donné à M. Boussingault :

Dans l'eau provenant de la fusion des grêlons :

Ammoniaque par litre, $2^{mg},08$; acide azotique par litre, $0^{mg},83$.

En résumé, les eaux météoriques renferment en petite quantité les substances indispensables pour la croissance des plantes, et l'on devra en tenir compte toutes les fois que l'on discutera leur origine.

II. — Eaux de fleuves, de rivières, de sources et de puits.

I. Gaz dissous dans l'eau. — Les eaux météoriques et les eaux terrestres contiennent toutes en dissolution de l'oxygène, de l'azote et de l'acide carbonique. D'un litre d'eau, on retire environ par l'ébullition 33 centimètres cubes de ce mélange. Il faut remarquer que l'air contenu dans l'eau est plus riche en oxygène que l'air atmosphérique ; ainsi le premier renferme 32 pour cent d'oxygène (en volume), et le second seulement 24 pour cent. — Cet oxygène joue un rôle important ; il sert à la respiration des poissons. Les poissons meurent dans de l'eau privée d'air ; certaines espèces qui vivent constamment au fond de l'eau n'en exigent pas davantage ; d'autres, au contraire, dont la respiration est plus active, remontent fréquemment à la surface pour aspirer l'oxygène directement, surtout en été. Lorsque pendant cette saison l'eau, par suite de l'élévation de température, perd une partie de ses gaz, les poissons périssent. — L'air en dissolution dans l'eau est indispensable pour la végétation ; on ne doit pas oublier cette circonstance lorsque l'on veut arroser les plantes des serres. — Enfin, l'eau distillée est fade et insipide ; et si celle des sources et des rivières est fraîche et agréable, c'est qu'elle est aérée ; privée d'air, elle devient lourde, d'une digestion lente et difficile.

Outre les gaz dont nous venons de parler, les eaux terrestres contiennent toutes en dissolution des matières solides, minérales et organiques, dont la proportion et la nature sont très-variables. On y rencontre également des nitrates et des sels ammoniacaux.

II. Fleuves et rivières. — L'eau des fleuves et des rivières est généralement presque pure lorsqu'ils descendent des pays granitiques; traversent-ils des roches feldspathiques en décomposition, elle est alcaline; quand ils coulent sur des formations calcaires, elle contient de petites quantités de carbonate de chaux, dissoutes à la faveur de l'acide carbonique. Le poids de l'ammoniaque qu'on y trouve ne s'élève pas à plus de 2 milligrammes par litre; on a constaté dans l'eau de la Marne 5 milligrammes d'acide azotique par litre (Boussingault).

Voici, du reste, les analyses de l'eau de deux fleuves qui suffiront pour indiquer les substances qu'on peut y trouver, ainsi que leur proportion :

Eau de la Seine au pont d'Yvry (MM. Boutron et Henri).

Azote et oxigène............	$0^l,003$
Acide carbonique libre.......	0,013
Bicarbonate de chaux........	$0^g 132$
Bicarbonate de magnésie......	0,060
Sulfate de chaux............	0,020
Sulfate de magnésie.......... } Sulfate de soude............	0,010
Chlorure de calcium........ } Chlorure de magnésium.... } Chlorure de sodium........	0,010
Sels de potasse..............	» » traces.
Nitrates alcalins.............	» » id.
Silice, alumine, oxyde de fer..	0,008
Matière organique azotée......	» » indices.
Total.........	$0^g,240$ par litre.

Eau de la Loire, prise au pont de Mehung au moment d'une forte crue.

Chlorure de sodium	0^g,0048
Sulfate de soude	0,0034
Carbonate de chaux	0,0481
Carbonate de magnésie	0,0061
Carbonate de soude	0,0146
Silicate de potasse	0,0044
Alumine	0,0071
Silice	0,0406
Oxyde de fer	0,0051
TOTAL par litre	0^g,1344 (M. Deville).

Les eaux de rivières et de fleuves sont surtout propres aux irrigations lors de leurs crues à cause des matières organiques et inorganiques qu'elles tiennent alors en suspension.

III. EAUX DE SOURCES ET DE PUITS. — Les eaux de sources sont en général plus riches en principes minéraux que les eaux de rivières. Voici quelques exemples :

Quatre sources des environs de Bezançon laissent par litre un résidu sec pesant 0^g,2 à 0^g,33, d'après M. Deville.

La source d'Arcueil, près Paris, 0^g,527.

Deux sources des environs de Lyon (Dupasquier), de 0^g,26 à 0^g,9.

M. Boussingault a constaté dans diverses sources du Haut-Rhin, du Bas-Rhin et de la Seine les proportions suivantes par litre.

Pour l'acide azotique, 0^g,0002 jusqu'à 0^g,3.

Pour l'ammoniaque, depuis zéro jusqu'à 0^{mg},07.

Du reste, la nature des substances dissoutes ainsi que leur quantité varient avec les terrains traversés.

Les eaux de puits sont plus impures que celles des sources. On peut dire en général qu'elles donnent un résidu double de celui des sources, quadruple de celui des rivières, dépendant plus intimement que celui des rivières et des sources de la composition du sol où ils sont creusés. Ce résidu est constitué principalement par de la silice, des carbonates de chaux et de magnésie, des chlorures de sodium et de potassium, des sulfates de chaux, de potasse et de soude. — M. Boussingault a trouvé plus de nitrates dans les puits foncés des villages et des exploitations rurales que dans les sources et les rivières; mais c'est surtout dans les puits des grandes villes qu'abondent les nitrates et les matières organiques en décomposition, aussi leurs eaux sont-elles très-bonnes pour les irrigations et mauvaises pour la boisson.

Il est souvent avantageux quand les eaux de sources et de rivières font défaut de recueillir les eaux atmosphériques dans des réservoirs. Il faut alors faire attention que les premières eaux enlèvent aux toits beaucoup de substances organiques et minérales, surtout lorsqu'elles surviennent après une longue sécheresse. Si elles sont destinées à la boisson, on doit les rejeter; si, au contraire, on veut les utiliser pour arroser les plantes, il ne faut pas oublier que l'oxygène disparaît rapidement sous l'influence de la décomposition des matières organiques qu'elles contiennent.

On apprécie la quantité de sels en dissolution dans les eaux terrestres, en employant la méthode hydrotimétrique perfectionnée par MM. Boutron et Boudet. Si l'on verse dans de l'eau distillée placée dans un flacon quelques gouttes d'une dissolution alcoolique de savon et que l'on agite, on obtient une mousse légère et persistante. Si l'on répète la même épreuve avec une eau de source, de puits ou de rivière, on reconnaît que la mousse ne devient stable qu'après une dépense plus ou moins considérable de la dissolution alcoolique du savon; il faut, en effet, pour que cette circonstance se produise, que tous les sels terreux aient été décomposés par le savon et qu'il reste un petit excès de la dissolution alcoolique intacte. Plus la quantité de savon dépensée est grande, plus l'eau est impure.

IV. EAUX POTABLES. — Les eaux de rivières, de sources et de puits sont employées pour la boisson. Pour qu'une eau ait toutes les qualités requises, il faut qu'elle soit limpide, aérée, qu'elle n'ait ni odeur, ni saveur, dissolve le savon sans donner trop de grumeaux, ne se trouble que légèrement par l'ébullition. Il ne faudrait pas croire cependant que les eaux les plus pures soient les meilleures; il est bon que les eaux possèdent une petite proportion de sels et particulièrement du carbonate de chaux qui contribue avec celui des aliments à la nutrition des os. Les eaux des pays granitiques sont, sous ce rapport, inférieures à celles des pays calcaires. Ajoutons que les premières ne contiennent pas d'iode; ce qui, d'après M. Chatin, serait encore une circonstance défavorable, puisque l'eau privée d'iode disposerait aux goîtres.

Quand on ne peut se servir que d'eaux mauvaises, on les améliore quelquefois par des moyens simples.

Ainsi certaines eaux sont trop riches en carbonate de chaux. En les faisant bouillir ou simplement en les agitant au contact de l'air, l'acide carbonique disparaît et le calcaire se dépose. On arrive au même résultat en ajoutant un peu d'eau de chaux qui sature l'acide carbonique dont la présence maintenait ce sel en dissolution. Ce procédé est aussi très-propre à éviter les incrustations des machines à vapeur.

On donne le nom d'eaux séléniteuses à celles qui renferment du sulfate de chaux (plâtre); telles sont, par exemple, les eaux des puits de Paris. Si l'on y verse un peu de carbonate de soude, il se forme par double décomposition du carbonate de chaux qui se dépose et du sulfate de soude qui reste en dissolution. Ce dernier sel n'est pas nuisible.

Dans les campagnes, il est possible d'utiliser les eaux corrompues en fixant au milieu d'une mare un tonneau dont le fond inférieur est percé de trous. On surmonte ce fond de couches alternatives de sable et de charbon de bois pilé. L'eau ne pénètre dans l'intérieur du tonneau qu'après s'être dépouillée en traversant ces substances des gaz et des matières organiques nuisibles. De plus, il faut avoir soin de compléter l'opération en la faisant tomber d'une hauteur de quelques mètres, afin de lui donner l'oxygène dont elle est privée.

V. Régime des eaux souterraines. — Origine des sources. — Puits artésiens. — La recherche des eaux souterraines présente souvent un grand intérêt ; on prend alors pour guide quelques règles générales que nous allons exposer.

Sous notre latitude, il tombe environ $0^m,70$ d'eau par an ; donc chaque hectare reçoit à peu près 70,000 hectolitres. On peut admettre qu'ils se distribuent de la manière suivante :

Un douzième s'écoule immédiatement à la surface et va grossir les ruisseaux et les rivières.

Un douzième est rendu à l'atmosphère par l'évaporation.

Un douzième traverse le sol et est ramené à la surface par les sources.

Le reste contribue à alimenter les puits, les nappes d'eau souterraines, les réservoirs des puits artésiens.

Le régime des eaux dans le sein de la terre dépend de la nature des couches, de leur intégrité ou de leur dislocation et de leur inclinaison.

L'eau descend jusqu'à ce qu'elle rencontre une couche imperméable ; parfois le sol superficiel est très-perméable sur une grande épaisseur, alors les eaux se rendent à une grande profondeur ; telle est l'explication des gouffres et des abîmes dans lesquels se perdent non-seulement l'excédant des eaux pluviales, mais encore des ruisseaux et même des rivières ; c'est ce qui arrive dans la Brenne pour le Suin qui disparaît plusieurs fois entre Douadic et Tournon. — Lorsque la couche supérieure perméable est mince, l'eau reste stagnante à la surface; si le sol est sensiblement horizontal, on s'en débarasse alors par le drainage; quelquefois aussi on peut imiter la nature, en creusant un puits jusqu'à ce que l'on rencontre une roche meuble ou disloquée, capable d'absorber les eaux surabondantes.

La dislocation du sol agit dans le même sens que la perméabilité; c'est par des fissures que remontent les eaux minérales; c'est par des fissures plus étroites et plus sinueuses que descendent les eaux terrestres destinées à les alimenter. — Souvent aussi dans les terrains anciens composés de granits, de porphyres, de gneiss ou de schistes fendillés, l'eau ne peut s'enfoncer à de grandes profondeurs, soit parce que les fentes ne se continuent pas, soit parce qu'elles ont été bouchées; alors elle vient suinter en minces filets après un faible parcours. Les prairies si fertiles que l'on rencontre sur des pentes dans le Limousin, la Marche et la partie sud de notre département n'ont pas d'autre origine.

Généralement la croûte terrestre est formée par des couches perméables alternant avec des couches imperméables; au-dessus de celles-ci, il y a toujours une nappe d'eau; mais comme leur imperméabilité n'est pas absolue, chacune d'elles abandonne à celles qui sont au-dessous une portion du liquide qu'elle retient; par conséquent, une nappe d'eau est d'autant plus importante qu'elle est plus profonde.

Dans les formations géologiques où les couches imperméables sont horizontales, tous les puits de la contrée sont à un même niveau, qui est celui de la première résistance sérieuse à la descente, et fournissent une masse d'eau suffisante seulement pour les besoins ordinaires; si ces couches imperméables viennent aboutir à une vallée, il y aura un suintement en divers points de leur pourtour; veut-on obtenir un écoulement continu et le plus important possible, on creusera un canal qui recevra toutes les petites sources partielles. — Ces considérations se vérifient dans le plateau calcaire qui constitue la Champagne de Châteauroux ; tous les puits de cette contrée présentent des caractères analogues ; s'ils sont peu profonds, ils tarissent souvent pendant l'été, parce que les diverses couches de ce terrain ne retiennent l'eau qu'imparfaitement. Plus on s'enfonce, plus l'eau disponible devient abondante. — Les sources sont fréquentes dans cette région sur les bords de l'Indre.

Dans les terrains dont les couches ont une stratification inclinée, l'eau qui pénètre le sol s'arrête bientôt; au moindre obstacle, elle glisse dans le sens même de la pente générale. Voici comment l'abbé Paramel, qui s'est occupé avec beaucoup de succès de la recherche des sources, décrit la circulation de l'eau dans ces cas : Les particules d'eau descendent avec des vitesses inégales, s'associent les unes aux autres, forment d'innombrables et imperceptibles veinules qui s'accroissent peu à peu et deviennent des filets perceptibles ; ces filets d'eau dans leur marche se rencontrent, coulent plus ou moins inclinés et finissent par former des cours d'eau souterrains dont le volume augmente à mesure qu'ils s'éloignent de leur origine. Dans chaque vallée, vallon, défilé, gorge et pli de terrain, il y a un cours d'eau apparent ou caché. C'est dans ces conditions que l'on doit rechercher les sources avec le plus de chances de réussite. Toutes ces sources sortent du côté de la pente du terrain ; il n'y en a que peu ou point sur les tranches.

Enfin, il arrive qu'une couche perméable comprise entre deux couches imperméables se prolonge en s'infléchissant, sans solution de continuité, d'un des flancs d'une vallée à l'autre et vient affleurer à la partie supérieure des plateaux sur une grande largeur, formant ainsi un immense siphon renversé. Cette couche perméable retiendra certainement une nappe d'eau. C'est dans cette situation que l'on obtient des puits artésiens. Que l'on creuse, en effet, avec une sonde dans les parties basses du siphon, l'eau s'élèvera dès que l'on aura atteint la région aquifère et jaillira d'une manière continue au-dessus du sol, sans cependant arriver à la hauteur d'où elle est descendue à cause de la résistance de l'air et des pressions que la portion supérieure de la colonne d'eau exerce sur la partie inférieure. — Donc on pourra espérer obtenir un puits artésien en un lieu donné, s'il est placé au centre de collines ou de plateaux beaucoup plus élevés, si le sol de la contrée n'a pas subi de dislocations et enfin s'il existe dans les régions souterraines de tout le pays une couche favorable qui vienne se terminer sur les hauteurs. Cet ensemble de conditions se présente dans l'Artois. Le plus ancien puits artésien de cette province date de 1126 ; il est creusé dans le Pas-de-Calais, entre Béthune et Aire ; ses eaux viennent d'une profondeur de 150 mètres et jaillissent à $2^m,06$ au-dessus du sol. Du reste, les puits artésiens remontent à une haute antiquité et rendent d'immenses services surtout dans les contrées sablonneuses, brûlées par le soleil, comme le Sahara algérien, où ils sont la source d'une grande fertilité.

Les terrains primitifs sont tout-à-fait défavorables aux puits artésiens ; les terrains secondaires inférieurs offrent peu de chance de réussite ; la craie et les terrains tertiaires présentent les meilleures conditions. Parmi les puits artésiens les plus célèbres, nous citerons : le puits de Grenelle et celui de Passy. Le puits de Grenelle, commencé en 1834 sur les indications d'Arago, a été terminé en 1841 ; il a 548 mètres de profondeur ; son diamètre à la partie inférieure est de 18 centimètres, et à la partie supérieure de 55 centimètres. Il débite 2,300 litres par minute à la température de 28°. L'eau de ce puits donne par litre un résidu qui pèse seulement $0^g,149$; elle est donc de bonne qualité ;

ce qu'elle présente de remarquable, c'est qu'elle renferme, outre des sels de potasse, de magnésie et de chaux, de la silice libre en dissolution.

III. — De la mer.

Les mers couvrent plus des trois cinquièmes de la surface de la terre. Ce sont de vastes réservoirs qui entretiennent la circulation aqueuse de la nature. L'eau qui s'évapore à leur surface s'élève dans les régions supérieures de l'atmosphère, forme des nuages qui, poussés par le vent, viennent se résoudre en pluie à la surface des continents ; ces pluies alimentent les rivières et les sources, et les eaux retournent à la mer après s'être chargées d'une certaine quantité de sels provenant du lavage des terres.

Le fond des mers offre des ondulations comparables à celles des continents. Ainsi près des côtes basses en pentes douces, la profondeur augmente lentement, tandis que dans le voisinage des falaises et des roches escarpées, elle croît brusquement. Des recherches opérées à l'aide de la sonde, il résulte que la profondeur moyenne de l'Océan Pacifique est de 4,000 mètres; celle de l'Océan Atlantique de 4,000 mètres. La plus grande profondeur de la Méditerranée est de 4,740 mètres ; du reste, la plus grande profondeur observée dans les mers n'a pas dépassé 5,000 mètres, tandis que la plus haute montagne du globe, l'Hymalaya, atteint 7,824 mètres.

Le niveau de la mer est invariable, mais le rapport de hauteur entre les continents et les mers ne l'est pas partout; par exemple, sur les côtes de la Baltique, il y a un exhaussement lent; dans le Groënland, il s'est accompli un affaissement progressif dans ces derniers siècles. Dans d'autres lieux, en particulier dans le golfe de Naples, il y a eu, à l'époque actuelle, de véritables oscillations de la croûte terrestre à longues périodes. Il est vraisemblable que ces phénomènes ont joué un rôle beaucoup plus important dans les anciens âges de notre globe.

Outre les mouvements produits par les marées et ceux des vagues soulevées par les vents, de nombreux courants entraînent les eaux de la mer et les font circuler de l'équateur aux pôles et des pôles à l'équateur. Le plus intéressant pour nous est le Galf-stream qui, parti du golfe du Mexique, remonte jusque sur les côtes de l'Angleterre et redescend le long des côtes de France. On le reconnaît surtout à cette circonstance que ses eaux ont une température plus élevée que celles qui l'environnent. On lui attribue avec raison la douceur de nos hivers.

Malgré les mélanges que ces mouvements opèrent, la température de la mer diminue assez régulièrement depuis l'équateur, où elle est de 26 à 27°, jusqu'aux pôles, où elle est toujours inférieure à zéro ; de plus, elle décroît avec les profondeurs, de manière à descendre à 2° environ lorsque la sonde indique 3,000 mètres.

L'eau des mers contient un grand nombre de substances en dissolution. Le résidu qu'elle abandonne par l'évaporation varie dans des limites assez étendues. Voici quelques nombres destinés à fixer les idées à cet égard :

Résidu de l'évaporation de 1,000 parties pour les mers suivantes :

	Densité.	Résidu.
Mer Caspienne	1,00559	6^g,29
Mer d'Azow	1,00970	11,88
Mer Noire	1,01365	17,66
Mer du Nord	1,02340	30,46
Océan Atlantique	1,02860	31,14
Manche		35,25
Méditerranée	1,0258	43,73
Mer Morte { après la saison des pluies		149,31
avant		426, »

Le minimum de salure existe donc dans la mer Caspienne ;

le maximum pour la mer Morte. Aussi bien que les eaux de cette dernière soient d'une transparence remarquable, aucun animal ne peut y vivre. C'est le chlorure de magnésium qui y domine; elle en renferme plus de trois kilogrammes par mètre cube.

Du reste, le degré de salure varie pour la même mer avec la position; ainsi elle augmente avec la profondeur; elle diminue dans le voisinage des côtes et vers l'embouchure des grands fleuves.

Quant aux substances dissoutes que l'on sépare par l'évaporation de l'eau de mer, elles sont très-variées; elles le sont même davantage que ne l'indiquent les analyses faites jusqu'ici. — Le sel marin ou chlorure de sodium forme constamment les trois quarts du résidu; il y a, en outre, des chlorures de potassium et de sodium, des sulfates de potasse, de magnésie et de chaux, du carbonate et du phosphate de chaux, des traces d'iodures, de bromures, de silice. Les matières organiques sont assez répandues, mais les sels ammoniacaux ne paraissent exister que dans des circonstances exceptionnelles. — Les mollusques et les zoophytes utilisent à leur profit le carbonate et le phosphate de chaux; certaines plantes marines s'assimilent des iodures et des bromures, de telle sorte qu'ils sont beaucoup plus abondants dans leurs cendres que dans les produits de l'évaporation, d'où cependant on les extrait maintenant en opérant la séparation méthodique des sels de poids énormes d'eau. — Enfin, on constate des traces de différents métaux, du fer, du cuivre et de l'argent. MM. Malaguti et Durocher évaluent à plus de deux millions de tonnes la quantité d'argent disséminée dans la masse entière des mers.

On n'est pas d'accord pour expliquer l'origine de la salure de la mer; elle représente sans doute le résidu de ce que les eaux ont tenu en dissolution aux diverses époques géologiques et dont une grande partie s'est déposée sous l'influence de réactions diverses. Il y a lieu de penser que cette salure va en augmentant avec le temps, puisque l'eau qui s'évapore à la surface des mers est à peu près pure, tandis que celle qui est amenée par les fleuves est chargée d'une certaine proportion de sels; mais il est une autre cause dont il faut tenir compte : ce sont les sources minérales qui s'épanchent dans la mer; si leur proportion relative est la même que sur la terre, et il est probable qu'en comptant ainsi on reste au-dessous de la vérité, elles seraient les trois cinquièmes des sources salées terrestres et verseraient un poids de substances solides important, ainsi que nous le verrons dans l'étude des eaux minérales.

Quelques géologues, MM. Cordier et Leymerie en particulier, pensent que la nature de la salure des mers a dû varier dans les temps géologiques. Primitivement elle aurait été produite par le chlorure de calcium; ce serait le carbonate de soude provenant de la décomposition des roches granitiques qui aurait provoqué les grands dépôts de carbonate de chaux et la formation du chlorure de sodium. Il est bien certain que toutes les eaux primitives étaient très-chargées de sels. L'évaporation spontanée a donné naissance aux eaux douces qui se sont rassemblées dans les sources, les rivières, les lacs, d'où elles sortent pour alimenter les bassins salés.

Terminons en donnant l'analyse de l'eau de l'Océan Atlantique et de la Méditerranée. Sur 1,000 parties, on trouve :

Océan Atlantique.

Chlorure de sodium.........	$25^g,18$
Chlorure de magnésium......	2,94
Sulfate de magnésie........	1,75
Sulfate de soude............	0,27
Sulfate de chaux............	1, »
	31,14 (J. Murray.)

Méditerranée.

Chlorure de sodium............	29^{g},414
Chlorure de potassium........	0, 505
Chlorure de magnésium......	3, 219
Sulfate de magnésie...........	2, 477
Chlorure de calcium..........	6, 080
Sulfate de chaux..............	1, 357
Carbonate de chaux...........	0, 114
Bromure de sodium...........	0, 556
Peroxyde de fer...............	0, 003
	43, 735 (M. Usiglio.)

IV. — Eaux minérales.

Les eaux minérales sont celles qui sont amenées par des sources du sein de la terre et qui contiennent assez de matières solides en dissolution pour être utilisées en médecine et dans l'industrie.

Nous distinguerons, avec M. Dufrénoy, deux espèces d'eaux minérales : 1° les eaux minérales par décomposition qui possèdent la même température que le sol qui les émet, et résultent de l'action de l'eau sur les roches superficielles ; — 2° les eaux minérales thermales qui arrivent du sein de la terre avec une température plus ou moins élevée, et dont les sels n'ont pas de relation de composition avec les roches d'où elles sortent. Si quelques-unes ne sont que faiblement thermales, c'est qu'avant d'arriver à la surface de la terre, elles se sont mélangées avec des eaux douces.

I. Eaux minérales par décomposition. — Ces eaux sourdent de tous les terrains ; les lois de leur production sont les mêmes que pour les sources ordinaires ; seulement les roches qu'elles traversent offrent des circonstances particulières de composition, et par exemple contiennent des sulfates et des sulfures. Aussi les eaux qui en proviennent doivent leurs propriétés à la présence soit de certains sulfates, soit de l'hydrogène sulfuré. — Les sulfates les plus communs sont ceux de magnésie, de potasse et de fer; ils tirent leur origine de la pyrite de fer (sulfure de fer), disséminée dans les roches; sous l'influence de l'oxygène, cette pyrite se convertit en sulfate de fer qui, par double décomposition, donne naissance aux autres sels de ce genre.

Nous citerons, comme exemples, les eaux de Cransac (Aveyron), qui sortent des terrains primitifs, et celles de Sedlitz (Bohême), qui prennent naissance dans les terrains de transition.

Les eaux de Sedlitz sont l'objet d'un commerce considérable; elles doivent leurs propriétés au sulfate de magnésie dont elles contiennent $8^g,4$ par litre sur un résidu de $12^g,3$.

Les eaux de Cransac, très-estimées dans le Midi de la France, laissent un résidu de 3^g à 5^g par litre, et contiennent de 2^g à 3^g d'acide sulfurique, quantité plus que suffisante pour saturer toutes les bases.

Les eaux précédentes contiennent le soufre à l'état de sulfate; mais il en est quelques-unes appartenant à ce groupe qui les renferment aussi à l'état d'hydrogène sulfuré. Remarquons que dans les eaux minérales thermales, ce sont les sulfures de potassium et de sodium qui dominent et dégagent de l'acide sulfhydrique sous l'influence de l'acide carbonique. L'eau minérale sulfureuse la plus célèbre, sortant de terrains assez modernes, est celle d'Enghien, près de Paris. — Le sous-sol de cette localité est formé par la pierre à plâtre de Montmartre recouverte dans la vallée par une couche de tourbe que l'on voit saillir sur tout le pourtour du lac, qui donne tant de fraîcheur et de pittoresque au paysage. Voici la réaction chimique qui s'effectue : le sulfate de chaux est dissout dans l'eau ; en contact avec les matières organiques, il perd son oxygène et se convertit en sulfure de calcium. L'oxygène dégagé brûle lentement les matières organiques ; de là, production de l'acide carbonique qui met en liberté de l'hydrogène sulfuré. C'est sur les points où le dégagement de ce dernier gaz est le plus abondant, que se trouvent les sources exploitées.

La source Cotte qui est la plus importante d'Enghien, laisse par litre un résidu de $1^g,09$, contenant :

$$\begin{aligned}
\text{Acide sulfhydrique} &\ldots\ldots\ldots 0^g,016. \\
\text{Sulfure de calcium} &\ldots\ldots\ldots 0,092. \\
\text{Sulfate de magnésie} &\ldots\ldots\ldots 0,011.
\end{aligned}$$

Cette eau plus sulfureuse que celles de Barèges et de Cauterets est cependant moins énergique, sans doute, parce que celles-ci renferment au lieu d'hydrogène sulfuré libre des sulfures alcalins.

II. EAUX MINÉRALES THERMALES. — Les sources minérales thermales appartiennent toutes aux pays de montagnes formées de roches cristallines ; elles sont en relation intime avec les phénomènes de dislocation qu'ils ont éprouvés.

Circonstance de production. — Voici quelques exemples destinés à prouver que la sortie des eaux thermales vers les points de contact de deux roches ignées dont l'une au moins est éruptive, est un fait général.

C'est dans le granit porphyroïde que les sources de Plombières se produisent au jour, mais tout près de là existent des roches qui ont surgi plus récemment.

Les eaux sulfureuses d'Amélie-les-Bains, dans les Pyrénées, émergent, d'après M. Leymerie, d'un gneiss associé à du schiste semi-cristallin et près de son contact avec un porphyre quartzifère éruptif.

Les ophites des Pyrénées qui paraissent des porphyres sortis à l'époque tertiaire, ont déterminé l'arrivée d'eaux minérales dont les dépôts sont représentés par des gypses, du sel gemme, du fer oxydulé, du fer oligiste.

La ville d'Evaux (Creuse), est sur un plateau de gneiss talqueux, d'où un chemin rapide conduit au commencement d'une petite vallée dans laquelle se trouvent les sources; il n'est pas douteux que l'émission d'un porphyre à grains durs à travers ce gneiss ait déterminé des fractures qui donnent passage aux eaux.

Les nombreuses sources minérales du plateau central, on en compte plus de 750, sont en relation soit avec des éruptions de granit et de porphyre, soit avec la sortie de roches volcaniques.

On doit donc admettre que les phénomènes de dislocation, en même temps qu'ils provoquaient l'ascension de roches en fusion, ont fourni les canaux indispensables pour l'émission des eaux thermales. Du reste, il n'est pas toujours possible de déterminer exactement ce qui s'est passé; car les matières fondues ne sont pas toujours venues jusqu'à la surface de la terre, ou bien elles ont été recouvertes postérieurement par des terrains sédimentaires.

Une première conséquence des faits précédents, c'est que la composition des eaux minérales doit varier avec la constitution et l'âge des roches éruptives; cette conséquence est vraie, en effet, et, même pour les eaux d'une nature déterminée, le voisinage de certaine roche y introduit des matières propres à d'autres eaux thermales dont cette roche est congénère.

Une deuxième conséquence, c'est que les sources minérales thermales doivent se rencontrer soit dans les cratères de soulèvement, soit sur l'une des vallées longitudinales. Elles sont presque toutes situées sur le bord de l'eau, à peu de distances des ruisseaux et des rivières. Ne savons-nous pas, en effet, que les vallées des pays montagneux sont le résultat des fractures du sol et qu'elles ont été ensuite façonnées par les eaux qui ont mis à nu soit les tranches des terrains sédimentaires, soit les fissures des roches cristallines; ce qui a permis aux eaux de s'échapper.

Température des sources thermales. — Si les sources sont peu importantes, elles n'ont qu'un faible excédant de température, parce qu'elles ont facilement abandonné la plus grande partie de leur chaleur en traversant les portions superficielles de la terre. — Les sources abondantes ne sont pas dans le même cas; elles n'éprouvent qu'une perte relativement faible et leur degré est toujours assez élevé quand elles ne se mélangent pas avec les eaux douces ordinaires.

Citons quelques exemples :

Les eaux des Geysers d'Islande dépassent presque toujours 100°, et même dans le grand Geyser leur température atteint 124°.

Dans les Pyrénées, la température des sources est d'autant plus grande, qu'elles se rapprochent davantage de l'axe cristallin de la chaîne. Ainsi les eaux d'Olette, dans le Roussillon, ont 78°, celles d'Ax 75°, celles de Luchon de 27° à 58°, celles de Barèges de 28° à 42°.

Parmi les sources du plateau central, celles de Chaudesaigues ont 80° à 82°, celles de la Bourboule 52°, celles du Mont-Dore 45°. — A Néris, la température oscille entre 40° à 50°, à Vichy entre 19° et 45°.

Dans les Vosges, les sources de Plombières ont de 15° à 45°.

M. Daubrée a essayé de calculer la somme de chaleur versée dans l'atmosphère par les sources minérales de France; elle ne serait guère que les 5 millièmes du flux direct qui traverse le sol et pourrait fondre une couche de glace à 0° d'une épaisseur de $0^m,00000324$.

La température des sources thermales est assez constante, à notre époque. Ainsi, des expériences de Carrère faites, en 1754, il résulte que les sources d'Ax avaient alors le même degré thermométrique qu'aujourd'hui. Mais, des circonstances accidentelles peuvent la faire varier. En premier lieu, il faut compter les tremblements de terre. En effet, lors du grand tremblement de Lisbonne, en 1775, la chaleur des sources de Bagnères-de-Luchon s'accrut de 41°,6. Au mois d'août 1854, les Pyrénées furent éprouvées par une suite de secousses horizontales et verticales, et l'une des sources de Barèges passa de 18° à 28°. Du reste les changements de température dus aux oscillations du sol ne sont que momentanés, et au bout de quelques jours l'état normal se rétablit. — Parmi les autres causes qui modifient le degré thermométrique des sources thermales, il faut compter les infiltrations plus ou moins grandes d'eaux froides et les diminutions du débit par suite de l'obstruction des canaux.

La température des eaux thermales n'exclut pas nécessairement les êtres organisés. Ainsi, dans l'Amérique du Sud, M. de Castelnau a constaté l'existence dans des eaux à 34° d'insectes hydrophylles qui ressemblent beaucoup à ceux de l'Europe centrale. Dans l'île de Luçon, l'une des Philippines, une source à 86° contient des plantes végétant parfaitement et des poissons de $0^m,1$ de longueur. L'Ulva thermalis croît dans des eaux dont la température est de 47°.

On utilise quelquefois la chaleur des eaux thermales. A Chaudesaigues (Auvergne), il existe des maisons qui n'ont pas de cheminées; on amène l'eau de la fontaine par de petits canaux sous les larges dalles qui les pavent et les chambres sont ainsi échauffées. Les habitants se servent de cette eau pour tremper leur soupe, cuire les légumes, les œufs; en un mot pour tous les usages domestiques. Il en est de même à Digne, en Provence; à Ax, dans les Pyrénées. — Mais, ce qu'il importe surtout de constater, c'est l'effet que les eaux chaudes produisent sur les plantes. Qui n'a remarqué que des eaux de source à 10° ou 12°

entretiennent dans leur voisinage, pendant l'hiver, une fraîche végétation? A Evaux (Creuse), l'enceinte assez vaste dans laquelle les sources s'échappent des roches a été creusée de main d'homme par les Romains qui y avaient établi des puits et des piscines. Des travaux exécutés, en 1850, ont en partie reconstitué l'ancien état de choses qui avait disparu sous des débris de roches recouvertes par de la terre végétale ; les eaux thermales s'écoulaient sous le sol et entretenaient une température élevée ; la main placée sur la terre percevait facilement une sensation de chaleur. Des arbres, des noyers surtout, dont les racines pénétraient jusque dans le voisinage des sources, acquéraient promptement un volume énorme et une végétation de feuillage tout-à-fait extraordinaire. Les légumes semés sur le terrain n'attendaient pas le printemps pour se développer. La terre ne se lassait pas de produire, même l'hiver ; c'était, dit M. Lecoq, comme une immense bâche découverte chauffée par un puissant thermosiphon. Maintenant encore des guirlandes de fraisiers s'étalent sur les parois des rochers, poussent avec vigueur et déjà leurs fruits rougissent lorsque les fraisiers des environs sont encore engourdis pendant l'hiver. — Rien n'est plus propre que ces observations pour nous montrer la cause de l'exhubérante végétation des anciennes époques géologiques, principalement de la période houillère.

Volume et débit des sources thermales. — Le volume et le débit des sources thermales est, comme on le pense bien, très-variable ; mais, si quelques-unes ne donnent qu'un faible suintement, d'autres émettent des masses d'eau considérables.

Citons quelques exemples :

Les sources d'Olette, dans les Pyrénées, fournissent au moins, en vingt-quatre heures, 1,772 mètres cubes d'eau ; celles de Cautrets, depuis les travaux de M. François, 392 mètres cubes.

Le sol d'Ax, dans l'Ariège, repose sur une véritable nappe d'eau minérale; des vapeurs s'échappent par toutes les fissures, imprègnent l'air d'une odeur sulfureuse. On ne compte pas moins de quarante sources, contenant des proportions graduées de sulfures alcalins, de manière à former une véritable série thermale.

Plusieurs sources du plateau central ont aussi un débit fort important; les sources de Bourbon-l'Archambault donnent 2,400 mètres cubes, par vingt-quatre heures; celles de Royat, qui n'étaient qu'un suintement il y a quelques années, 4,296 mètres cubes; celles de Chaudesaigues, 993 mètres cubes. — Certains bassins tout entiers sont, pour ainsi dire, imbibés d'eaux thermales. On en a des exemples à Vichy, à Clermont, dans une foule de localités sur les bords de l'Allier.

M. Lecoq, qui a essayé d'évaluer le volume des eaux fournies par les sources du plateau central, est arrivé au chiffre considérable de 15,000 mètres cubes par vingt-quatre heures, et cependant ce chiffre est au-dessous certainement de la vérité.

Diverses circonstances influent sur le débit des sources minérales. D'abord elles éprouvent une perte lorsqu'elles traversent des terrains perméables. Puis les courants qui les amènent au jour peuvent s'obstruer. A Vichy, la source de la Grande-Grille avait en 1820 une température de 39° et un débit de 15,400 litres. En 1830, la température était descendue à 33° et le débit à 8,500 litres. En 1854, M. François, ingénieur des mines, a reconnu qu'un champignon d'arragonite s'était formé à la base de cette source et bouchait le canal. Après l'enlèvement de ce champignon, le débit est devenu de 96,320 litres par vingt-quatre heures et la température s'est élevée à 42°.

Les tremblements de terre exercent aussi sur le débit une influence considérable. Ainsi, à Néris, en 1775, deux heures environ après la secousse qui détruisit Lisbonne, il surgit une nouvelle source qui lança pendant quelques secondes une colonne d'eau de trois à quatre mètres de hauteur. Le volume des autres eaux du bassin fut considérablement augmenté ; elles devinrent laiteuses. — Le même jour, à Bourbon-l'Archambault, la source s'accrut au point de déborder par-dessus les margelles du puits et d'inonder la ville.

Dans les circonstances ordinaires, le débit est soumis à des lois régulières. Par exemple, plusieurs sources ont des intermittences périodiques : telle est la fontaine du Tambour, près de Martin-de-Veyre (plateau central), ainsi nommée à cause d'une sorte de roulement souterrain produit par le gaz qui vient s'amonceler à la partie inférieure; telle est celle de Jaude, près Clermont, dont les intermittences sont d'environ six minutes. — Les jets du grand Geyser sont séparés par des intervalles d'une demi-heure à une heure. — Ces variations périodiques sont dues à la sortie des gaz. Quand ils ont été suffisamment comprimés dans les réservoirs souterrains, ils pressent l'eau et jaillissent avec elle. — De là, il résulte que le débit doit osciller avec la pression atmosphérique. M. Filhol a constaté que le titre sulfhydrométrique des sources sulfureuses des Pyrénées variait dans le sens de la pression. Le phénomène est consécutif, il se manifeste d'ordinaire une heure un quart après la cause et atteint rapidement son maximum.

Substances dissoutes par les sources. — Les sources minérales thermales sont loin de contenir la même proportion et la même nature de substances salines. Ordinairement elles donnent un résidu d'autant plus abondant que leur température est plus élevée. Cependant il y a quelques exceptions à cette règle. Ainsi, les eaux de Néris, qui atteignent 52°, ne contiennent par litre que $1^g,1$ de matières salines et un peu de matières organiques. Pour les sources du plateau central, la proportion de matières fixes est de 3 à 4 grammes ; cependant les eaux de Vichy laissent de 7 à 8 grammes de résidu par litre. — Il y a des eaux, comme celles de Rovigo, dans la province d'Alger, qui en abandonnent plus de 30 grammes par l'évaporation.

Voici la liste des substances les plus habituelles des eaux minérales :

Oxygène.	Potasse.
Azote.	Soude.
Acide carbonique.	Chaux.
Acide sulfhydrique.	Magnésie.
Acide phosphorique.	Oxyde de fer.
Acide silicique.	Matière organique.
Chlore.	

Les substances que l'on rencontre plus rarement ou dans une plus faible proportion sont :

L'iode,	La lithine,	L'arsenic,
le brôme,	l'ammoniaque,	l'antimoine,
le fluor,	la strontiane,	le cuivre,
l'acide azotique,	l'alumine,	le césium,
l'acide borique.	le manganèse.	le rubidium,
		le cobalt,
		le nickel.

L'acide carbonique est le gaz le plus répandu. Suivant M. Lecoq, le volume qui s'en dégage chaque jour du plateau central serait d'au moins 5,000 mètres cubes, et encore ne tient-il pas compte de celui qui s'échappe tout-à-fait inaperçu par les fentes dépourvues d'eau. Tout le sol calcaire de la Limagne d'Auvergne est imprégné de ce gaz; si l'on creuse un puits, il s'y accumule, et une lumière s'éteint dans son atmosphère; s'il se forme une mare, l'acide carbonique se dégage de temps en temps et quelquefois assez abondamment pour provoquer une sorte d'ébullition de l'eau. Peut-être faut-il attribuer en grande partie à l'abondance de ce gaz l'étonnante fertilité de cette contrée.

Lorsque l'arsenic fut signalé pour la première fois dans

les eaux minérales, ce fait souleva une vive émotion ; mais il faut toujours se rappeler que les substances les plus délétères en agissant à faible dose sur l'organisme, non-seulement ne sont pas nuisibles, mais souvent exercent une action bienfaisante.

L'eau des sources contient toujours une petite quantité de matière organique assez mal définie jusqu'ici, et que l'on désigne sous les noms de glairine, de barégine, etc., parce qu'on a reconnu, en effet, que sa nature variait avec celle des sources. Quand elle existe en quantité notable, les eaux sont douces et savonneuses au toucher. Pour l'examiner dans son intégrité, on place sur le porte-objet du microscope solaire une ou deux gouttes que la chaleur ne tarde pas à vaporiser ; on aperçoit alors sur l'écran une petite membrane sans trace d'organisation, qui se plisse, se tend de mille manières, jusqu'à ce que la dessication soit complète. Cette opération réussit très-bien avec les eaux de Néris, relativement riches en matière organique et pauvres en sels. Ce que cette matière offre de remarquable, c'est sa tendance à donner naissance à des organismes inférieurs, qui, sous l'influence de la lumière, revêtent le plus souvent une couleur rouge ou verte. Voici, d'après M. Lecoq, la marche du phénomène à Néris : un enduit glaireux s'attache d'abord aux parois des bassins ; bientôt après des filaments se développent au milieu du mucus ; ils s'allongent, se ramifient et annoncent le commencement d'une véritable organisation. Au bout de quelques jours, ces filaments s'agglomèrent sans cesser d'être liés par le mucus et forment des membranes plus ou moins étendues qui se colorent d'un beau vert et qui s'accroissent rapidement. Quand on place la masse hors de l'eau, elle se décompose assez facilement, mais on peut la conserver dans le sel marin.

La matière organique des eaux paraît contribuer beaucoup à leur efficacité médicinale ; elle est, en effet, d'une assimilation facile, susceptible de pénétrer promptement les organes et de s'y incorporer en ramenant la vie. On la trouve aussi fréquemment unie à l'oxyde de fer, sous la forme d'acides crénique et apocrénique, causes des dépôts ocreux des sources ferrugineuses.

CLASSIFICATION DES EAUX MINÉRALES.

Nous diviserons, avec M. Chevreuil, les eaux minérales en quatre groupes : 1° Eaux gazeuses ; 2° Eaux salines ; 3° Eaux ferrugineuses ; 4° Eaux sulfureuses. — Ces sources se rencontrent dans beaucoup de pays. En France, il en existe plus de 800, presque toutes exploitées. Groupées dans les contrées à terrains éruptifs, les Pyrénées, les Alpes, les Vosges, sur les pentes volcaniques du plateau central, elles ont surgi, comme les roches qui les accompagnent, à des époques très-variées.

I. EAUX GAZEUSES. — On range dans cette catégorie les eaux qui contiennent une forte proportion d'acide carbonique en dissolution ; ce gaz se dégage sous forme de bulles lorsqu'elles viennent au jour. Elles sont aigrelettes, rougissent le tournesol, sont assez pauvres en sels. Exemple :

Eau de la Bourboule. — Cette eau a une température de 52° ; elle contient par kilogramme $4^l,237$ d'acide carbonique, donne sur 1,000 parties un résidu de $6^g,11$, dont le bi-carbonate et le sulfate de soude forment plus de la moitié.

II. EAUX SALINES. — Les eaux salines tiennent une forte proportion de sels en dissolution ; plusieurs sont en même temps gazeuses (Bourbon-l'Archambault, Vichy). Exemples :

Eaux de Plombières. — Elles ne sont pas gazeuses ; leur température varie de 15° à 64°. Elles sont peu riches en matières solides ; on y remarque des bicarbonates de chaux, de soude et de fer et un peu de sulfate de soude.

Eaux de Bagnères-de-Bigorre. — On trouve à Bagnères-de-Bigorre une trentaine de sources dont la température varie de 23° à 48°. Ces eaux sont limpides, ont une saveur astringente; elles renferment des traces d'acide sulfhydrique et des sels variés parmi lesquels on doit distinguer les sulfates de chaux, de magnésie et de soude, des carbonates de chaux, de magnésie et de fer.

Eau de Néris (40° à 50°). — Cette eau, peu riche en matières salines, parmi lesquelles on remarque des bicarbonates de soude et de chaux, est surtout remarquable par une assez forte proportion de matière organique.

Eaux de Vichy (19° à 45°). — Ces eaux, qui contiennent beaucoup d'acide carbonique, laissent un résidu de 7 à 8 grammes par litres, renfermant près de 4 grammes de bicarbonate de soude. Comme dans les principales sources d'Auvergne, on y a signalé un peu d'arsenic; elles possèdent deux sortes de matière organique, l'une qui reste en dissolution, l'autre qui se dépose sous forme d'une masse brune visqueuse.

III. EAUX FERRUGINEUSES. — Elles ont une saveur qui rappelle celle de l'encre. Le fer y est à l'état de bicarbonate; elles donnent au bout de quelque temps un précipité bleu par le prussiate jaune de potasse et abandonnent des dépôts ocreux de peroxyde de fer hydraté.

Parmi les sources de cette nature, il en est peu qui soient thermales; elles appartiennent plutôt aux eaux minérales par décomposition. Exemples : eaux de Cransac et de Forges.

Il existe dans le département de l'Indre, au village de Voué, commune de Dunet, une source ferrugineuse qui jouit d'une assez grande réputation locale.

IV. EAUX SULFUREUSES. — Ces eaux, qui précipitent en noir par l'acétate de plomb, sortent généralement des terrains granitiques et contiennent la matière organique que nous avons signalée sous le nom de barégine et de glairine. L'acide sulfhydrique qu'elles renferment est en grande partie combiné avec le potassium et le sodium, et celui qu'elles dégagent paraît résulter en général de la transformation des sulfures en carbonates par suite de l'action de l'acide carbonique. Exemples :

Eaux de Bagnères-de-Luchon (28° à 68°). — D'après les travaux de M. Filhol, ces eaux renferment du sulfure de sodium et une petite quantité d'acide sulfhydrique libre provenant de la réaction de la silice sur le sulfure alcalin. D'abord limpides, elles deviennent rapidement laiteuses au contact de l'air. On y trouve un peu d'iode. Le poids du résidu salin par litre est de 0^g,209; les sels dominants après le sulfure de sodium sont le sulfate et le carbonate de soude.

Eaux de Barèges (28° à 42°). — Elles ne contiennent que du sulfure de sodium sans acide sulfhydrique libre. Le poids du résidu salin par litre est de 0^g,208 renfermant 0^g,042 de monosulfure de sodium et des sels de soude et de magnésie.

Eaux de Cauterets. — Elles ont une grande ressemblance avec celles de Barèges ; ainsi elles donnent par litre un résidu salin du poids de 0^g,195, contenant 0^g,025 de monosulfure de sodium ; les autres sels dominants sont ceux de soude et de magnésie.

ORIGINE ET IMPORTANCE DES EAUX MINÉRALES.

Si l'on se rappelle que les eaux thermales sont spéciales aux terrains montagneux et aux contrées volcaniques, que là où elles jaillissent on peut souvent reconnaître la présence de deux roches dont l'une au moins est éruptive, qu'elles sont chaudes, on sera obligé d'admettre qu'elles viennent d'une grande profondeur par les fractures produites lors des soulèvements. Du reste, M. Daubrée a démontré par d'ingénieuses expériences que les eaux terrestres ou marines peuvent, sous l'influence de la pesanteur et de la capillarité, traverser une grande épaisseur de la croûte terrestre et pénétrer dans dès réservoirs où s'exercent de fortes pressions, sans que la voie offerte à la descente serve en même temps de cheminée aux émissions de vapeur. D'après cela, dans le sein de la terre, là où règne une température très-élevée, il y aurait de vastes cavités renfermant, outre l'eau constitutive, celle qui afflue de la surface du globe; de là des émissions continuelles de vapeurs à tensions considérables, causes premières des tremblements de terre et des volcans. Dans le cas des eaux minérales, ces vapeurs se condensent dans de longs canaux, puis, soulevées par la pression, elles viennent jaillir dans l'atmosphère avec une vitesse variable. Cette hypothèse rend parfaitement compte des influences qu'exercent sur le régime des sources minérales les oscillations du sol et du baromètre. Remarquons que le mode d'émission est tout-à-fait différent de celui que nous avons assigné aux puits artésiens. Quant aux substances salines et même organiques que les eaux thermales contiennent, elles sont sans doute empruntées à la région inférieure de la croûte terrestre, d'où elles sont entraînées par la volatilisation de la vapeur d'eau. Car si, comme nous le savons, les vapeurs que donnent les mers ne sont pas complètement pures, à plus forte raison doit-on le penser de celles qui se produisent, dans des circonstances bien plus favorables, au sein des réservoirs souterrains.

L'importance des matériaux fournis à l'époque actuelle par les eaux minérales n'est pas à dédaigner. Ainsi nous avons vu que les sources du plateau central émettent à elles seules au moins 15,000 mètres d'eau par vingt-quatre heures. Supposons, avec M. Lecoq, qu'elles aient en dissolution 3 kilogrammes de matières solides par mètre cube, ce qui est au-dessous de la vérité, elles amènent donc à la surface de la terre 45,000 kilogrammes de sels en vingt-quatre heures, et par an 16,425,000 kilogrammes. Si l'on comptait par siècle et, qu'est un siècle pour la nature, si l'on réunissait toutes les sources minérales du monde, on arriverait même pour notre temps à des nombres qui effraient l'imagination. Une grande partie de ces sources jaillissent sous la mer; nous avons donc eu raison d'admettre qu'elles contribuent à en augmenter la salure.

Mais l'importance des eaux minérales n'est maintenant qu'un reste affaibli de ce qu'elle était autrefois. Sans doute, il ne faut pas perdre de vue que les dépôts sédimentaires se sont formés sous les eaux par la destruction de roches précédemment formées; mais en même temps des sources minérales s'y rendaient, qui ont influé sur la constitution définitive des roches. C'est à leur action qu'il faut attribuer les dépôts si considérables de travertins, la silice qui imprègne quelques calcaires au point de les rendre inattaquables par les acides, les rognons siliceux si abondamment répandus dans la craie, les formations siliceuses que l'on trouve enclavées dans ces terrains, en particulier, celle des environs de Loches, et celles d'Obterre, de Villiers, de Poulaines, dans notre département.

Ajoutons que les eaux thermales ont certainement joué un rôle prépondérant dans la production des minerais et des gangues des filons. La petite quantité de substances métallifères contenue dans les eaux à l'époque actuelle n'est pas une objection suffisante; car, d'abord, ces petites proportions mêmes en s'accumulant finiraient par donner des poids considérables. Puis les eaux minérales étaient certainement plus riches qu'aujourd'hui, à cause de leur température plus élevée et des régions intérieures d'où elles provenaient.

Ne savons-nous pas, en effet, que les eaux d'une même contrée ont donné des substances différentes suivant les époques, ce qui annonce le déplacement de leur centre d'action. Ainsi les eaux de Saint-Nectaire, près de Clermont, ont fourni autrefois beaucoup d'arragonite, puis de la silice, puis des amas d'ocre friable, et enfin des travertins qu'elles déposent encore.

Si nous joignons à toutes ces considérations l'influence que leur température a exercé sur le développement de la vie organique, nous aurons une haute idée de l'importance des eaux minérales, et ainsi se trouvera justifiée l'étendue que nous avons consacré à leur étude.

V. — Action de l'Eau sur les Roches.

La puissance dissolvante de l'eau est bien connue; nous voulons exposer ici quelques expériences destinées à montrer comment elle se comporte dans certaines circonstances déterminées et comment elle peut donner des résultats importants relatifs soit à la dislocation, soit à la reconstruction de minéraux naturels.

Les verres sont des silicates à bases de potasse ou de soude et de chaux, quand ils sont incolores; à bases de soude, de chaux et d'oxydes métalliques quand ils sont colorés; par conséquent, leur composition les rapproche d'un grand nombre de minéraux. Schéele, puis Lavoisier ont reconnu que l'eau attaque les vases de verre dans lesquels on la maintient pendant longtemps en ébullition; il se dissout alors un silicate alcalin. Mais l'action est infiniment plus rapide lorsque l'eau agit sur le verre en poudre. Par un simple contact de quelques minutes, elle lui enlève 2 ou 3 pour cent de son poids; par une ébullition prolongée pendant cinq jours, la perte s'élève jusqu'au tiers du poids du verre.

L'eau agit de la même manière sur le feldspath, silicate double d'alumine et de potasse. M. Daubrée triture cette substance avec de l'eau dans des cylindres de grès ou de fer animés d'une grande vitesse; elle perd une portion de son silicate de potasse, de telle sorte qu'après un parcours de 460 kilomètres, l'eau renferme 12 grammes de potasse par litre. La décomposition est moins rapide dans un cylindre de fer; elle est activée par la présence de l'acide carbonique.

M. Damour a également montré que l'eau chaude, à une température de 50° à 60°, exerce une action marquée sur le mésotype, minéral composé de silice, d'alumine, de soude et d'eau. Le mésotype était broyé grossièrement; le contact dura environ six heures et fut renouvelé deux fois; les substances enlevées se composaient de silice, d'alumine et de soude, et représentaient 1,6 pour cent du poids traité.

— En portant la température à 80° environ et chauffant le mésotype à 300° après la première attaque, le poids dissout dépassa 3 pour cent.

L'action de l'eau est bien plus énergique quand on la fait agir dans des vases complètement clos à une température élevée. MM. Daubrée et de Sénarmont placent ce liquide dans des tubes de verre épais fermés à la lampe; ces tubes sont mis dans des tubes de fer solidement bouchés, et dans l'intervalle des enveloppes, on verse de l'eau pour contre-balancer l'énorme pression qui doit se produire dans les tubes de verre. — Ces appareils étaient couchés, enfouis sous une épaisse couche de sable sur le dôme ou les carneaux d'un four à cornues d'usine à gaz. — On pouvait faire varier leur température en choisissant une place convenable. Au bout de quelques jours, le verre perd la moitié de sa silice et le tiers de son alcali, et se transforme en une masse blanche, opaque, happant à la langue, ne différant du kaolin que par une structure fibreuse très-prononcée. Dans l'intérieur, il existe du quartz cristallisé; certains cristaux atteignent au bout d'un mois une longueur de 2 millimètres. Ainsi sous la seule influence de la chaleur, sans aucun réactif, l'eau, tenant en dissolution un silicate alcalin, dépose du quartz cristallisé; ce qui explique bien la présence de liquides et de gaz dans l'épaisseur de cristaux quartz. Il faut remarquer la tendance à la dishydratation qui s'est manifestée et qui se produit toujours dans des circonstances analogues. Ainsi, M. de Sénarmont a obtenu, en chauffant dans des appareils semblables une dissolution étendue de prochlorure de fer, d'une part, de l'acide chlorhydrique et, de l'autre, du sesquioxyde de fer anhydre. Les expériences de ce dernier physicien ont été très-variées, et il est parvenu, en mettant en présence de composés métalliques les substances les plus répandues dans les volcans et les sources minérales, l'acide carbonique, l'acide sulfydrique, les carbonates alcalins et des matières organiques, à reproduire des métaux à l'état natif, des oxydes, des carbonates, des sulfures identiques à ceux des filons.

On peut aussi faire agir la vapeur d'eau sur des minéraux portés au rouge. Dans cette circonstance, le verre se recouvre d'une couche de silice opaque ne renfermant plus d'alcali. Des briques chauffées à la température de la fusion de la fonte abandonnent à un courant de vapeur d'eau de la silice qui va se condenser sous forme neigeuse.

Lorsque l'on fait arriver, d'après M. Daubrée, dans un tube de porcelaine chauffé au rouge deux courants, l'un de perchlorure d'étain, l'autre de vapeur, on obtient de l'oxyde d'étain cristallisé, parfaitement semblable à celui que l'on rencontre dans les gîtes anciens.

Signalons en terminant l'action de l'eau surchauffée sur les bois. Des fragments de sapin se sont transformés en une masse noire, douée d'un vif éclat, d'une compacité parfaite, ayant, en un mot, l'aspect de l'anthracite pure; elle est assez dure pour qu'une pointe d'acier la raye difficilement, brûle difficilement sous le dard oxydant du chalumeau. — A des températures moindres et dans des conditions d'ailleurs analogues, le bois se transforme en une sorte de lignite et de houille.

Ces exemples suffisent à montrer combien le rôle de l'eau a été important, varié et complexe dans la constitution de la croûte terrestre, et comment on peut parvenir à reconstituer dans nos laboratoires la plupart des minéraux avec la composition chimique et le mode particulier de cristallisation qu'ils présentent dans la nature.

DIXIÈME LEÇON.

DE LA TERRE VÉGÉTALE.

Le sol végétal ou terre arable est cette portion de la couche superficielle de notre globe, composée d'éléments assez tenus et assez peu cohérents pour que les racines des plantes puissent s'y fixer et s'y développer. Son épaisseur varie depuis quelques millimètres jusqu'à plusieurs mètres. Le sol actif, c'est-à-dire celui qui est soumis à la culture, ne descend guère au-dessous de 30 ou 40 centimètres; la partie meuble plus profonde, si elle existe, est le sol inactif. Nous donnerons le nom de sous-sol à la première roche dure et résistante, support commun du sol actif et du sol inactif, que sa constitution soit ou non semblable à la leur.

Considérées à un point de vue général, les terres arables sont un mélange plus ou moins intime, presque toujours très-variable, de matières organiques en décomposition et d'éléments minéraux atténués et pulvérulents. Leur étude est complexe; mais elle est beaucoup simplifiée par les connaissances géologiques précédemment exposées, qui ont en outre l'avantage de rendre plus facile et plus précise la comparaison des sols de pays différents et des ressources qu'ils offrent à l'agriculture.

On doit chercher à connaître d'abord l'origine et le mode de formation des terres arables; ensuite leurs propriétés physiques qui dépendent de plusieurs causes, et en particulier de la constitution minéralogique; puis les éléments qu'elles tiennent en réserve, ceux qui peuvent être utilisés immédiatement par les plantes, et enfin les nombreux phénomènes chimiques dont elles sont le siège. De là les divisions suivantes :

1° Origine et mode de formation des sols ;
2° Propriétés physiques ;
3° Propriétés chimiques ;
4° Conditions d'une bonne terre arable.

Cette quatrième partie sera la conclusion des notions acquises dans les trois premières. Du reste, nous ne nous proposons pas d'épuiser ce sujet, mais de développer surtout ce qui est du ressort de la géologie.

I. — ORIGINE ET MODE DE FORMATION DES SOLS.

Puisque les terres arables sont un mélange de matières minérales et de matières organiques, il faut rechercher d'abord l'origine des principes minéraux, puis celle des principes organiques que l'on désigne sous les noms d'humus, de terreau et quelquefois de pourri.

I. ORIGINE DES ÉLÉMENTS INORGANIQUES. — Les éléments minéraux des sols ne peuvent provenir que des terrains cristallins où des terrains sédimentaires ; mais les terrains sédimentaires résultent, à l'exception du calcaire dont le mode de formation est assez obscur, de la destruction et de l'entraînement par les eaux des terrains cristallins. Donc nous sommes conduits à examiner en premier lieu les modifications subies par les terrains cristallins, puis comment les terrains sédimentaires eux-mêmes ont contribué à la constitution des sols arables.

Il est d'abord facile d'établir que deux genres de forces ont agi sur les roches ignées : 1° des forces mécaniques ; 2° des forces chimiques. En effet, les forces mécaniques peuvent bien opérer des dislocations et des réductions en parties de plus en plus petites; mais si elles avaient agi seules, on devrait retrouver dans les éléments triturés la même constitution chimique que dans les masses dont ils dérivent; ainsi, dans ces deux cas, les corps simples constituants devraient être identiques, de plus ils devraient être unis de la même manière et dans les mêmes proportions. Il n'en est rien. Nous savons que les roches plutoniques sont formées en général par des silicates complexes mélangés le plus souvent à du quartz. Or, si le quartz a passé dans les formations de sédiment avec ses caractères propres, les silicates complexes ont été profondément modifiés. Ainsi les bases, telles la potasse, la soude, la chaux, la magnésie, les oxydes de fer et de manganèse ont été isolées; les composés du fer et du manganèse de cette origine se rencontrent le plus souvent à l'état d'oxydes; les autres bases se retrouvent unies accidentellement aux acides sulfurique et phosphorique et ordinairement à l'acide carbonique. Il devrait rester un silicate d'alumine sans eau de constitution; or, les argiles doivent être considérées comme des combinaisons en proportions variables de silice, d'alumine et d'eau.

Les forces mécaniques et chimiques ont donc apporté chacune leur part respective à l'effet résultant; elles ont contribué également aux transformations des terrains sédimentaires qui ont fini par donner les sols arables. Leur action commencée dès les premiers temps de la consolidation de notre globe se poursuit encore sous nos yeux et est singulièrement favorisée par la culture.

Transformations des Roches cristallines.

Ces transformations qui sont, sans contredit, les plus importantes à examiner puisqu'elles donnent la clef de toutes les autres, ont été étudiées surtout par MM. Berthier, Fournet, Ebelmen, plus récemment par M. Daubrée.

Voici, d'après M. Fournet, les phases que présentent les roches éruptives en décomposition :

Lorsque les basaltes, les phonolites, les porphyres commencent à se transformer, ils se parsèment d'une multitude de taches grises plus ou moins foncées et rayonnantes dont l'éclat terreux tranche vivement sur le fond compact de la roche ; en même temps la masse se divise suivant trois plans ordinairement rectangulaires qui déterminent une division cuboïque ou sphérique par l'émoussement des angles ; finalement les agents naturels les font passer à un état pulvérulent qui les rend susceptibles d'éprouver des modifications chimiques ; ainsi, par exemple, il peut y avoir suroxydation du fer, de là le passage à une teinte jaune ou rouge.

Les masses granitiques éprouvent une décomposition semblable. Lorsqu'il n'y a pas de fissures, si l'on fait une tranchée depuis la partie supérieure jusqu'à la roche intacte, on remarque les zones suivantes :

1° La zone supérieure est formée d'une argile colorée en jaune ou en rouge par le sesquioxyde de fer hydraté ; on y remarque souvent des efflorescences salines provenant de la mise en liberté de la potasse et de la soude, en même temps que l'oxydation du fer est d'un degré plus élevé. Ces couches supérieures ont été souvent brouillées par les eaux, et le lavage a pu faire disparaître une partie des alcalis.

2° La zone moyenne est d'une couleur verte très-prononcée par le mélange du protoxyde et du sesquioxyde de fer.

3° La zone inférieure présente les caractères d'un granit intact, mais se désagrégeant facilement sous le choc du marteau ; le mica et le quartz ont conservé leurs positions respectives ; on y remarque des cristaux de feldspath intacts ; d'autres qui passent à l'état terreux ou qui sont opacifiés.

4° Toutes ces zones sont supportées par le granit intact et inaltéré. Si les roches cristallines présentent des fissures, la décomposition est concentrique, et souvent au milieu de masses altérées, on rencontre de gros blocs tout-à-fait intacts. Ce qu'il importe de remarquer, c'est que l'action commence par le côté libre, procède de l'extérieur à l'intérieur et va peu à peu à de grandes profondeurs.

On peut, dans notre département, observer avec des caractères peu différents le mode de décomposition des granits décrit par M. Fournet, principalement à Saint-Benoît-du-Sault, sur les bords du Portefeuille dans la tranchée de la route de Chaillac. Les environs d'Orsennes présentent également de bons exemples sur la route du Chardy.

Cette altération, qui marche de la circonférence au centre, qui se produit dans les roches homogènes (porphyres, basaltes, trachytes), aussi bien que dans les roches à éléments discernables à l'œil nu (granit), écarte l'opinion de ceux qui voudraient faire jouer aux forces électriques un rôle prépondérant. Sans doute qu'elles ont dû agir surtout dans les décompositions que l'on remarque au contact de deux roches différentes ; mais, même dans ce cas qui est le plus favorable, on peut souvent constater que les causes modificatrices principales sont les émissions gazeuses et infiltrations des eaux par les fissures.

Suivant M. Fournet, deux sortes de mouvements se sont produits dans les roches cristallines. A l'origine, lors de leur consolidation, il y a eu un mouvement très-rapide provenant de la solidification et du refroidissement ; de là une diminution de volume qui a été l'une des causes des fissures de retrait. Ce mouvement n'existe plus depuis longtemps, et l'on ne peut plus noter en ce genre que les dilatations et les contractions produites dans les portions superficielles par les changements de température dépendant des saisons. Toutefois les molécules constituantes ne sont pas en repos ; elles sont animées d'un mouvement oscillatoire qui tend à changer très-lentement leur groupement respectif qui est toujours plus ou moins instable. C'est ainsi que le fer soumis à des vibrations multipliées devient cristallin et que sa tenacité diminue dans de grandes proportions ; le sucre d'orge d'abord translucide devient opaque; le soufre fondu et cristallisé passe de la forme prismatique à la forme octaédrique au bout de quelques jours, sans que l'aspect extérieur soit modifié; le verre, produit artificiel, qui se rapproche le plus des roches éruptives, éprouve avec le temps des changements de structure rendus manifestes par le déplacement du zéro du thermomètre. On voit donc que l'on peut citer un grand nombre de faits scientifiques, pour prouver cette sorte de mouvement intestin. Il faut ajouter que la forme cristalline influe beaucoup sur la stabilité des corps; ainsi les pyrites de fer (sulfures de fer) sont fort stables lorsqu'elles sont cubiques; sont-elles prismatiques, leur décomposition est bien plus rapide. — Il est certain aussi que la constitution chimique de la roche influe également sur sa désagrégation plus ou moins prompte. Ainsi, d'après M. A. Leplay, parmi les granits du Limousin, ceux qui renferment de l'oligoclase, substance blanche, onctueuse, moins silicatée que les feldspaths orthose et albite, et qui de plus contient les trois bases : potasse, soude et chaux, s'altèrent plus rapidement et plus profondément que les autres.

A cette cause intérieure qui commence la désagrégation, il faut joindre l'action mécanique de l'eau qui l'accélère en s'enfonçant dans toutes les fissures. Elle agit lentement lorsqu'elle pénètre la masse, puis l'abandonne en s'évaporant, lorsqu'elle change de volume avec les variations de température; énergiquement, brusquement quand elle se congèle.

Quant aux forces qui produisent la dissociation chimique, on peut surtout, d'après les expériences et les observations de MM. Ebelmen, Damour et Daubrée, les classer ainsi : 1° Action de l'eau, soit seule, soit combinée à celle de l'acide carbonique; 2° Action de l'oxygène de l'air; 3° Action des matières organiques.

1° *Action de l'eau.* — Sous l'influence de l'eau, les

silicates complexes se divisent en silicate d'alumine et en silicates de potasse, de soude, de chaux, de fer, suivant les circonstances. L'acide carbonique vient-il à agir, il forme de la silice gélatineuse soluble, entraînée par les eaux pluviales, et des carbonates divers de potasse, de soude, de chaux, qui sont également emportés; il reste un silicate d'alumine hydraté mélangé à de l'oxyde de fer. Cette manière de voir est confirmée par les observations de M. Ebelmen, qui est parvenu à réunir et à étudier des échantillons présentant les passages graduels de la roche intacte aux roches dérivées avec élimination progressive des bases indiquées ci-dessus, et par les analyses comparées de M. A. Leplay sur le sol et le sous-sol de Lectoure, appartenant à la région comprise entre Limoges et Pierre-Buffière. Dans ce lieu, le sol superficiel ne contient pas de traces de chaux ; le sous-sol, en voie de décomposition, la présente à la fois à l'état de carbonate et de silicate de chaux. Là les eaux pluviales s'enfoncent, puis sortent en donnant des sources ; aidées par l'acide carbonique, elles entraînent d'une manière lente, mais incessante, le premier de ces sels et décomposent le second. Rappelons enfin les expériences que nous avons citées à la fin de la dernière leçon, celles de M. Damour sur le mésotype, de M. Daubrée sur le feldspath; ces substances, malgré leur stabilité, se laissent attaquer par l'eau d'une manière énergique, et la présence de l'acide carbonique accélère toujours l'action.

2° *Action de l'oxygène.* — L'oxygène agit surtout pour porter à un degré plus élevé d'oxydation les protoxydes de fer et de manganèse. Remarquons que ces oxydes peuvent être partiellement réduits par les matières organiques, puis oxydés de nouveau dans des circonstances favorables ; de plus, cette oxydation paraît être accompagnée de la formation d'ammoniaque ou d'acide azotique suivant les cas. C'est à une action de ce genre qu'est dû le phénomène de la rubéfaction des roches ; on a souvent l'occasion d'observer des argiles et même des calcaires qui sont incolores ou légèrement bleuâtres en sortant de la carrière et qui deviennent rouges avec le temps par suite du passage de leur oxyde de fer au plus haut degré d'oxydation. Du reste ces oxydes ne sont pas tout-à-fait indifférents à l'influence de l'acide carbonique, et puisque l'on retrouve dans beaucoup de sources minérales de petites quantités de carbonate de fer et de manganèse, il faut que ces bases puissent être entraînées à la manière du carbonate de chaux.

3° *Action des matières organiques.* — Dès que des fragments de roches même très-dures arrivent en contact avec l'air, elles deviennent le siège d'une végétation chétive d'abord; les mousses et les lichens s'y établissent; bientôt la décomposition devient assez profonde pour que les graminées puissent s'y développer. Probablement que ces plantes agissent en vertu de leur tendance à s'emparer des alcalis; mais ce qu'il y a de plus certain, c'est que de leur décomposition, lorsqu'elles ont cessé de vivre, naît de l'acide carbonique, puis certaines substances neutres ayant quelque analogie avec les sucres, et qui ont plus que l'eau pure la puissance de dissoudre la silice, la potasse, la soude, la chaux et les phosphates.

Produits de la décomposition des roches cristallines.

Les roches cristallines, d'après ce que nous venons de dire, fournissent d'abord de la silice soluble et des alcalis, beaucoup de potasse et de soude, de petites quantités de chaux et d'oxyde de fer. A mesure que l'analyse chimique s'est perfectionnée, on a reconnu particulièrement aux granits une composition de plus en plus complexe; ainsi on y trouve des chlorures et des sulfures qui, par leur décomposition, donnent de l'acide sulfurique assez disséminé dans les sources des terrains cristallins; l'acide phosphorique lui-même existe dans un grand nombre de roches ignées; quelquefois il est isolé principalement dans les micaschistes, en cristaux vitreux dont les teintes ordinaires sont le vert d'eau clair, le vert et le violet, quelquefois le blanc et brun; quelquefois aussi il est entremêlé avec des couches ou des filons de quartz et constitue des collines, comme à Logrosso, dans l'Estramadure, où on l'emploie comme pierre à bâtir.

Grâce à leur composition complexe, les roches ignées peuvent fournir aux plantes les substances minérales indispensables à leur croissance, et comme c'est leur destruction qui a fourni les terrains sédimentaires, ces derniers doivent aussi les contenir et souvent dans l'état le plus favorable à l'absorption. Le calcaire seul échappe à cette filiation, et ce que l'on peut admettre de plus vraisemblable, c'est qu'il doit son origine à l'ancienne salure des mers.

Du reste, chaque roche cristalline donne des débris offrant un aspect physique particulier. Ainsi les basaltes produisent des sols argiloïdes, les granits des sables, des argiles plus ou moins micacées. Toutes ces terres, principalement celles qui sont argileuses, renferment de petites quantités d'alcalis que n'ont pu enlever les eaux pluviales et de la silice dans un état de division extrême qui est alors sensiblement soluble.

Décomposition des Roches sédimentaires.

Les roches sédimentaires que nous devons examiner à ce point de vue sont les schistes divers, les grès et les calcaires. Du reste les actions susceptibles de les modifier sont les mêmes que pour les terrains cristallins, et leur influence est bien plus marquée parce qu'elle s'exerce sur des substances d'une décomposition plus facile.

Les schistes ont une structure feuilletée qui permet à l'eau de les imbiber, de les pénétrer d'une manière complète; aussi se décomposent-ils fréquemment en donnant naissance à des mélanges complexes plus argileux que siliceux. Dans notre département, les schistes paraissent résister d'autant mieux que leur constitution est plus simple. Quand ils sont surtout quartzeux, comme à Saint-Benoît-du-Sault, Cuzion, aux environs de Crozon, ils se décomposent difficilement et donnent de belles dalles ou de bonnes pierres pour les constructions ; renferment-ils au contraire beaucoup de mica, ils se délitent avec la plus grande facilité, comme on le voit à Cluis, la Buxerette, Pouligny-Saint-Pierre, etc. Il faut ajouter que ceux qui ont subi une action métamorphique moins énergique et qui sont, par conséquent, généralement plus récents, ont une stabilité faible. Quelquefois la présence du sulfure de fer favorise la dislocation ; c'est ce qui arrive pour les schistes qui enclavent la plombagine d'Eguzon.

La décomposition plus ou moins facile des grès dépend surtout de la nature du ciment qui réunit les fragments sableux dont la masse est formée. L'âge géologique ne peut donner de règle générale. Nous avons observé dans les grès du trias, soit aux environs de Chaillac, soit aux environs d'Urciers, des portions très-friables ; dans la même carrière, certains bancs sont beaucoup plus fortement agglutinés que les autres.

Cette observation s'applique aux grès verts ; si à Levroux, par exemple, le grès est tendre et se laisse facilement tailler, s'il en est de même à Vatan, on tire aux environs d'Orville d'excellents matériaux pour la chaussée des rues. Nous sommes disposés à rattacher à cette époque certains grès des environs d'Arpheuilles et de Saulnay, qui sont, sans contredit, les plus durs de notre pays et qui passent presque aux quartzites, c'est-à-dire que sans un examen attentif, on ne distingue plus les grains de sable et qu'on les prend pour des blocs de quartz. Enfin la Brenne, d'une formation plus récente encore, donne de fortes belles pierres d'appareil aux environs de Lignac et entre Chalais et Oulches, tandis que dans la partie comprise entre l'Indre et la Creuse, le grès est très-fissuré et manque le plus souvent de cohésion et d'homogénéité. — La décomposition des grès fournit des terres en rapport avec leur constitution ; le grès est-il exclusivement quartzeux, on a des terrains sablonneux ; possède-t-il un ciment argileux abondant, il donne des terres très-tenaces, mélangée de sable et d'argile. Entre ces deux degrés extrêmes, on rencontre tous les intermédiaires.

Les calcaires résistent assez mal aux influences atmosphériques, surtout lorsqu'ils renferment une quantité notable de sable et d'argile ; ils rentrent alors dans la catégorie des marnes qui tombent en poussière sous l'influence alternative du gel et du dégel, ou même simplement de l'humidité et de la sécheresse. Toutefois, il n'est pas rare de rencontrer des calcaires relativement très-purs qui, par le seul fait de leur constitution, se délitent avec la plus grande facilité.

Le calcaire lithographique offre une particularité remarquable ; il résiste mal à la gelée et se brise alors en fragments volumineux ; mais lorsque ces fragments ont passé plusieurs années à la surface du sol, ils persistent, pour ainsi dire, indéfiniment. C'est ainsi que la plus grande partie du sol de la Champagne de Châteauroux est formée par un grand nombre de petites pierres (grouailles), dont les bords ont été arrondis sous l'influence de l'acide carbonique de l'air. Ces sortes de calcaires impropres à donner de bonnes marnes, ne peuvent fournir des dalles et des pierres d'appareil que si l'on a la précaution de ne les employer qu'un an ou deux après l'extraction. Toutefois, pour montrer combien il est difficile de donner de règles générales pour la résistance des matériaux, nous dirons qu'il existe aux environs de Liniez, de la Champenoise, dans les carrières d'Anvault, une variété de calcaire lithographique très-tendre, très-facile à tailler, donnant à la sculpture des arêtes d'une délicatesse extrême et qui se conserve indéfiniment une fois qu'elle a perdu son eau de carrière.

C'est le terrain du lias qui, dans notre département, fournit surtout des marnes véritables, mélanges intimes de calcaire et d'argile; quelques calcaires débitables des formations oolitiques sont dans le même cas, mais le plus souvent ils sont très-purs et leur dislocation tient à la séparation des grains constituants. Quant à la craie, elle fournit beaucoup de calcaires pour l'amendement des terres, principalement dans la région comprise entre Écueillé, Valençay, Bouges et Levroux; mais ces calcaires sont principalement mélangés à du sable.

Tous les terrains de notre département offrent des calcaires durs et résistants. Citons les calcaires du lias des environs de Dunet, Prissac, La Châtre, Nohant-Vic, ceux de l'oolite inférieure aux environs d'Argenton, Chabenet, Tendu, Luant, Velles, etc. A Velles, aux Rosés près Argenton, certains bancs sont susceptibles d'un beau poli et se rapprochent des marbres. L'oolite moyenne nous offre les belles carrières d'Ambrault et de Villemongin, l'étage corallien, les calcaires résistants de Saint-Gaultier, du Blanc, de Fontgombaud, de Preuilly-la-Ville, etc. Quant aux calcaires de la craie, ils sont en général très-tendres; toutefois à Châtillon, Clion, Luçay, on trouve des matériaux très-durs offrant une grande résistance à la décomposition.

II. ORIGINE DES MATIÈRES ORGANIQUES. — TOURBES. — On attribue généralement d'une manière exclusive les matières organiques contenues dans les sols à la décomposition des plantes qui ont vécu à la surface de la terre, et comme il n'est guère de roches même parmi celles qui ne sont pas atteintes actuellement par la végétation, qui n'en renferment au moins des traces, on est disposé à voir dans cette grande diffusion le produit des anciennes végétations qui furent bien plus actives que maintenant à cause de la présence d'une plus grande quantité d'acide carbonique et de l'élévation de la température. Les infiltrations des eaux, les transports, la formation même au sein des lacs et des mers des terrains sédimentaires, ont favorisé le mélange intime de ces éléments organiques et des matières minérales. Toutefois il ne faut pas négliger non plus l'action des eaux minérales qui furent plus nombreuses autrefois qu'aujourd'hui et qui ont dû amener des profondeurs de la terre, au moyen de transformations peu connues, des substances éminemment susceptibles d'être assimilées par les plantes et les animaux.

Mais on aura une idée plus précise sur le mode général de production et de dispersion des matières organiques en considérant ce qui se passe actuellement dans les tourbières.

Les tourbières existent dans les plaines basses où les eaux, n'ayant qu'un écoulement difficile, présentent des nappes d'une faible épaisseur. C'est donc dans les vallées latérales des fleuves et des rivières présentant des lignes horizontales étendues, d'un niveau peu élevé, par suite fréquemment recouvertes de couches d'eau minces et stagnantes, qu'on doit les rencontrer. Comme exemples, nous citerons la Somme, la Seine, la Loire, dans le département de l'Indre tous les affluents de l'Indre qui traversent la Champagne de Châteauroux, et dans la Brenne les bords de la Claise, de l'Yoson et du Suin.

Les pays de montagnes ne sont pas complètement privés de tourbières; on y remarque parfois de petits fonds marécageux très-unis, d'une végétation toujours verte, même pendant les sécheresses; on en rencontre fréquemment dans les Ardennes et les Vosges. Sur les bords des collines à pentes assez rapides du plateau central, il existe parfois de petites plaines basses dominées par des sources et où les végétations en s'accumulant ont donné naissance à un sol spongieux, tremblant, composé de débris de plantes mélangés à beaucoup de terre. On signale près de Montchevrier, sur les bords de la Gargilesse, plusieurs petits marécages de cette nature.

Sur les bords de la mer, dans les endroits où les côtes sont très-plates, l'action des eaux forme des levées de sables derrière lesquelles se trouvent des lagunes et des marécages d'eau douce. Ce phénomène est surtout développé dans la Hollande, presque entièrement constituée par ces polders célèbres, si fertiles, immenses tourbières développées sur des plaines marécageuses séparées de la mer par des digues naturelles ou artificielles; mais on le constate également sur un grand nombre de points des côtes de France qui bordent la Manche, l'Océan Atlantique et la Méditerranée. Il existe même de véritables forêts sous-marines. En 1811, près de Morlaix, de forts ouragans ayant déblayé la côte sur une surface considérable, on vit que le sol était composé d'une accumulation de matières végétales noires dans lesquelles étaient enfouis un très-grand nombre d'arbres, tels que des chênes, des bouleaux, etc. On rencontre des forêts semblables sur les côtes de la Normandie et de l'Angleterre.

Voici, d'après M. Élie de Beaumont, comment les tourbières se constituent. Dans les eaux stagnantes et peu profondes, il se produit deux espèces de végétation, l'une au fond engendrée par des plantes aquatiques, l'autre à la surface déterminée par des végétaux terrestres qui se fixent sur la pellicule solide résultant de l'entrelacement des feuilles, des bois morts, etc. Les végétaux terrestres une fois développés forment un gazon superficiel dont la solidité va toujours en croissant; il s'y implante des arbres et dans un grand nombre de cas la surface devient assez solide pour qu'on puisse la parcourir. Le sol tourbeux ainsi superposé à une lame d'eau se reconnaît à son élasticité et au son qu'il rend lorsqu'on le traverse. Il y a donc un double accroissement, le premier entre la couche superficielle et le fond, le second à la surface libre de la tourbière. Si des sources s'épanchent dans l'intervalle, plus le mouvement de l'eau est grand, moins il se forme de tourbe. S'il y a des inondations, elles amèneront des couches de sable sur lesquelles de nouvelles plantes se développeront rapidement; ainsi prennent naissance ces alternances de tourbes et de limons terreux que l'on remarque dans la plupart des grandes tourbières.

La tourbe est une matière brune ou noirâtre, spongieuse, légère; les débris de plantes qu'on y distingue varient suivant les stations et dépendent surtout de la nature des terrains encaissants. Ainsi la tourbe des vallées de la Brenne, dont le sol est siliceux, est formée surtout par des débris de carex; celle des ruisseaux de la Champagne de Châteauroux, limités par des collines calcaires, est constituée principalement par des joncs. Comme elle est, en outre, rarement pure et presque toujours mêlée à du limon emprunté par les eaux aux roches environnantes, elle doit offrir de grandes différences dans sa constitution.

Généralement la tourbe brûle en dégageant une odeur piquante, souvent désagréable à cause des débris animaux qu'elle renferme. Les tourbes sont remarquables en ce qu'elles ne contiennent pas d'alcalis et seulement des traces d'acide phosphorique. Cela tient à ce que les alcalis, une grande portion de la silice et des phosphates passent en dissolution dans l'eau où ils sont repris par les nouvelles générations de plantes; de cette manière, une quantité limitée des substances les plus utiles à la végétation et aussi les plus rares peut être utilisée successivement et d'une manière indéfinie. — Les tourbes renferment encore fréquemment du phosphate de fer qui enveloppe les racines et les tiges, des pyrites, du sulfate de fer, des débris de mammifères appartenant aux espèces qui vivent actuellement sur les lieux.

Les deux genres de tourbe les plus remarquables du département de l'Indre sont celles de la Brenne et de la Champagne. — Les tourbes de la Brenne ne contiennent pas de débris de coquilles, mais une quantité considérable

de grains de quartz blancs, presque translucides; lorsqu'on les fait bouillir avec de l'eau, elles lui abandonnent une proportion notable de matières parmi lesquelles on distingue de la silice soluble et une substance neutre analogue au sucre réduisant le tartrate double de cuivre et de potasse.
— Les tourbes de la Champagne de Châteauroux renferment un nombre prodigieux de coquilles d'eau douce, la plupart d'une petitesse extrême; elles sont très-calcaires. Ce carbonate de chaux pulvérulent a contracté avec la matière organique une sorte d'union très-intime d'où résulte des grains poreux, irréguliers, dont les angles sont arrondis et qui ne se désagrègent pas même dans l'eau bouillante. Parmi les substances que l'eau dissout, on ne rencontre pas de substances analogues au sucre. — On sait que la conservation des matières organiques est beaucoup moins parfaite dans les terrains calcaires que dans les sols siliceux humides; aussi ces dernières tourbes ne sont-elles guère utilisables comme combustibles à cause de leur pauvreté en carbone. On trouve cependant à Villegongis, sur les bords de la Trégonce, une tourbière qui a plusieurs mètres d'épaisseur et que l'on a exploitée autrefois.

Au point de vue chimique, la tourbe représente le premier degré d'altération du tissu ligneux; elle est caractérisée, d'après M. Frémy, par la présence de l'acide ulmique et aussi par les fibres ligneuses ou les cellules des rayons médullaires que l'on peut purifier et extraire en quantité très-notable au moyen de l'acide azotique et des hypochlorites.

La tourbe distille à partir de 109°; les produits de la distillation sont les acides acétique, butyrique, pyrogallique, la créosote, un gaz peu éclairant, des goudrons dont on extrait la paraffine.

MODES DE FORMATION DES SOLS.

Terrains formés sur place.

Maintenant que nous connaissons la manière dont les roches s'ameublissent en se décomposant et comment les matières organiques se sont diffusées, il suffira de quelques mots pour fixer les modes de formation des sols.

On en reconnaît de deux sortes : les uns se sont produits sur place, les autres sont dus au transport par les eaux de matériaux triturés et disloqués.

On reconnaît les sols formés sur place à l'analogie qu'ils présentent avec la roche sous-jacente. Toutefois, ils ne sont pas identiques avec elle, puisque par le lavage des eaux pluviales, pendant la suite des siècles, ils ont pu être privés de plusieurs des éléments qu'on devrait y retrouver. Par exemple, l'argile, substance ténue, a pu être enlevée, et il reste, suivant les cas, un sable plus ou moins pur ou du calcaire; l'eau, aidée de l'acide carbonique, a pu dissoudre entièrement le calcaire quand il était peu abondant et laisser un résidu de silice et d'argile. — D'un autre côté, les eaux ont pu introduire des substances nouvelles principalement dans le sous-sol; c'est ainsi que l'on explique les concrétions ferrugineuses de certains terrains, et, en particulier, l'alios des Landes constitué par un ciment à la fois organique et ferrugineux. — Il suit également de là que le sous-sol a pu à la longue s'enrichir aux dépens de la terre superficielle, et comme du reste, il n'a éprouvé qu'un lavage incomplet, il peut contenir des quantités notables d'alcalis, de chaux, d'acide phosphorique; aussi son mélange avec le sol actif apporte-t-il plus souvent la fertilité qu'on n'est disposé à le croire. Il semble que l'on est sûr du résultat toutes les fois qu'une plante à racine pivotante, comme la luzerne, pousse avec vigueur dans le terrain.

Les sols formés sur place se rencontrent nécessairement à tous les étages géologiques, et on leur donne le nom des terrains qui les ont produits. Ainsi l'on dit sol granitique, porphyrique, basaltique, lavique, schisteux, calcaire, crétacé, siliceux, etc. Ces considérations géologiques sont très-importantes; elles permettent de devancer l'analyse chimique et de prévoir quelles sont les substances utiles aux plantes que l'on peut rencontrer dans le sol et le sous-sol. Les déductions de ce genre ne sont point susceptibles d'être généralisées; elles résultent nécessairement de l'examen des roches qui ont produit le sol, de leur composition minéralogique, de leur situation, de leur mode de décomposition, enfin de l'ensemble des circonstances qui ont pu les influencer. Mais elles se présentent comme une déduction légitime des connaissances que nous avons exposées.

Terrains de transport.

Les terrains de transport se remarquent d'abord le long des fleuves et des rivières. Quand ils sont à un niveau peu supérieur aux cours d'eau, ils sont le résultat des sédiments déposés par les crues de l'époque actuelle; aussi les appelle-t-on alluvions modernes; ce sont des alluvions anciennes lorsqu'elles dépassent la hauteur qui peut être atteinte même lors des débordements les plus désastreux. On les rencontre aussi là où il n'y a plus de cours d'eau ; elles marquent le lit d'anciens lacs et d'anciennes rivières. Nous avons vu également qu'à l'époque quaternaire, de grands mouvements des eaux avaient couvert de vastes espaces de débris plus ou moins grossiers, plus ou moins pulvérulents, et les avaient mêlés avec les roches préexistantes.

Ce mode de formation a donné naissance à des terres présentant la même physionomie générale sur une grande surface, mais dont les propriétés agricoles varient beaucoup d'un point à un autre. C'est dans cette catégorie que l'on rencontre les sols les plus fertiles naturellement, parce qu'ils présentent un mélange complexe renfermant toutes substances utiles aux plantes. Citons comme exemples les terres noires de la Russie, les polders de la Hollande, les loams de l'Angleterre, de l'Alsace, etc. Ceux qui ont une composition moins favorable peuvent souvent être facilement améliorés ; fréquemment l'introduction d'un seul élément tel que le calcaire les transforme complètement.

On peut encore prévoir comment on doit les traiter en examinant les éléments minéralogiques constituants ; en étudiant les tranchées et les fossés, on trouvera presque toujours à peu près intacts certains débris des roches qui ont servi à les constituer ; on pourra alors reconnaître leur point de départ, et de la composition des terrains dont ils dérivent, conclure avec une première approximation les substances qu'ils peuvent renfermer.

Enfin au bas de toutes les collines existent des terrains provenant soit de l'éboulement, soit de l'entraînement par les eaux des terrains supérieurs. On peut utiliser ce procédé naturel pour améliorer certains sols ; à cet effet, on ameublit, soit par le labour, soit avec la pioche, le flanc des collines ; les eaux transportent les débris et les conduisent au moyen de canaux sur les points que l'on veut amender ; c'est cette opération que l'on nomme colmatage.

En résumé de la destruction des roches résultent :

1° Des éléments grossiers : — Ce sont des cailloux et des sables ; le plus souvent ils sont formés exclusivement de silice, mais fréquemment aussi ils contiennent des fragments des diverses roches que nous avons étudiées, feldspaths, micas, schistes, calcaires, grès, oxydes de fer, etc.

2° Des éléments très-ténus que l'on comprend sous le nom d'argiles et qui sont souvent en effet des silicates d'alumine, mais qui, en général, sont un mélange complexe de débris finement pulvérisés, dont la nature ne peut être indiquée d'une manière précise que par l'analyse chimique, mais qui peut être prévue par l'examen minéralogique des fragments grossiers.

3° Des substances solubles ou pouvant le devenir sous l'influence combinée de l'eau, de l'acide carbonique, des matières organiques, etc.

4° Des matières organiques.

Ces deux dernières catégories peuvent concourir immédiatement ou dans un avenir prochain à la nutrition des plantes ; nous allons donner le tableau de celles dont la réunion est indispensable pour que les plantes prospèrent :

Acides :	Bases :
Acide carbonique,	Ammoniaque.
Acide azotique,	Potasse.
Acide chlorhydrique,	Soude.
Acide sulfurique,	Chaux.
Acide phosphorique,	Magnésie.
Acide silicique,	Oxyde de fer.

Il est à peine besoin d'ajouter qu'à l'exception des acides carbonique et silicique qui sont souvent isolés, les autres sont en combinaison avec les bases.

De toutes ces substances, les moins fréquentes et les plus chères, celles qui doivent attirer spécialement l'attention du cultivateur sont :

Acides :	Bases :
Acide azotique,	Ammoniaque.
Acide phosphorique,	Potasse.
	Chaux.

Mais il ne faut pas oublier que les autres ne sont pas moins utiles et qu'elles doivent être fournies si elles viennent à manquer.

Nous devons conclure que chaque terre arable exige une

étude spéciale. En réalité, les cultivateurs connaissent leur sol d'une manière empyrique ; il faut aller plus loin en utilisant les données de la géologie et de la chimie.

II. — PROPRIÉTÉS PHYSIQUES DES TERRES ARABLES.

Les propriétés physiques des terres arables se rattachent :

1º A la manière dont elles se comportent avec les instruments aratoires. { Densité. Tenacité.

2º A la manière dont elles se comportent avec les gaz. } Perméabilité aux gaz.

3º A la manière dont elles se comportent avec l'eau. { Perméabilité à l'eau. Faculté d'imbibition. Faculté de dessication. Faculté hygrométrique.

4º A la manière dont elles se comportent sous l'influence de la chaleur. { Faculté d'absorption par la chaleur. Faculté de rayonnement.

Ces propriétés ont été surtout étudiées par M. Schübler ; nous nous contenterons d'énoncer les résultats généraux auxquels il est arrivé.

I. Propriétés mécaniques. — La densité est le poids d'un litre de terre comprimée à peu près comme elle l'est dans les champs, comparé au poids d'un litre d'eau. Cette densité est maximum pour le sable calcaire, minimum pour l'humus ; elle diminue donc à mesure que la quantité des matières organiques augmente.

La tenacité est la propriété qu'ont les sols d'adhérer plus ou moins fortement aux instruments aratoires ; de là les expressions consacrées de terres fortes ou légères, selon qu'elles sont plus ou moins faciles à travailler. La tenacité est maximum pour les terres argileuses, minimum pour les sables siliceux et les sables calcaires.

II. Action des Gaz. — Les gaz doivent circuler dans le sol; la présence de l'oxygène est indispensable pour les racines des plantes; de plus, il agit sur les matières organiques et minérales, et leur fait éprouver des transformations d'une utilité incontestable. L'azote lui-même, condensé dans les pores de la terre, paraît susceptible d'entrer en action. Un des bons effets de labour est d'aérer le sol. Nous reviendrons sur ce point en traitant des propriétés chimiques de la terre arable.

III. Action de l'Eau. — *Perméabilité*. — Un sol doit être perméable à l'eau; elle ne doit pas séjourner à sa surface, sans quoi les racines des plantes pourrissent. Les sables sont très-perméables; les argiles retiennent l'eau avec énergie.

Imbibition. — La quantité d'eau que peut retenir un sol influe sur sa fraîcheur plus ou moins grande; car plus elle est considérable, plus l'évaporation est lente. Les sables siliceux ou calcaires conservent le moins d'eau, puis viennent les argiles; mais l'humus surtout est remarquable sous ce rapport. Un litre de cette substance mouillée renferme 935 grammes d'eau et 495 grammes d'humus.

Dessication. — Les sols n'abandonnent pas tous spontanément à l'air, avec une égale facilité, l'eau qu'ils ont absorbée; en même temps qu'ils se dessèchent, ils éprouvent un retrait à l'exception des sables siliceux et calcaire. Ce sont ces dernières substances dont la dessication est la plus facile; l'humus perd son eau très-lentement.

Faculté hygrométrique. — C'est la propriété qu'a le sol de condenser, surtout pendant la nuit, une portion de l'humidité atmosphérique. C'est encore l'humus qui a ce pouvoir au plus haut degré, tandis que les sables siliceux ou calcaires ne l'ont presque point.

La manière dont les sols se comportent avec l'eau dans tous les cas dépend de la grosseur de leurs éléments et de leur nature. On peut dire que les sols ont une faible affinité pour l'eau quand ils sont sablonneux, beaucoup plus grande quand ils sont argileux, plus grande encore quand ils sont humifères.

IV. ACTION DE LA CHALEUR. — *Pouvoir absorbant.* — C'est cette propriété que l'on exprime en disant qu'un sol est chaud ou froid. Elle dépend d'un grand nombre de circonstances : la couleur, l'humidité, l'inclinaison, la nature des éléments. Aussi doit-on se borner à dire que les terres calcaires s'échauffent le plus difficilement, puis viennent les argiles et les sables ; enfin l'humus s'échauffe vite.

Pouvoir rayonnant. — La rapidité avec laquelle les sols se refroidissent dépend de la conductibilité et du pouvoir rayonnant proprement dit. — Malgré les circonstances particulières qui peuvent influer sur cette propriété, on peut dire, en général, que les sols qui se réchauffent le plus vite sont aussi ceux qui perdent le plus facilement leur chaleur. Aussi les sables calcaires se refroidissent lentement, tandis que le refroidissement de l'humus est très-rapide.

Du reste, plusieurs circonstances peuvent troubler les propriétés générales que nous venons d'exposer et modifier profondément la valeur agricole des sols. Nous citerons les principales :

1° *Influence de l'origine géologique.* — Ainsi les sols sablonneux des terrains éruptifs n'ont pas absolument les mêmes propriétés que ceux des terrains sédimentaires.

2° *Influence de la grosseur des éléments constituants.* — Le sable très-fin donne des terres dont les propriétés physiques se rapprochent beaucoup de celles des sols argileux ; avec des mélanges de sable très-fin et d'éléments plus gros, on peut reproduire plusieurs des mélanges de sable et d'argile.

3° *Influence de la nature du sous-sol.* — Une terre sablonneuse reposant sur un fond argileux est humide; un sol renfermant une assez grande quantité d'argile sera sain s'il repose sur un sous-sol perméable.

4° *Influence de l'inclinaison.* — Toutes circonstances égales d'ailleurs, les sols inclinés sont toujours plus secs que ceux qui sont plats, puisque l'excédant des eaux a un écoulement plus facile.

5° *Influence de l'exposition.* — Les sols exposés au nord sont toujours plus froids, plus tardifs, doivent être peu compacts pour être productifs; ceux qui regardent le midi sont toujours plus précoces et plus brûlants.

6° *Influence du climat.* — Le climat modifie complètement la valeur agricole des terres arables. Ainsi les sols sablonneux qui sont infertiles sous un climat chaud, à moins qu'ils ne soient arrosés, sont les meilleurs dans les pays brumeux, en Angleterre, par exemple.

Classification des Sols.

Les considérations précédentes expliquent les difficultés qui surgissent lorsque l'on veut obtenir une classification naturelle des sols, malgré tous les avantages qu'elle présenterait. On se contente souvent de désignations vagues qui rappellent la propriété physique la plus saillante de la terre. Ainsi, d'après les propriétés mécaniques, on distingue des terres fortes, des terres légères, des terres franches, loams des Anglais, véritable terre normale, mélange heureux d'où résulte la fécondité; d'après la manière dont elles se comportent avec l'eau, on distingue des terres humides ou sèches, et, enfin, d'après les effets qu'elles éprouvent de la part de la chaleur, on distingue des terres froides ou brûlantes. Le plus grand défaut de cette méthode empyrique, c'est qu'un même sol peut parfaitement appartenir à la fois à plusieurs groupes; aussi a-t-on toujours le soin d'y ajouter des dénominations locales dont il est souvent difficile de préciser la valeur.

A défaut de classification naturelle, on fait usage de classifications artificielles fondées à la fois sur la grosseur et la nature des éléments minéralogiques constituants. On divise alors les sols arables en quatre groupes :

1° *Les sols sablonneux.* — Ils sont formés principalement par des fragments d'une grosseur variable, facilement discernables à l'œil nu ; ces fragments sont le plus souvent siliceux, mais ils peuvent être aussi granitiques, feldspathiques, micacés, schisteux, etc.

2° *Les sols argileux.* — Ils sont composés d'éléments d'une ténuité extrême, facilement entraînés par des lavages à l'eau ; il y entre le plus souvent de l'argile, silicate d'alumine hydraté, dont les propriétés ne sont pas du reste exactement les mêmes dans tous les cas, fréquemment aussi des éléments fins très-variables dans leur constitution et dont l'étude présente un grand intérêt.

3° *Les sols calcaires.* — Composés surtout de carbonate de chaux, ils peuvent cependant différer beaucoup entre eux à cause de la grosseur des éléments et des propriétés physiques spéciales au calcaire qui les forme. Ainsi il y a, en général, une grande différence entre les sols calcaires appartenant aux terrains jurassiques et ceux qui proviennent de la destruction de la craie. — On ajoute quelquefois à ces terres celles qui contiennent beaucoup de magnésie, mais cette roche est réellement trop répandue pour qu'il en soit question ici.

4° *Les sols humifères* constitués principalement par des débris de matières organiques.

Il faut ajouter que la présence d'une quantité notable d'oxyde de fer peut influer sur les propriétés des divers sols et que l'on en tient compte.

Une terre est rarement composée d'un seul élément ; alors on la désigne par le nom des principaux éléments constituants en ayant soin de placer le premier celui qui domine. D'après cela, les dénominations de sols sablo-argileux, argilo-siliceux, sablo-argileux-ferrugineux, etc., seront facilement comprises. Malheureusement les désignations ne s'appuient pas toujours sur une analyse mécanique suffisante, et il en résulte beaucoup de confusion. Mais lorsqu'elle a été faite, la proportion des substances trouvées donne d'utiles indications.

Nous allons exposer maintenant les propriétés générales des quatre groupes de sols que nous venons de définir, et nous y joindrons des indications relatives aux variétés les plus importantes qu'on y fait rentrer habituellement.

I. — Sols sablonneux.

	Densité.	Poids du litre comprimé.	
		Sec.	Humide.
Sable siliceux,	2,812	$2^{kil},085$	$2^{kil},605.$

Ces sols sont peu consistants, perméables aux gaz et à l'eau; leur puissance hygrométrique est à peu près nulle quand ils sont purs. Ils sont généralement colorés en brun par l'humus et en rouge ou en jaune par l'oxyde de fer. Quand ils reposent sur une couche perméable, ils sont secs et brûlants; quand ils reposent sur une couche imperméable, ils retiennent l'humidité en hiver, mais la laissent échapper facilement en été, et alors ils sont forts arides à moins qu'ils puissent être arrosés. Dans le premier cas, ils utilisent facilement et promptement les engrais; dans le second cas, ces engrais n'éprouvent pas leur décomposition normale en hiver à cause de l'excès d'humidité et disparaissent rapidement en été. — Du reste, les sables siliceux ne sont pas tout-à-fait sans influence sur la nutrition des plantes, car ils renferment toujours de la silice soluble que l'on retrouve dans les cendres de tous les végétaux et qui constitue presque à elle seule le squelette des graminées.

Les principales variétés des sols sablonneux sont :

1° *Sols de sable pur*. — Ces sols ne se rencontrent guère que dans les dunes des bords de la mer ; ils présentent au plus haut degré les défauts des terrains sablonneux. Cependant la culture des pins et des genêts y réussit, et nous avons dit comment les plantations de pins arrêtent l'envahissement des sables aux environs de Bordeaux.

2° *Sols quartzeux*. — Ces sols sont formés presque exclusivement par du quartz en fragments plus ou moins grossiers ; aussi, suivant les cas, portent-ils le nom de sols graveleux ou caillouteux. On les regarde généralement comme peu favorables aux cultures ordinaires. Ils s'améliorent beaucoup par l'emploi des amendements calcaires comme tous les sols de cette catégorie ; ils renferment presque toujours des alcalis ; aussi la vigne, le châtaignier et, en général, les cultures arbustives y prospèrent. — Les meilleurs sont ceux qui proviennent de la décomposition des roches granitiques et volcaniques. Ces derniers, aux environs de Naples, sont d'une fertilité remarquable qu'ils doivent aux matières solubles très-variées qui peuvent en dériver. Dans notre département, les anciennes alluvions de l'Indre appartiennent à ce groupe. On rencontre aussi des sols granitiques aux environs de Crevant, d'Orsennes, etc.

3° *Sols sablo-argileux*. — Ces sols sont au nombre des meilleurs que l'on connaisse, parce qu'ils sont faciles à travailler, qu'ils ne sont ni trop humides, ni trop secs, et que, grâce aux propriétés conservatrices de l'argile, ils n'abandonnent leur engrais que progressivement. — Ils atteignent leur plus haute valeur sur les bords des fleuves et des rivières, car alors les inondations les recouvrent d'un limon dont les substances constituantes très-variées forment un excellent engrais. Nous citerons, comme exemples, les vallées du Nil, de la Loire, et dans notre département, les vallées de l'Indre, de la Creuse et de tous les cours d'eau qui descendent des terrains primitifs ou de transition.

4° *Sols sablo-humifères.* — C'est à cette catégorie qu'appartiennent les sols de bruyères formés de quartz très-fin coloré en noir par l'oxyde de fer. Exemple : Terrains de la Brenne. — Ces sols sont naturellement peu avantageux pour la culture ; mais l'expérience prouve, dans notre département, que leur amélioration est en général facile au moyen de la marne ou de la chaux et des défoncements. Les jardiniers les recherchent pour favoriser le développement de certaines plantes de serre.

II. — Sols argileux.

	Densité.	Poids du litre comprimé.	
		Sec.	Humide.
Argile pure,	2,594	1^{kil},376	2^{kil},126.
Argile grasse,	2,652	1^{kil},624	2^{kil},194.
Argile maigre,	2,704	1^{kil},799	2^{kil},386.

Ces sols happent à la langue ; leur couleur est le blanc, le jaune et le rouge, rarement le noir à cause de la présence des débris organiques. Leurs propriétés sont tout-à-fait opposées à celles des sols sablonneux. Ainsi ils absorbent l'eau en abondance, l'abandonnent difficilement et, par conséquent, sont froids et humides. En se desséchant, ils éprouvent un retrait, se fendillent, deviennent durs et imperméables aux gaz. — Leur culture est difficile parce qu'ils adhèrent fortement aux instruments aratoires ; on les améliore quelquefois en les mélangeant avec du sable, ce qui est coûteux, le plus souvent par l'écobuage, ce qui vaut beaucoup mieux. — Quand ils sont saturés d'engrais, leur culture est très-profitable, parce qu'ils les abandonnent seulement aux plantes ; leur mise en valeur exige beaucoup de temps et de dépenses.

Les principales variétés sont :

1° *Sols d'argile pure.* — Les sols qui contiennent de 80 à 85 0/0 d'argile ne peuvent être employés directement en agriculture; leur imperméabilité s'oppose à la germination des grains. Lorsque délayés par l'eau ils peuvent être répandus sur des terres inférieures sablonneuses, ils produisent de très-bons effets; on peut aussi les mêler progressivement par le labour avec les sols supérieurs trop légers.

2° *Sols argilo-sablonneux.* — Ce sont les terres fortes des agriculteurs; ils conviennent aux arbres à bois blanc; les arbres fruitiers y donnent des fruits peu sucrés et de qualité inférieure.

Ces sols présentent bien des variétés; ainsi ils peuvent avoir une couleur blanche ou grise et sont alors fort mauvais; ils peuvent renfermer de l'oxyde de fer, et alors, suivant leur origine géologique, ils sont stériles ou fertiles; le premier cas se remarque sur plusieurs points de la Brenne; le second aux environs de Chaillac. Si la proportion de sable diminue, ils constituent les terres franches, les loams qui sont au premier rang des terres arables, lorsqu'ils contiennent du calcaire.

3° *Sols argilo-calcaires.* — Ce genre de terrain présente beaucoup de variétés qui dépendent surtout de la constitution physique du carbonate de chaux. Si le calcaire est en poudre très-fine, ces sols sont mauvais; s'il est en nodules ou en fragments qui jouent le rôle physique du sable, ils peuvent être excellents. C'est ce qui arrive souvent pour les terres fortes si fréquemment superposées au lias dans notre département.

III. — Sols calcaires.

Bien que le carbonate de chaux produise d'excellents effets lorsqu'on l'introduit dans les sols qui en sont dépourvus, soit en modifiant quelques-unes de leurs propriétés, soit plutôt en fournissant aux plantes un aliment indispensable à leur croissance, les terres de calcaire pur sont naturellement improductives, comme on le voit, aux environs de Troyes, d'où elles se répandent dans tout le nord-ouest et l'ouest du département de l'Aude.

	Densité.	Poids du litre comprimé.	
		Sec.	Humide.
Sable calcaire,	2,822	$2^{kil},085$	$2^{kil},605$.
Terre calcaire fine,	2,468	$1^{kil},006$	$1^{kil},758$.

Du reste, suivant l'état physique du calcaire constituant, sa résistance à la désagrégation ou sa division en particules très-tenues, les propriétés de ces sols varient tellement qu'il est bien difficile de leur reconnaître des propriétés communes. Cependant à cause de leur couleur blanche, ils absorbent peu la chaleur; mais les rayons solaires se réfléchissent en donnant une reverbération brûlante; ce double effet est très-nuisible aux plantes.

On distingue les variétés suivantes :

1° *Sols crayeux.* — Quand ils contiennent de 80 à 83 0/0 de craie, ils sont presque infertiles; ils retiennent l'eau avec beaucoup de force, forment en desséchant une croûte qui, bien que très-friable, est complètement imperméable à l'air. Ils se soulèvent par la gelée de telle sorte que les plantes à racines peu profondes sont déchaussées; enfin ils exigent beaucoup d'engrais qui ne sont utilisés que partiellement. Du reste, ils sont faciles à travailler.

2° *Sables calcaires.* — Ils sont formés de silice en petits grains mélangés à de la craie; ils s'échauffent plus facilement que les précédents, ne se délaient pas par l'eau. Quand ils renferment une certaine quantité d'argile, ils deviennent propres à toutes les cultures.

Les deux variétés des sols précédents, surtout la seconde, se remarquent sur quelques points des terrains crétacés du département de l'Indre, principalement sur les flancs des collines crayeuses. Nous citerons, comme exemple, les collines de Cléré-du-Bois, celles des environs de Clion, de Palluau. Dans ces contrées, ils conviennent parfaitement à la vigne.

3° *Sols tufeux*. — On désigne ainsi les sols formés de débris de calcaires d'une grande dureté; par conséquent, ils ressemblent par plusieurs propriétés physiques aux sols caillouteux; ils sont particulièrement propres à la culture du sainfoin et de la vigne.

La plus grande partie des sols reposant sur le calcaire lithographique, dans notre département, rentrent dans cette catégorie lorsqu'ils ne sont point mélangés avec le sable et l'argile des alluvions anciennes. Nous citerons, comme exemple, les environs de Brion, de la Champenoise, Niherne, Villedieu, quelques points autour de Châteauroux.

4° *Sols marneux*. — Ces sols, mélange intime de calcaire et d'argile, sont rarement employés directement, et sont en général peu fertiles; du reste, suivant les proportions de calcaire et d'argile, et l'état physique du calcaire, ils diffèrent beaucoup les uns des autres et doivent être rangés soit parmi les sols argileux, soit parmi les sols calcaires.

IV. — Sols humifères.

Ces sols sont formés principalement par des débris de plantes désignés sous les noms d'humus, de terreau, de pourri. On considère ce dernier comme jouant un rôle purement mécanique. Du reste, ces résidus sont peu connus quant à leur composition immédiate; ils sont très-complexes, et leur constitution est certainement en rapport intime avec les circonstances de leur production et les matières minérales qui les accompagnent, ainsi que nous l'avons vu à propos des tourbes.

Dans tous les cas, ils forment des sols très-meubles, très-perméables à l'air quand ils sont secs, d'un pouvoir absorbant considérable pour l'eau et la chaleur. On admet que les plantes tannifères donnent un terreau acide peu favorable à la culture, tandis que celles qui ne renferment pas de tannin donnent un terreau doux bien meilleur.

On distingue les variétés suivantes :

1° *Sols tourbeux.* — Nous connaissons l'origine de la tourbe, son mode de formation. — Les sols de cette nature ont en général un aspect brun foncé, d'une consistance spongieuse et élastique. A cause de l'eau qui les imprègne, ils se refroidissent et s'échauffent lentement. Aussi sont-ils plus frais en été et plus chauds en hiver que les autres terrains. — Peu fertiles naturellement, les sols tourbeux assainis, puis aérés, c'est là une condition capitale, pourvus de chaux, s'ils en manquent, deviennent très-fertiles. — Ainsi en Alsace, le houblon et la garance sont cultivés avantageusement sur les sols tourbeux ; — A Villedieu, dans notre département, on y observe de magnifiques oseraies.

2° *Sols marécageux.* — Ces sols, submergés une partie de l'année par des eaux stagnantes, ne peuvent être utilisés que lorsqu'ils ont été assainis par des procédés convenables ; soumis alors à la culture avec addition de chaux, s'ils en manquent, ils deviennent très-fertiles. Citons, comme exemple, les palus du département de Vaucluse, riches en calcaire, qui fournissent de belles récoltes de garance. — Les prés marécageux des bords de la Trégonce, de l'Anglin et de la Théols sont fortement calcaires et deviennent très-productifs lorsqu'ils peuvent être assainis et aérés.

III. — PROPRIÉTÉS CHIMIQUES DES TERRES ARABLES.

Les terres arables, principalement lorsqu'elles sont soumises à la culture, sont le siège de nombreuses actions

PROPRIÉTÉS CHIMIQUES DES TERRES ARABLES.

chimiques. Les unes se rattachent à la transformation des matières organiques ; les autres à la transformation des matières minérales. Ces transformations donnent naissance à des substances solubles ou volatiles ; on doit se demander comment elles se dispersent, comment elles se conservent et comment elles se perdent.

I. ABSORPTION DES GAZ. — Les sols arables doivent être pénétrés de gaz. Les terres extraites du sein de la terre ne deviennent fertiles qu'après leur aération ; plusieurs des bons effets des labours se rattachent à cette propriété. Cette absorption est due à la porosité des éléments constituants, à la présence des matières organiques et de certains oxydes susceptibles de suroxydation ; elle est favorisée par la chaleur et par la présence d'assez d'eau pour que la terre soit bien humectée. C'est l'absorption de l'oxygène qui mérite le plus de fixer l'attention, parce qu'il a une activité chimique considérable, et que sa présence est indispensable pour les racines des plantes. Schubler agitait de l'air successivement avec différentes terres dans un flacon bouché à l'émeri qu'il plaçait sur l'eau pour laisser l'action se prolonger quelque temps, puis il analysait le gaz restant. En agissant ainsi, il a obtenu les nombres suivants :

Poids d'oxygène absorbé par 100 parties de terre.

Humus..................	20,3.
Terre de jardin...........	18,0.
Argile pure..............	15,3.
Argile grasse............	10,0.
Terre calcaire fine........	10,8.
Sable calcaire...........	5,6.
Sable siliceux...........	1,6.

L'absorption était donc très-forte dans les terres chargées de matières organiques, et certainement qu'une portion de l'oxygène brûlait le carbone et le transformait en acide carbonique.

Composition de l'air confiné dans le sol. — Mais il était important d'opérer sur la terre végétale elle-même et de connaître la composition de l'air confiné qu'elle renferme. C'est ce qu'ont fait MM. Boussingault et Lévy; il n'était pas douteux qu'il n'avait pas la même composition que l'air normal, mais il fallait déterminer l'intensité de l'altération. Ils prenaient l'air à 35 centimètres de profondeur au moyen d'un aspirateur; ils ont constaté que l'air ainsi extrait renfermait des traces d'ammoniaque, mais pas d'acide sulfhydrique. Relativement à la proportion d'acide carbonique, ils ont reconnu que pour un hectare dans le sous-sol d'une forêt il y avait autant d'acide carbonique que dans 5,000 mètres cubes d'air; dans un sol fumé depuis plus d'un an autant que dans 8,000 mètres cubes d'air, et dans un sol fumé récemment autant que dans 20,000 mètres cubes d'air. Il résulte de là que l'acide carbonique existe dans les sous-sols sans que l'on puisse rattacher sa présence à la combustion des matières organiques. Nous avons vu que certains sols, les sols volcaniques par exemple, en contenaient une grande quantité qui vient, sans contredit, des profondeurs du globe. Quoiqu'il en soit dans les sols récemment fumés surtout, l'action comburante de l'oxygène devient manifeste. Toutefois, comme la somme des volumes de l'acide carbonique et de l'oxygène est constamment inférieure à celle de l'oxygène au lieu de lui être égale, M. Boussingault en conclut qu'une portion de cet oxygène est employé à brûler l'hydrogène des matières organiques et par suite à donner de l'eau.

Nitrification. — Les terres arables, mélange d'éléments minéraux inertes avec des matières organiques en décomposition et de petites quantités de bases énergiques, potasse, soude et chaux, sont de véritables nitrières artificielles; mais pour cela, il faut que les terres ne soient ni trop compacte, ni trop sableuse, il faut un degré convenable d'humectation, et, de plus, une élévation favorable dans la température. M. Boussingault a examiné la marche de la nitrification sur 10 kilogrammes de terre d'un potager richement fumé, placés sur une plaque de grès et abrités par une toiture en verre. En quarante-trois jours, la nitrification a fait des progrès rapides; la quantité de salpêtre qui était primitivement de $12^g,5$ par mètre cube, s'est élevée à $280^g,3$, puis elle est restée presque stationnaire. — Mais ce sont les composts, mélanges de débris de plantes, de balayures de cours et de rues, stratifiés avec de la marne ou de la chaux, arrosés, remués de temps en temps, qui renferment les plus fortes proportions de nitre. Dans certains cas, cette proportion est comparable, malgré le peu de précaution que l'on prend, à celles que l'on remarque dans les terres dont on peut extraire le nitre avec avantage. — Quant à l'origine de l'acide azotique, on l'explique de la manière suivante : Toutes les fois que l'oxygène de l'air produit une combustion, il se combine également avec l'azote de l'air pour produire de l'acide azoteux ou de l'acide azotique. Ainsi M. Schoenbein a démontré que les vapeurs blanches émises par un morceau de phosphore humide étaient de l'azotite d'ammoniaque. M. Boussingault a observé que l'eau provenant de la combustion du gaz de l'éclairage contenait de l'ammoniaque et de l'acide azotique. En général, toutes les fois que des matières hydrocarbonées éprouvent une combustion lente ou brusque, il y a en même temps combinaison de l'oxygène avec l'azote, et, par suite, formation de l'acide azotique. On doit donc conclure de là que dans le sein de la terre, il y a production d'acide azotique en même temps que d'acide carbonique. — Du reste, la présence de matières organiques n'est même pas indispensable. En effet, M. Cloez a prouvé qu'en faisant passer de l'air sur des matières poreuses imprégnées de dissolutions d'une base énergique, telle que la potasse et la soude, il y avait formation d'acide azotique. Ainsi s'expliquerait le salpêtrage des roches calcaires poreuses, principalement de la craie, et aussi la nitrification dans les cavernes de l'Inde, dont la partie superficielle détachée des parois de temps en temps contient jusqu'à 120 grammes de nitre par kilogramme.

Production de l'ammoniaque. — La présence de l'ammoniaque à l'état libre dans le sein de la terre résulte de l'expérience de M. Boussingault, que nous avons citée plus haut; mais cette substance est le plus souvent engagée dans des combinaisons diverses, dont il n'est pas facile de la dégager par une ébullition prolongée avec des dissolutions alcalines, même quand elle existe à l'état de sel ammoniacal qui, dans des circonstances ordinaires, est décomposé très-facilement par ce procédé. Aussi n'a-t-on actuellement aucun moyen pour reconnaître la quantité d'ammoniaque qu'un sol, dont l'analyse constate une teneur donnée en azote, peut mettre à la disposition des plantes. — Quant à l'origine de l'ammoniaque du sol, elle doit résulter de la décomposition des matières organiques azotées enfouies dans la terre; car on sait que les produits ultimes de la décomposition de ces matières sont l'eau, l'acide carbonique et l'ammoniaque; on peut l'attribuer également à la combinaison de l'azote de l'air avec l'hydrogène à l'état naissant; ainsi toutes les fois que le fer s'oxyde à l'air humide, l'oxygène qui se fixe est pris à l'eau, et l'hydrogène mis en liberté s'unit à l'azote pour donner de l'ammoniaque. On peut aussi présumer que l'azote, bien que doué d'une affinité chimique faible, est susceptible, suivant les cas, de se combiner soit avec l'oxygène, soit avec l'hydrogène pour donner de l'acide azotique ou de l'ammoniaque.

Quant aux transformations des matières minérales, elles ont été assez développées dans cette leçon, lorsque nous nous sommes occupés de l'origine des sols, pour qu'il ne soit pas nécessaire d'y revenir ici. Nous dirons seulement que leur mobilisation est certainement favorisée par la présence de l'acide carbonique, des chlorures et des sulfates. Les phosphates, en particulier, sont, quelle que soit leur origine, solubles à la longue dans une eau contenant les sels précédents.

II. Pouvoir absorbant des terres arables. — Les substances solubles contenues dans la terre disparaîtraient bien vite dans le sous-sol, si elle ne possédait la propriété de les retenir avec une force considérable et de ne les abandonner, pour ainsi dire, qu'au fur et à mesure des besoins des plantes.

Cette propriété, connue sous le nom de pouvoir absorbant, a été découverte par Huxtable et Thompson, en 1848. Le premier, en filtrant du purin sur de la terre, obtint un liquide incolore et dépourvu de mauvaise odeur; le second reconnut à la terre la faculté de retenir à l'état insoluble l'ammoniaque d'une solution ammoniacale, que cette ammoniaque fut libre ou combinée avec des acides. Way poussa ces recherches beaucoup plus loin, et constata que l'absorption s'étend à toutes les bases alcalines et terreuses indispensables à la croissance des plantes, telles que la potasse, la soude et la chaux, soit libre, soit combinée avec les bases. Il constata que l'argile possède des propriétés antiseptiques particulières, puisque les matières une fois absorbées par cette substance ne subissent pas de fermentation putride. Cette absorption se fait avec une grande rapidité; elle est aussi complète au bout d'une demi-heure qu'après un contact prolongé de quinze heures; tous les sols la possèdent à peu près avec la même énergie, qu'ils soient riches ou pauvres en carbonate de chaux et en silicate d'alumine. Toutes les bases ne sont pas retenues avec la même force; ainsi l'ammoniaque est conservée avec plus d'énergie que la potasse, la potasse plus efficacement que la soude. — Lorsque l'on verse sur une terre une dissolution de silicate de potasse, la potasse est retenue ainsi qu'une forte proportion de silice. Le phosphate de chaux, le phosphate ammoniaco-magnésien, dissous à la faveur de l'acide carbonique, sont complètement maintenus dans la terre. — M. Bruestlein s'est aussi occupé de cette question, et a spécialement examiné le mode d'absorption de l'ammoniaque, parce que l'action du sol est la même sur les autres bases, bien que moins énergique; il a confirmé ce que nous venons de dire, et, de plus, il a établi que l'absorption de l'ammoniaque des sels ammoniacaux est due à la présence du carbonate de chaux qui les décompose, de telle sorte que l'acide passe en totalité en dissolution avec la chaux; dans tous les autres cas, l'action paraît être purement physique et exclure toute idée de combinaison chimique, en particulier avec l'alumine. — Lorsque la terre est en présence d'une atmosphère chargée d'ammoniaque, elle en absorbe des quantités considérables; lorsque cette atmosphère n'en contient que de très-minimes quantités, elle s'en empare également. On doit voir dans des actions de ce genre une propriété physique semblable à celle que possède le charbon d'enlever les matières colorantes d'une dissolution.

III. DISPERSION DES MATIÈRES SOLUBLES ET VOLATILES. — Il résulte de là que les sels solubles employés comme engrais éprouvent une certaine difficulté à circuler dans le sol; de là, la nécessité quand on a recours à des agents de fertilisation pulvérulents de les répandre bien uniformément, car la première année, au moins, ils ne sont guère utilisés que sur la place où on les a mis. Toutefois, il ne paraît pas nécessaire d'attribuer aux racines des plantes une sorte d'action chimique spéciale capable de vaincre la puissance absorbante du sol; il est vraisemblable d'admettre qu'elles puisent leur nourriture dans des dissolutions très-étendues des divers engrais. En effet, relativement à l'ammoniaque, par exemple, M. Bruestlein a constaté qu'une eau légèrement ammoniacale avait la propriété de circuler dans la terre arable, et que si cette substance était absorbée avidement par le sol, elle pouvait s'en échapper sous des influences faibles. Ainsi la terre sèche paraît retenir très-efficacement l'ammoniaque, tandis que si elle est soumise à un courant d'air humide, ou bien à des alternatives de sécheresse et d'humidité, la perte est considérable. Par conséquent, la force avec laquelle le sol retient les substances en dissolution est purement d'ordre physique et peut être vaincue par des forces de même nature.

On tire de là quelques conséquences importantes relatives aux pertes que la terre peut éprouver. Ces pertes sont de deux genres : 1° pertes de substances volatiles ; 2° pertes de substances solubles entraînées dans le sous-sol. Les pertes d'ammoniaque se déduisent des expériences de M. Bruestlein, dont nous venons de parler, et de celles de M. Boussingault sur la neige, à laquelle, comme nous l'avons vu, il a reconnu la propriété de condenser l'ammoniaque qui s'échappe du sol. Quelle est la valeur de ces pertes, on l'ignore, mais il est vraisemblable qu'elle est compensée et bien au-delà par les eaux météoriques et les combinaisons de l'azote de l'hydrogène qui s'accomplissent dans le sein de la terre. Quant à la proportion de substances dissoutes qui peuvent être entraînées dans le sous-sol, elle peut être connue par l'analyse des eaux de drainage. Ces eaux doivent renfermer toutes les substances que l'eau en traversant le sol est capable de dissoudre. Or, il résulte d'expériences nombreuses que l'ammoniaque et l'acide phosphorique y font généralement défaut, qu'il n'y a que des traces de potasse ; toutefois l'acide nitrique existe toujours dans ces eaux, peut-être parce que le drainage favorise singulièrement la nitrification dans les couches inférieures, comme dans les couches supérieures, et, par suite, les nitrates pourraient fort bien avoir été cédés par la terre qui avoisine les drains.

En résumé, les actions chimiques, dont le sol est le siège,

présentent le plus haut degré d'intérêt pour les agriculteurs ; elles sont très-complexes. Leur étude systématique, commencée récemment par un grand nombre de savants, a déjà donné, nous espérons l'avoir prouvé, des résultats importants ; mais il y a lieu de croire que de nouvelles recherches établiront bien des points restés obscurs.

IV. — CONDITIONS D'UNE BONNE TERRE ARABLE.

De ce qui précède, il résulte qu'une bonne terre arable doit remplir deux sortes de conditions : 1° de bonnes conditions physiques ; 2° de bonnes conditions chimiques. — Les bonnes conditions physiques sont une tenacité moyenne, la propriété d'absorber les eaux pluviales et l'humidité de l'air et de les laisser échapper peu à peu de telle sorte que la terre n'en ait jamais en excès, mais de telle sorte aussi qu'elle n'en soit jamais complètement privée sur une épaisseur de 20 centimètres, la propriété d'absorber la chaleur du soleil et de ne l'abandonner que progressivement. Ces conditions sont rarement réunies d'une manière complète ; mais elles le peuvent être plus ou moins parfaitement de bien des manières, car il n'y a guère lieu de considérer dans ce cas la nature des éléments, mais seulement leur grosseur et leur couleur. Presque tout paraît dépendre de la proportion des éléments ténus et des éléments grossiers, et c'est pour cela que l'analyse mécanique des sols offre un avantage réel.

Quant aux bonnes conditions chimiques, elles tiennent spécialement à la perméabilité pour les gaz et à la présence de matières nutritives. Nous croyons que l'existence de ces substances doit être constatée avec soin ; car si elles ne sont pas actuellement assimilables par les plantes, elles le deviendront progressivement, et chaque année, elles se joindront aux éléments nutritifs apportés par les engrais pour accroître la fécondité du sol. Parmi les substances nutritives dont il importe le plus de reconnaître l'existence, nous citerons la potasse et l'acide phosphorique; le carbonate de chaux à haute dose n'est nullement indispensable; il existe d'excellents sols qui n'en possèdent que quelques millièmes. — L'abondance des matières organiques paraît une circonstance très-favorable; il est vrai que les sols volcaniques si fertiles des environs de Naples n'en contiennent guère, mais ils sont certainement riches en acide carbonique, et, dans les circonstances ordinaires, la combustion lente de ces matières dans le sein de la terre est la source par excellence de ce gaz; leur décomposition donne aussi naissance à des substances neutres analogues aux sucres et à des substances azotées mal connues que l'on rencontre dans toutes les eaux terrestres et dont l'influence sur la végétation n'est pas douteuse.

Nous avons assisté à toutes les phases par lesquelles notre globe a passé, aux transformations successives des matières minérales et même des êtres organisés; nous avons exposé l'origine et la constitution des terres arables avec toutes les variations dont elles sont susceptibles. Notre tâche est terminée. Mais si la géologie forme nécessairement, suivant nous, la base d'un cours d'agriculture rationnelle, elle est loin d'être suffisante; il faut compléter son étude par des connaissances dépendant à la fois des sciences physiques et chimiques et des autres sciences naturelles.

ERRATA.

Page 16, ligne 30, *au lieu de :* supporter ;   *lisez :* supputer.
— 49, — 1re, — ondue ; — fondue.
— 82, — 31, — complètes ; — complexes.
— 130, — 7, — brivifolia ; — brevifolia.
— 144, — 4, — cyladée ; — cycadée.
— 160, — 12, — fig. 115 ; — fig. 116.
— 168, — 18, — cibrospongia ; — cribrospongia.
— 178, — 14, — fig. 190 ; — fig. 191.
— 178, — 15, — fig. 191 ; — fig. 192.
— 178, — 17, — fig. 192 ; — fig. 190.
— 183, — 22, — fig. 204 ; — fig. 203.
— 183, — 23, — fig. 205 ; — fig. 204.
— 183, — 26, — fig. 203 ; — fig. 205.
— 199, — 23, — cylostoma ; — cyclostoma.
— 220, — 10, — délitable ou sableux ; — délitables et sableux.
— 249, — 23, — tales ; — talcs.
— 255, — 11, — argiles smutiques ; — argiles smectiques.
— 273, — 27, — carborifère ; — carbonifère.
— 278, — 23, — La balsate ; — Le balsate.
— 293, — 15, — sulfure d'arsenic ; — sulfure de zinc.

ERRATA DES PLANCHES.

Planche II, figure 26, *au lieu de :* megaliethys ;   *lisez :* megalicthys.
— III, — 35, — trigoralis ; — trigonalis.
— V, — 66, — horribus ; — horridus.
— V, — 75, — moliniformis ; — moniliformis.
— VI, — 84, — ichtyosaure ; — ichthyosaure.
— VI, — 94, — nautibus ; — nautilus.
— VI, — 96, — subcatus ; — sulcatus.
— VII, — 103, — nicœquivalvis ; — inœquivalvis.
— X, — 150, — coronatu ; — coronata.
— X, — 151, — hemicadaris ; — hemicidaris.
— XVII, — 261, — phyra ; — physa.
— XX, — 313, — dain ; — daim.

TABLE DES MATIÈRES

DU

COURS DE GÉOLOGIE AGRICOLE.

	Pages.
Discours d'ouverture....................................	5
Objet et but de la science...............................	5
Fonctions de l'agriculteur; secours qu'il tire de la science..................	10
Plan du Cours et aperçu général sur la géologie...............	15

I. — LES PRINCIPES.

1re LEÇON. — Des roches et des moyens de les reconnaître.

	Pages.
CONSIDÉRATIONS GÉNÉRALES.......	21
Division des roches.............	24
I. *Roches siliceuses*.............	25
1° Du quartz...................	26
Variétés :	
Cristal de roche ou quartz hyalin.	26
Agate........................	27
Silex.........................	27
Meulière......................	27
2° Du feldspath................	28
3° Du mica....................	29
Roches contenant les éléments précédents :	30
1° Roches granitiques...........	31
Granit........................	31
Pegmatite....................	33
Gneiss........................	34
Micaschistes....................	34
2° Roches porphyriques.........	34
Porphyre.....................	34
Variétés : Pétrosilex, eurites.....	35
II. *Roches calcareuses*...........	35
1° Des calcaires................	36
Variétés :	
Chaux carbonatée cristallisée...	37

Chaux carbonatée fibreuse......	37
Chaux carbonatée saccharoïde..	37
Calcaire compact...............	38
Calcaire terreux................	38
2° Chaux sulfatée, plâtre ou gypse........................	40
3° Chaux phosphatée ou phosphate de chaux....................	41

2e LEÇON. — De l'origine des roches, de leur mode de formation et de leur configuration géologique.

FORME DE LA TERRE.............	43
La terre a passé par l'état pâteux.	44
Preuves de l'incandescence primitive de la terre.............	45
Origine des roches.............	48
MODE DE FORMATION DES ROCHES...	49
Diverses espèces de roches......	49
1° Roches plutoniques..........	50
2° Roches sédimentaires.........	51
Modes de formation :	
Action de l'atmosphère :........	51
A l'état de repos..............	51
A l'état de mouvement.........	52
Action des eaux :...............	53
Leur pouvoir dissolvant........	53
Leur puissance de transport.....	54

TABLE DES MATIÈRES.

	Pages.
III. *Roches métamorphiques*	57
Métamorphisme des calcaires	58
Métamorphisme des autres roches	59
CONFIGURATION GÉOLOGIQUE DES ROCHES	59
Relief de la terre	59
Formation des montagnes et des vallées de fracture	61
Effets produits par les soulèvements ; vallées d'érosion	63
Il y a eu plusieurs soulèvements	64
Moyens de reconnaître leur âge relatif	65

5ᵉ LEÇON. — Des fossiles.

CONSIDÉRATIONS GÉNÉRALES	67
Division de cette leçon	68
I. *Conditions d'existence des fossiles*	68
Des formes géologiques fondamentales	68
Marche de l'animalisation	70
Du progrès dans les créations successives	72
Conditions d'existence des fossiles	74
II. *De la fossilisation*	76
Rareté des parties molles du corps des animaux	76
Conservation des insectes, des crustacés	77
Abondance des coquilles	77
Squelettes des mammifères, des oiseaux, des poissons et des reptiles	78
Coprolites	79
Guano	79
Empreintes des gouttes de pluie	80
Moules intérieurs et extérieurs	80
Pétrification et incrustation	81

	Pages.
III. *Importance des fossiles dans la formation des couches terrestres*	83
Absence des fossiles dans les roches ignées	83
Roches fossilifères :	
Fossiles dans les roches métamorphiques	83
Fossiles dans les calcaires	84
— dans le plâtre	85
— dans le selgemme	85
— dans les terrains de transport	85
— dans le tripoli et le minerai de fer des marais	85
IV. *Importance des fossiles pour la détermination des terrains*	86
Fossiles caractéristiques	87
Stations des mollusques	88
Position actuelle des coquilles dans les couches terrestres	89

Appendice à la troisième leçon.

NOTIONS SUR LES MOLLUSQUES	90
Leur division en six classes	92
Céphalopodes	92
Gastéropodes	94
Acéphales	95
Brachiopodes	96
Bryozoaires	96
NOTIONS SUR LES ZOOPHYTES	97
1° Zoophytes rayonnés	97
Echinodermes	57
Polypiers	98
2° Zoophytes globuleux	99
Foraminifères	99
Infusoires	99
Amorphozoaires	100

II. — TERRAINS SÉDIMENTAIRES.

4ᵉ LEÇON. — Des terrains de transition.

Pages.

DIVISION GÉNÉRALE DES TERRAINS SÉDIMENTAIRES.............. 101
Caractères généraux des coupes fondamentales............... 102
Terrains de transition........... 104
Importance de ces terrains...... 104
Terrains de transition en France. 104
Terrain de transition dans les autres contrées............... 106
Division des terrains de transition 106
Remarques :
Sur le caractère cristallin des roches constituantes.......... 107
Sur l'aspect de leur dépôts.... 107
I. *Formation inférieure ou terrain cumbrien*................ 108
Roches dominantes :
Gneiss........................ 108
Micaschistes.................. 109
Schistes argileux; ardoises..... 109
Lydiennes, — calcaires........ 110

Première époque du monde organisé.

II. *Formation moyenne ou terrain silurien*................ 111
Roches dominantes :
Quartzites et grès............. 111
Ardoises d'Angers............. 111
Calcaires des environs de Brest.. 112
Fossiles du terrain silurien..... 112
III. *Formation supérieure ou terrain dévonien.* — Formation anthraxifère................ 114
Angleterre : vieux grès rouge ; schistes. — Schistes bitumineux de l'Écosse................. 114

Pages.

Belgique : Marbres de Namur; peroxyde rouge de fer........... 115
France : Anthracite............ 115
Importance de la production.... 116
Fossiles du terrain dévonien..... 116
Terrains de transition du département de l'Indre............ 118
IV. *Formation houillère*........ 119
Roches sous-jacentes........... 119
Idée générale d'un bassin houiller 120
Roches du terrain houiller...... 121
Roches accidentelles........... 122
Allures des couches de houille... 123
Accidents des couches de houille. 124
Diverses variétés de houille..... 125
Flore du terrain houiller........ 127
Origine de la houille........... 130
Faune du terrain houiller....... 131
Production houillère........... 134

5ᵉ LEÇON. — Des Terrains secondaires.

CONSIDÉRATIONS GÉNÉRALES....... 135
Combustibles des terrains secondaires...................... 137
DIVISION DES TERRAINS SECONDAIRES. 138
I. *Terrain des grès rouges*...... 138
1° Formation permienne........ 139
Trois étages :
Nouveau grès rouge............ 139
Zechstein..................... 139
Grès des Vosges............... 140
Fossiles du terrain permien..... 140

Deuxième époque du monde organisé.

2° Formation du trias.......... 141
Trois étages :
Grès bigarré.................. 142

	Pages.
Fossiles	143
Muschelkalk	144
Fossiles	144
Marnes irisées	146
Gypse et sel gemme	146
Fossiles	148
Du trias dans le département de l'Indre	149

Troisième époque du monde organisé.

II. Terrain jurassique	150
Division de ce terrain	151
1° *Lias*	151
Trois étages :	
Grès du lias	151
Calcaire du lias à gryphée arquée	152
Marnes du lias	152
Fossiles du lias	152
Du lias dans le département de l'Indre	157
2° *Système oolitique*	158
Trois étages :	
1° Étage inférieur de l'oolite	159
Partie inférieure (Bristol)	159
Fossiles	160
Argile à foulon (environs de Bath)	160
Fossiles	160
Grande oolite	160
Fossiles	161
Matières utiles	163
Oolite inférieure du département de l'Indre	164
2° Étage moyen de l'oolite	166
Argile d'Oxford	166
Coral-Rag	166
Fossile de l'étage moyen	166
Étage moyen du département de l'Indre	168
3° Étage supérieur de l'oolite	172

	Pages.
Argile de Kimméridge	172
Oolite d'Oxford	172
Fossiles de l'oolite d'Oxford	173
Étage supérieur du département de l'Indre	175

Quatrième époque du monde organisé.

Terrain crétacé	175
Considérations générales	175
Division des terrains crétacés	177
Dépôts wealdiens	177
Fossiles de ce terrain	177
I. *Étage crétacé inférieur ou néocomien*	178
Calcaire à spatangues	178
Argile ostréenne	179
Argiles et sables bigarrés	179
Fossiles du terrain crétacé inférieur	179
II. *Étage moyen, grès vert*	181
Phosphates fossiles	182
Fossiles du grès vert	182
III. *Étage supérieur, craie*	184
Craie tufau	184
Craie blanche	184
Origine de la craie	185
Fossiles de la craie	185
Terrain crétacé du département de l'Indre	188

6e LEÇON. — Terrain tertiaire.

Considérations générales sur les deux leçons suivantes... 191

Cinquième époque du monde organisé.

Considérations générales sur les terrains tertiaires	192
Division des terrains tertiaires	194

TABLE DES MATIÈRES.

	Pages.
I. *Formation Éocène*	196
1° Formation nummulitique ou épicrétacée	196
2° Bassin parisien	198
Argile plastique	198
Fossiles de l'argile plastique	199
Flore	200
Calcaire grossier	201
Fossiles du calcaire grossier	202
Calcaire siliceux	203
Fossiles	204
Gypse	204
Fossiles de gypse	205
Marnes du gypse	206
Remarques sur le bassin parisien	207
3° Environs de Londres	207
Fossiles	207
4° Environs de Bruxelles	208
II. *Formation miocène*	208
1° Environs de Paris	208
Sables et grès de Fontainebleau	208
Meulière de Meudon, Marly, etc.	209
Calcaire de la Beauce et de Château-Landon	209
2° Faluns de la Touraine	210
Fossiles de la période miocène	210
Flore de cette période	212
3° Brenne et terrains tertiaires du département de l'Indre	213
Bassin de la Brenne	213
Roches de la Brenne	215
Physionomie de la Brenne	217
Sous-sol de la Brenne	218
Sol végétal de la Brenne	218
Moyens d'amélioration	219
4° Bassin tertiaire de l'Auvergne	221
5° Bassin de l'Aquitaine	222
6° Provence et Languedoc	223
III. *Formation tertiaire supérieure ou pliocène*	224
1° Auvergne	224
2° Dépôts de la Bresse	225
3° Terrain subappennin	225
Matières utiles	226
Sicile	226
Mines de sel de la Pologne	226
Fossiles de la période pliocène	227
Flore de la période pliocène	228

7ᵉ LEÇON. — Terrains quaternaires.

	Pages.
CONSIDÉRATIONS GÉNÉRALES	229
Divisions de cette leçon	229
I. *Dépôts sédimentaires*	230
Angleterre	230
Italie	230
Sicile	230
Algérie et Afrique	231
Russie	231
Pampas de l'Amérique méridionale	231
II. *Phénomènes erratiques et dépôts de transports*	232
1° Phénomène erratique	232
Erratique des Alpes	232
Erratique du Nord	233
Erratique des autres contrées	234
Explication des phénomènes erratiques	234
Glaciers des Alpes	234
2° Diluvium des vallées	236
Terrains quaternaires du département de l'Indre	237
3° Alluvions plusiaques	239
4° Fossiles de l'époque quaternaire	240
Considérations générales	240
Principaux gisements	242
Vallées d'érosion	242
Cavernes	243
Brèches osseuses	244
Apparition de l'homme	244

III. — TERRAINS ÉRUPTIFS.

8ᵉ LEÇON.

	Pages.
Division de cette leçon	247
I. *Éléments de roches éruptives*	247
Tableau des minéraux constituant les roches éruptives	249
1° Quartz ou silice	250
Variétés :	
Quartz cristallin, quartz hyalin, silice pure	250
Agates et jaspes	251
Quartzites	251
Silex, meulières, quartz terreux	252
2° Silicates alumineux	252
Kaolins, argiles	252
3° Feldspaths	255
Variétés :	
Orthose	256
Albite	257
Oligoclase	257
Labradorite	257
Anorthite	258
Amphygène	258
3° Silicates trappéens	258
Talc, stéatite	259
Serpentine	260
Péridot	260
Pyroxène	261
Amphiboles	262
Diallage	264
4° Silicates alumineux complexes	264
Micas	264
II. *Description des terrains éruptifs*	265
De l'âge des roches éruptives	265
1° Terrain granitique	266
Roches constituantes	266
Types des roches granitiques	266
Ages des granits	267
Roches enveloppantes	267
Usages	267
2° Terrain porphyrique	268
Roches constituantes :	
Porphyres	268
Diorites	269
Trapps	269
Serpentines	270
Étude spéciale des porphyres :	
Structure	270
Types	270
Age	270
Roches de contact	271
Applications	271
Étude des diorites :	
Types	271
Étude des trapps :	
Composition	272
Types	272
Aspect et mode d'apparition des trapps	272
Age	273
Matières utiles	273
Étude des serpentines :	
Composition	274
Aspect	274
Types	274
Ages	274
Usages	274
3° Terrain volcanique	275
Division de ce terrain	275
Formation trachytique	275
Roches constituantes	275
Pays types	276
Age et aspect	277
Usages	278
Formation basaltique	278
Constitution	278
Mode d'émission et structure	279
Types	279

	Pages.
Âge	280
Usages	280
Formation volcanique	280
Roches constituantes	280
Lois de la formation des volcans	281
Volcans éteints	282
Volcans actuels	283
Tremblements de terre	283
Éruptions volcaniques	284
Volcans remarquables	286
III. *Des filons et des gîtes métallifères*	288
1° Filons	288
Idée générale	288
Structure et composition d'un filon	290
Origine du minerai dans les filons	291
2° Amas et gîtes irréguliers	292

IV. — ÉPOQUE MODERNE.

9ᵉ LEÇON. — De l'air et de l'eau.

I. *De l'air*	295
II. *De l'eau*	299
1° Propriétés générales	299
Eau solide	299
Eau à l'état liquide	301
Eau à l'état de vapeur	302
2° Eau dans la nature	304
Eaux météoriques	304
Brouillards	304
Rosée	305
Pluie	306
Neige	307
Grêle	307
Eaux de fleuves, de rivières et de puits	308
Gaz dissous dans l'eau	308
Eaux de fleuves et rivières	309
Eaux de sources et de puits	310
Eaux potables	312
Régime des eaux souterraines. — Origine des sources. — Puits artésiens	313
De la mer	317
Eaux minérales	321
Eaux minérales par décomposition	321
Eaux minérales thermales	323
Circonstances de production	323
Température des sources thermales	325
Volume et débit des sources thermales	327
Substances dissoutes par les sources	329
Classification des eaux minérales :	332
Eaux gazeuses	332
Eaux salines	332
Eaux ferrugineuses	333
Eaux sulfureuses	333
Origine et importance des eaux minérales	334
Action de l'eau sur les roches	337

10ᵉ LEÇON. — De la terre végétale.

Division de cette leçon	342
I. *Origine et mode de formation des sols*	342
1° Origine des éléments inorganiques	342
Transformation des roches cristallines	343
Produits de la décomposition des roches cristallines	348
Décomposition des roches sédimentaires	349
2° Origine des matières organiques. — Tourbes	352

	Pages.		Pages.
Modes de formation des sols	357	Sols humifères	371
Terrains formés sur place	357	III. *Propriétés chimiques des terres arables*	372
Terrains de transport	358	Absorption des gaz	373
Résumé : produits de la destruction des roches	359	Composition de l'air confiné dans le sol	374
II. *Propriétés chimiques des terres arables*	361	Nitrification	374
Propriétés mécaniques	361	Production de l'ammoniaque	376
Action des gaz	362	Pouvoir absorbant des terres arables	377
Action de l'eau	362	Dispersion des matières solubles et volatiles	378
Action de la chaleur	363	IV. *Conditions d'une bonne terre arable*	380
Classification des sols	364	ERRATA	382
Sols sablonneux	366		
Sols argileux	368		
Sols calcaires	369		

PLANCHES

DU

COURS DE GÉOLOGIE AGRICOLE.

Première Époque du Monde

ORGANISÉ.

PLANCHE I.

TERRAIN SILURIEN.

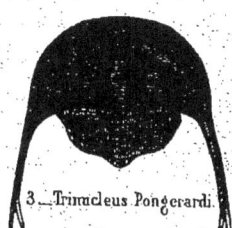
3.—Trinucleus Pongerardi.

2.—Paradoxides Spinulosus.

1.—Asaphus Guettardi.

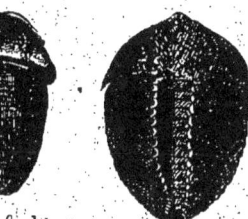

4.—Asaphus Caudatus. 5.—Asaphus Buchii. 6.—Nereites Cambriensis.

  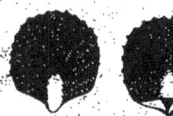 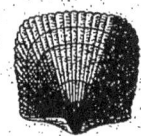

7.—Orthoceras conica. 8.—Lituites giganteus. 9.—Orthis testudinaria. 10.—Orthis rustica.

11.—Pentamerus Knightii. 12.—Productus Antiquains. 13.—Halicites labyrinthica.

Lith. Ve Migne.

PLANCHE II.

TERRAIN DÉVONIEN.

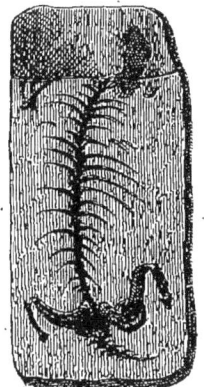
14._Telerpeton Elginense.

15._Pterycthis Cornutus.

16._Asaphus Caudatus.

17._Clymenia Sedgwicki.

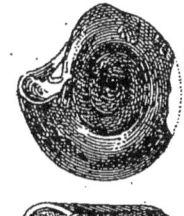
18._Clymenia Linearis.

19._Spirigerina Reticularis.

20._Terebratula Porrecta.

21._Calceola Sandalina.

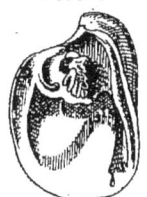
22._Megalodon Cucullatus.

FAUNE DU TERRAIN HOUILLER.

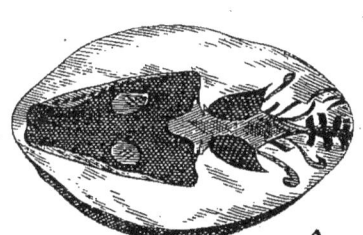
23._Archegosaurus Minor.

24._Machoire Inférieure d'Holoptic us Hibberti.

25. Coprolites.

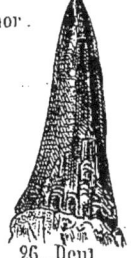
26._Dent de Megalicthys Hibberti.

27._Dent de Castration.

28._Dent d'Hybodon.

29._Dent de Vrai Squale.

PLANCHE III

FAUNE DU TERRAIN HOUILLER (Suite).

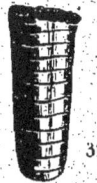

30._Orthoceras Lateralis.   31._Goniates Evolutus.   32._Evomphalus Pentagulatus.    33._Bellerophon Costatus.

34._Spirifer Glaber.   35._Spirifer Trigoralis.   36._Productus Martini.

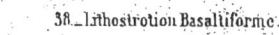

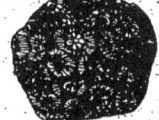

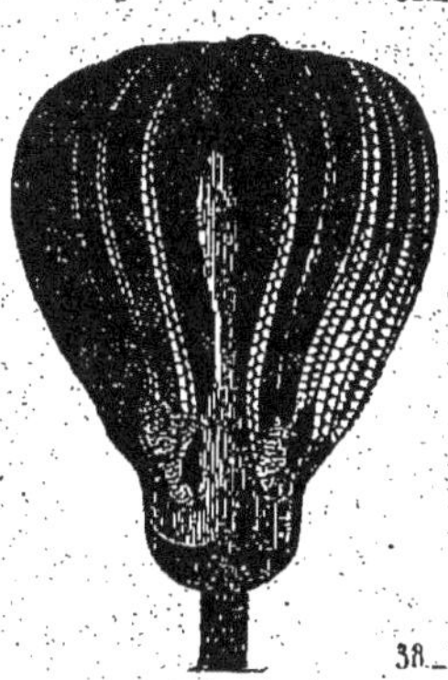

40._Amplexus Coralloides.
39._Cyatophyllum Cæspitosum.
38._Lithostrotion Basaltiforme.
37._Platycrinus Triacondactylus.
41._Lonsdaleia floriformis.

FLORE DU TERRAIN HOUILLER.

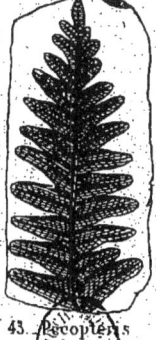

42._Odontopteris Schlotheimii.   43._Pecopteris Aquilina.   44._Sphenopteris Hœninghausi.   45._Nevropteris Loshii.

PLANCHE IV.

FLORE DU TERRAIN HOUILLER (Suite).

46. Tronc de lepidodendron.

47. Lepidodendron crenatum.

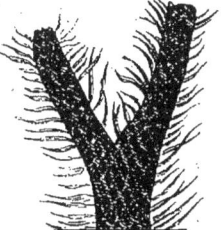
48. Lepidodendron élégans.

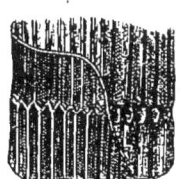
49. Calamites suckovii.

50. Calamites Cannæformis.

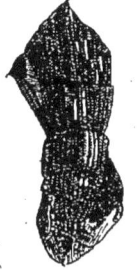
51. Extrémité de la racine d'une Calamite.

52. Sigillaria Pachyderma.

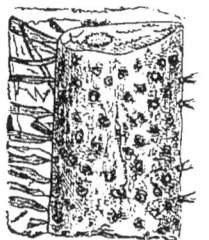
53. Stigmaria Ficoides.

54. Sigillaria lœvigata.

55. Stigmaria. Racine de Sigillaria.

56. Walchia hypnoides.

57. Walchia Schlotheimii.

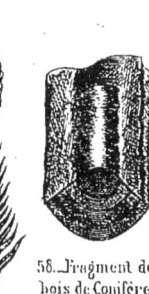
58. Fragment de bois de Conifère.

59. Trigonocarpum Ovatum.

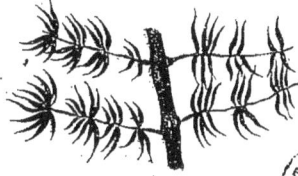
60. Asterophyllites foliata.

61. Annularia brevifolia.

62. Sphenophyllum dentatum.

Lith. Vve Magné.

PLANCHE V.

TERRAIN PERMIEN.

63.—Spirifer undulatus.

64.—Productus aculeatus.

65.—Productus Calvus.

66.—Productus horribus.

67. Nœggerathia expansa.

Deuxième Epoque du Monde organisé.

TERRAIN DU TRIAS.

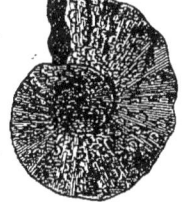
68.—Ceratites nodosus.

69.—Ammonites nodosus.

70.—Helcion lineata.
71.—Avicula socialis.
72.—Possidonia minuta.
73.—Myophoria lineata.

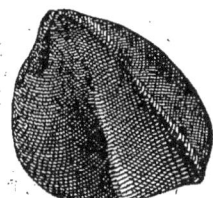
74.—Trigonia vulgaris.

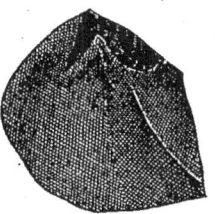
75.—Encrinus moliniformis.

76.—Stellispongia variabilis.

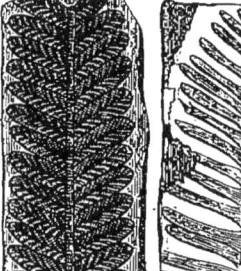
77.—Nevropteris elegans.

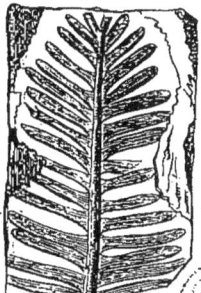
78.—Pterophyllum Pleiningeri.

79.—Voltzia heterophylla.

Lith. V{ͤ} Migné.

PLANCHE VI.

TROISIÈME ÉPOQUE DU MONDE ORGANISÉ.

TERRAIN DU LIAS.

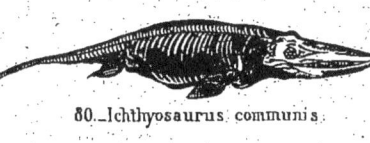

80.—Ichthyosaurus communis.

81.—Tête de l'Ichthyosaurus platyodon.

82.—Plesiosaurus dolichoderus.

83.—Pterodactylus longirostris.

84.—Coprolite de Lyme-Regis contenant des os d'Ichtyosaure.

85.—Coprolite de Lyme-Regis présentant l'empreinte des replis du canal intestinal.

86.—Tetragonolepis restauré.

87.—Dent de l'Acrobus nobilis.

88.—Portion de Nageoire de l'Hybodus.

89. Ammonites Bucklandi.

90. Ammonites margaritatus.

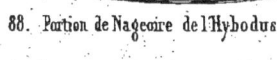

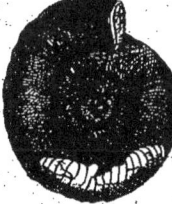

91.—Ammonites nodotianus.

92.—Ammonites Walcoti.

93.—Ammonites Catena.

94. Nautilus truncatus.

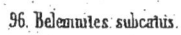

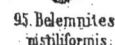

96. Belemnites subcatus.

97.—Poche d'encre de Sèche.

95. Belemnites pistiliformis.

Lith. V⁵ Mignè.

PLANCHE VII

TERRAIN DU LIAS (Suite).

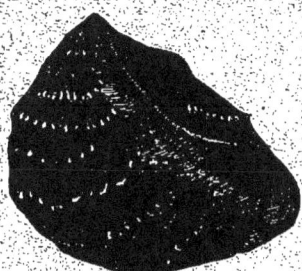
98.—Trigonia Clavellata.

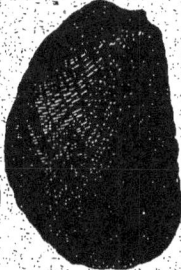
99.—Plagiostoma giganteum.

100.—Plicatula Spinosa.

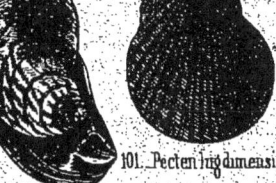
101.—Pecten lugdunensis.

102.—Gryphœa arcuata.

103.—Avicula inæquivalvis.

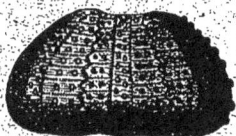
104.—Spirifer Walcoti.

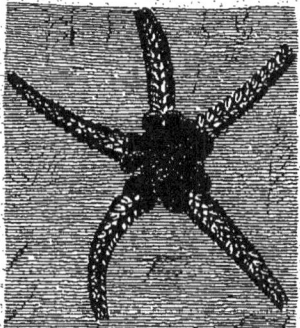
107.—Palœocoma Fustembergii.

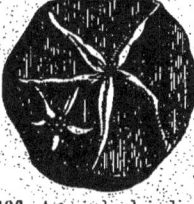
105.—Diadema Seriale.

106.—Asteria lumbricalis.

ÉTAGE INFÉRIEUR DE L'OOLITE.

108.—Thylacotherium Prevosti.

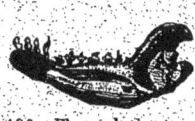
109.—Phascolotherium.

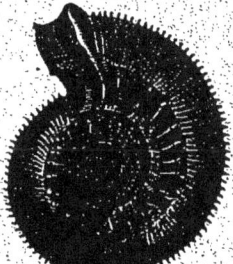
110.—Ammonites Humphrysianus.

111.—Ammonites Striatulus.

112.—Ammonites bullatus.

113.—Ammonites Brongniartii.

Lith. Ve Migne.

PLANCHE VIII

ÉTAGE INFÉRIEUR DE L'OOLITE (Suite).

114._Pleurotomaria conoidea.

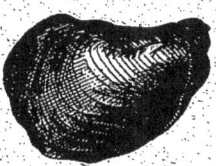
115._Ostrea acuminata.

116._Gryphœa cymbium.

117._Terebratula digona.

118._Terebratula globata.

119._Terebratula spinosa.

120._Entalophora cellarioides.

121._Bidiastopora cervicornis.

122._Eschara Ranvilliana.

123._Apiocrinus elegans.

124._Apiocrinus rotundus.

125._Articulations d'encrine.

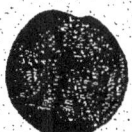
Dessous.
126._Hyboclypus Gibberulus.

Profil.

127._Montlivaltia Caryophyllata.

128._Anabacia Orbulites.

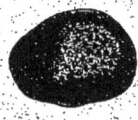
129._Cryptocœmia cciformis.

Lith. Vᵉ Migne.

PLANCHE IX.

FLORE DE L'ÉTAGE INFÉRIEUR DE L'OOLITE.

130.— Pachypteris lanceolata.

131.— Pecopteris Desnoyersi.

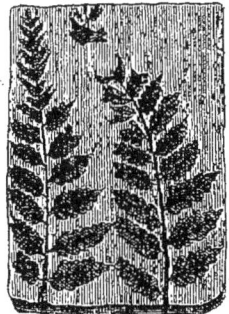

132.— Coniopteris Murrayana.

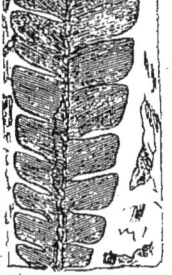

133.— Pterophyllum Williamsonis.

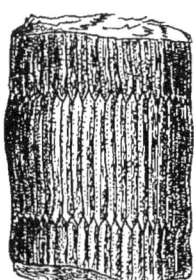

134.— Equisetum columnare.

135.— Brachyphyllum.

ÉTAGE MOYEN DE L'OOLITE.

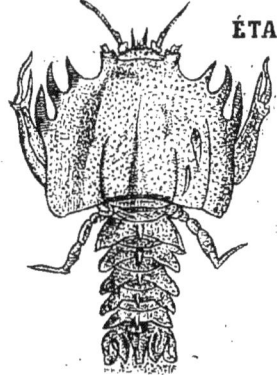

136.— Eryon arctiformis.

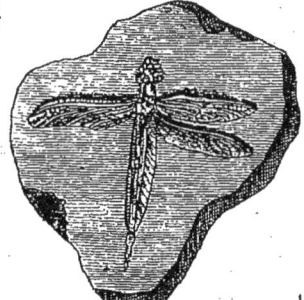

137.— Libellula.

138.— Ammonites Jason.

139.— Belemnites Hastatus.

140.— Nerinea Mosœ.

141.— Nerinea Godhalli.

142.— Ostrea Marshi. 143.— Astarte elegans.

Lith. V⁶ Migné.

PLANCHE X.

ÉTAGE MOYEN DE L'OOLITE (Suite).

145_Gryphœa dilatata.   146_Moule de Diceras arietina.   144_Astarte minima.   Terebratula Thurmanni.

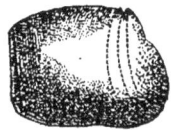
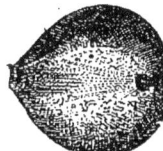

148_Terebratula impressa.   149_Ananchites bicordatus.   150_Cidaris Coronatu.

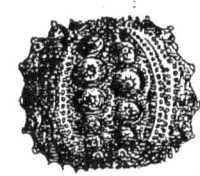

151_Hemicadaris crenularis.   152_Cidaris glandiferus.   154_Calice de Millericrinus nodotianus.

153_Apiocrinus Roissyanus.

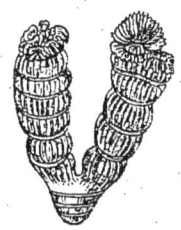

155_Calice de Comatula Costata.   156_Phylogyra magnifica.   157_Thecosmilia annularis.

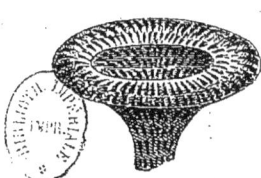

158_Dendrarœa ramosa.   159_Thamnastrœa.   160_Cribrospongia reticulata.

Lith. Ve Magné.

PLANCHE XII.

ÉTAGE INFÉRIEUR DE LA CRAIE (Suite).

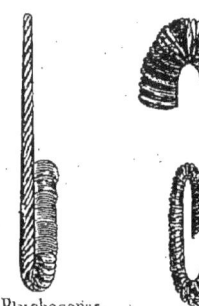

177._Ptychoceras. 178._Hamites. 179._Scaphites æqualis. 180._Fusus neocomiensis.

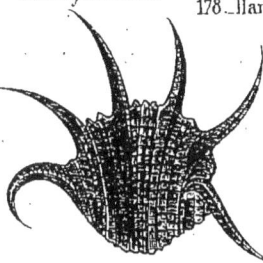

181._Plecocera oceani. 182._Cardium peregrinum. 183._Trigonia alæformis.

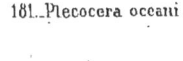
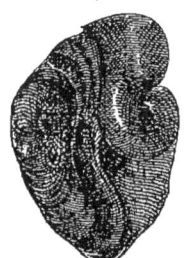
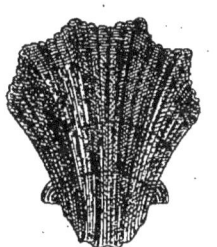

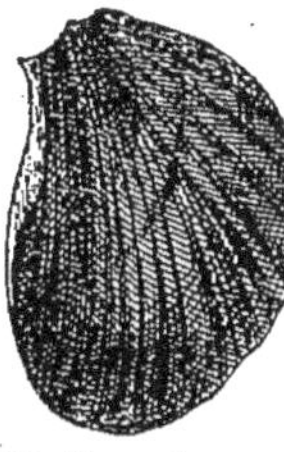

184._Lima elegans. 185._Chama ammonia. 186._Janira atava.

187._Exogyra Supplicata. 188._Ostrea Couloni. 189._Rhynchonella Sulcata. 190._Unio Valdensis.

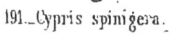

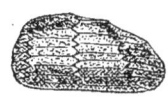

191._Cypris spinigera.  192._Cypris Valdensis. 193._Spatangus retusus.

Lith. Vve Migné.

PLANCHE XIII.

ÉTAGE MOYEN DE LA CRAIE: GRÈS VERT.

194._Turrulites Catenatus.

195._Pterodonta inflata.

196._Avellana Cassis.

197._Solarium ornatum.

198._Nucula pectinata.

199._Plicatula placunea.

200._Inoceramus sulcatus.

201._Inoceramus concentricus.

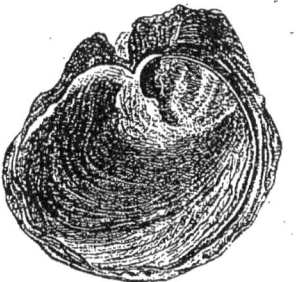
202._Exogyra sinuata.

203._Ostrea aquila.

204._Ostrea Columba.

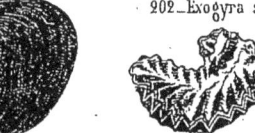
205._Exogyra Carinata.

206._Terebratella astieriana.

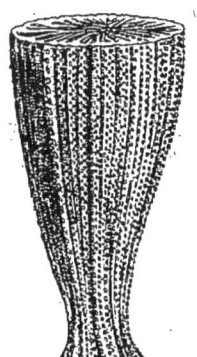
207._Cyathina Bowerbankii.

208._Chrysalidina gradata.

209._Cuneolina pavonia.

210._Siphonia pyriformis.

Lith. Vve Migné.

PLANCHE XIV

ÉTAGE SUPÉRIEUR DE LA CRAIE.

211._Tête de Mosasaure de Maestricht.

212._Ammonites varians.

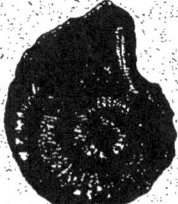
213._Ammonites monile.

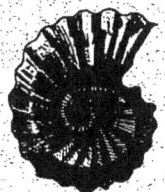
214._Ammonites rhotomagensis.

215._Baculites.

216._Turrilites costatus.

217._Bélemnites mucronatus.

218._Voluta elongata.

219._Phorus canaliculatus.

220._Pleurotomaria santonensis.

221._Nerinea bisulcata.

222._Pholadomya æquivalvis.

223._Trigonia scabra.

224._Spondylus spinosus.

225._Ostrea vesicularis.

226._Catillus cuvieri.

Lith. V.⁺ Migne.

PLANCHE XV.

ÉTAGE SUPÉRIEUR DE LA CRAIE (Suite).

227_Crania ignabergensis.

228_Terebratula Defranci. 229_Terebratula octoplicata.

230._ Spherulites ventricosa.

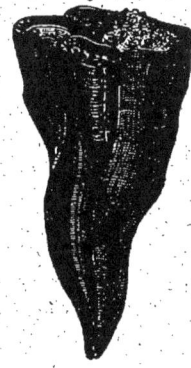
231_Hippurites Toucasianus.

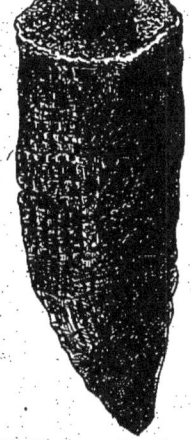
232_Hippurites bioculata.

233._Hippurites organisans.

234_ Caprina Aiguilonni.

235_Spatangus cor anguinum.

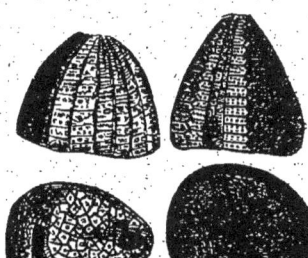
236_Ananchites ovatus. 237_Galerites albogalerus.

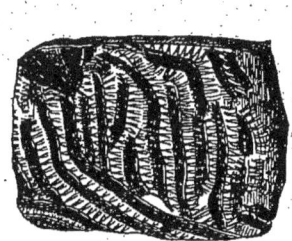
238_Meandrina pyrenaica.

239_Lituola.

240_Flabellina. 241_Camerospongia fungiformis.

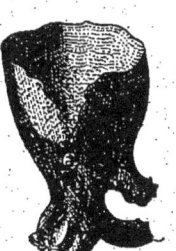
242_Cosnipora cupulliformis.

Lith.V? Migné.

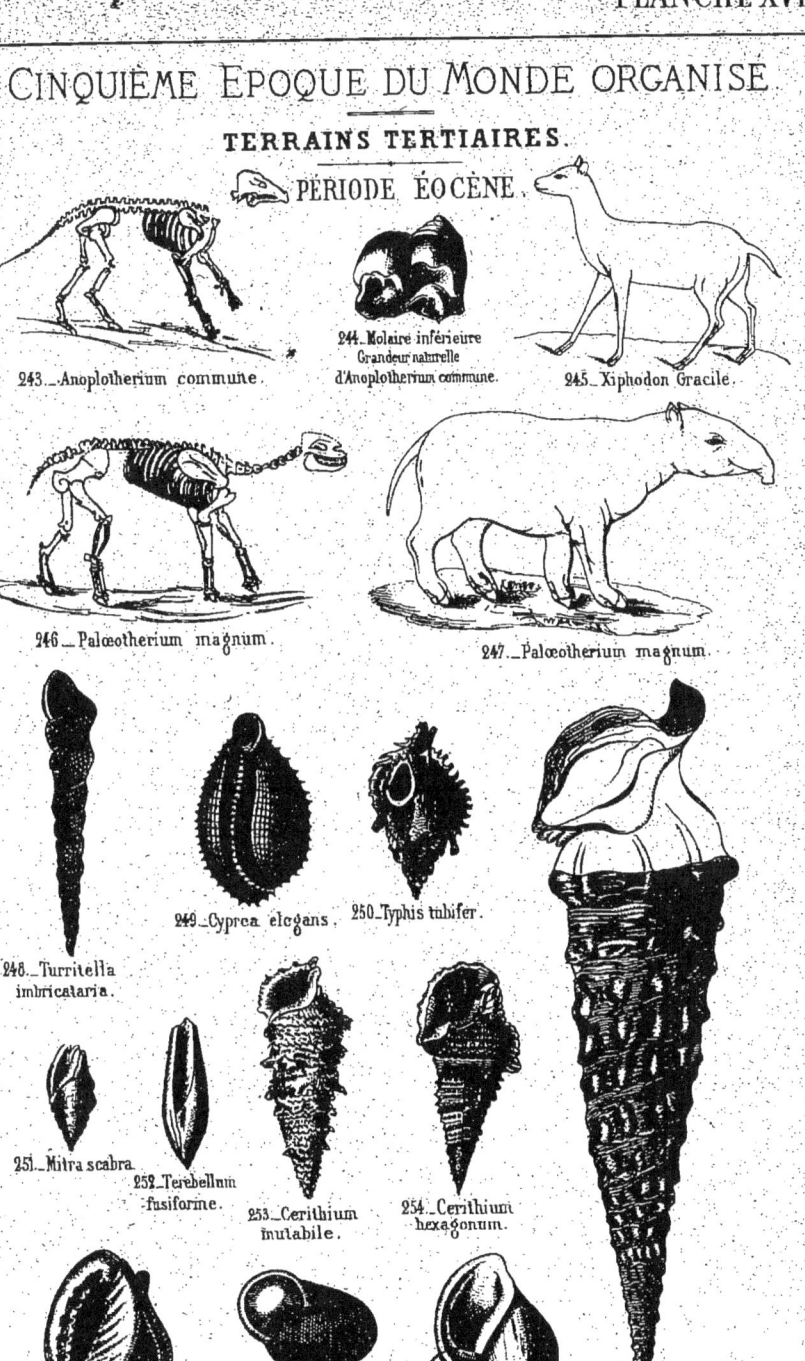

PLANCHE XVII

PÉRIODE ÉOCÈNE (Suite)

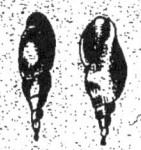
259. Lymnea longiscata.

260. Lymnea pyramidalis.

261. Phyra Columnaris.

262. Cyclostoma Arnouldi.

263. Paludina lenta.

264. Planorbis evomphalus.

265. Crassatella Sulcata.

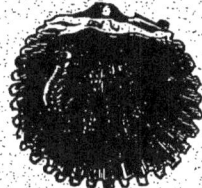
266. Cardium Porulosum.

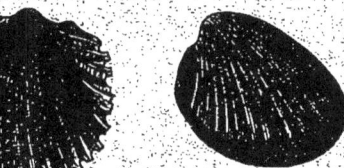
267. Cardita planicosta.

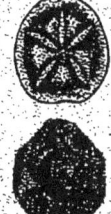
268. Laganum reflexum.

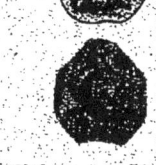
269. Nummulites.

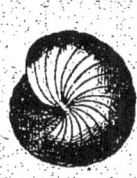
272. Nummulites planulata.

273. Graine de Chara très grossie.

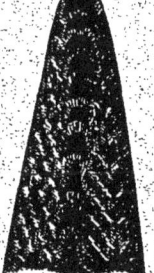
270. Nummulites (Coupe Verticale) grossie.

271. Spirolina.

Lith. Vᵉ Migné

PLANCHE XIX

PÉRIODE PLIOCÈNE.

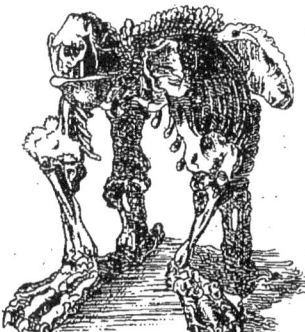

291. — Mégathérium.

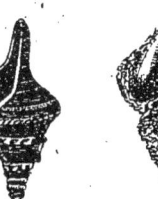

292. — Pleurotoma rotata.

293. — Murex alveolatus.

294. — Buccinum prismaticum.

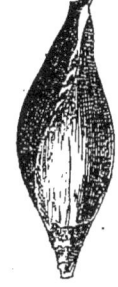

295. — Voluta lamberti.

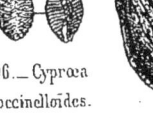

296. — Cypræa coccinelloides.

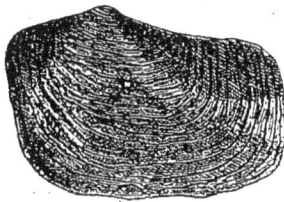

297. — Panopæa aldrovandi.

298. — Astarte Basteroti.

TERRAIN QUATERNAIRE.

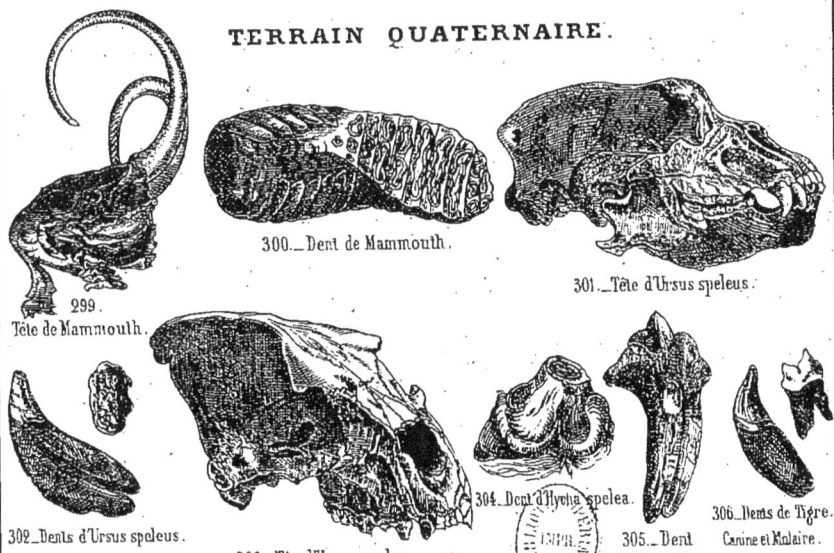

299. Tête de Mammouth.
300. — Dent de Mammouth.
301. — Tête d'Ursus speleus.
302. — Dents d'Ursus speleus.
303. — Tête d'Hyena spelea.
304. — Dent d'Hyena spelea.
305. — Dent de Félis spelea.
306. — Dents de Tigre. Canine et Molaire.

Lith. V.te Migné.

PLANCHE XX.

TERRAIN QUATERNAIRE (Suite).

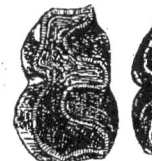

307._Dent de Rhinocéros.   308._Dent d'Hippopotame.   309._Dent de Cochon.   310._Dent de Cheval.   311._Dent de Tapir.

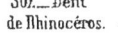

310._Dent de Cheval.

312._Mâchoire de Renne.   313._Dents de Daim.   315._Mâchoire de Rat (Arvicola).

314._Dent de Bos Ferus.

ARMES & INSTRUMENTS DE L'ÂGE DE PIERRE.

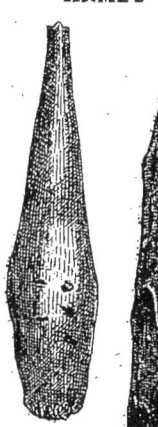
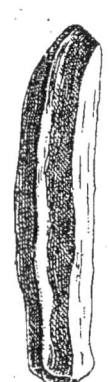

319._Glaive en Silex.

320._Scie en Silex.

316._Flèche en Bois de Renne.

318._Couteau en Silex.

317._Couteau en Silex.

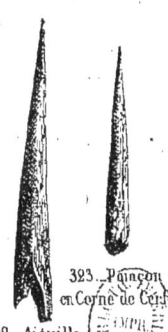
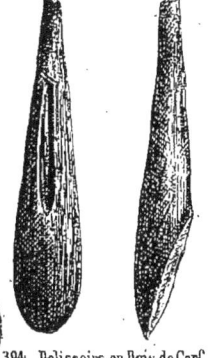

321._Hache en Silex.   322._Aiguille en Corne de Renne.   323._Poinçon en Corne de Cerf.   324._Polissoirs en Bois de Cerf.

Lith. Vᵉ Migné.

LISTE DES FOSSILES

CITÉS DANS LE COURS DE GÉOLOGIE AGRICOLE.

PREMIÈRE ÉPOQUE DU MONDE ORGANISÉ.

PLANCHE I.

TERRAIN SILURIEN (pages : 112, 113, 114).

			FIGURES.
CRUSTACÉS.	Trilobites.	Asaphus guettardi	1
		Paradoxides spinulosus	2
		Trinucleus pongerardi	3
		Asaphus caudatus	4
		Asaphus buchii	5
ANNÉLIDES.	Nereites.	Nereites cumbriensis	6
MOLLUSQUES :			
Céphalopodes.	Orthocératites.	Orthoceras conica	7
	Lituites.	Lituites giganteus	8
Brachiopodes.	Orthis.	Orthis testudinaria	9
	—	Orthis rustica	10
	Pentamères.	Pentamerus knightii	11
	Productus.	Productus antiquatus	12
ZOOPHITES.	Halicites.	Halicites labyrinthica	13

PLANCHE II.

TERRAIN DÉVONIEN (pages : 115 et 117).

REPTILES.	Telerpeton.	Telerpeton elginense	13
POISSONS.	Pterychtis.	Pterychtis cornutus	15
CRUSTACÉS.	Trilobites.	Asaphus caudatus	16
MOLLUSQUES :			
Céphalopodes.	Clyménies.	Clymenia sedgwicki	17
	—	Clymenia linearis	18
Brachiopodes.		Spirigerina reticularis	19
	Terebratules.	Terebratula porrecta	20
	Calcéoles.	Calceola sandalina	21
ACÉPHALES.	Megalodon.	Megalodon cucullatus	22

Faune du Terrain houiller (pages : 131 et 132).

REPTILE.	Archegosaurus.	Archegosaurus minor	23
POISSONS.	Holopticus.	Mâchoire inférieure d'holopticus hibberti	24
—	Coprolites.	Coprolites	25
—	Megalicthys.	Dent de megalicthys hibberti	26
—	Cestracion.	Dent de cestracion	27
—	Hybodon.	Dent d'hybodon	28
—	Squale.	Dent de vrai squale	29

LISTE DES FOSSILES.
PLANCHE III.
Faune du Terrain houiller (suite) (*pages :* 132 et 133).

			FIGURES.
MOLLUSQUES :			
Céphalopodes.	*Orthocère*.........	Orthoceras lateralis.........	30
	Goniatite.........	Goniatites evolutus	31
Gastéropodes.	*Evomphale*........	Evomphalus pentagulatus...	32
	Bellerophon.......	Bellerophon costatus........	33
Brachiopodes.	*Spirifers*.........	Spirifer glaber.............	34
	—	Spirifer trigonalis..........	35
	Productus.........	Productus martini..........	36
ZOOPHYTES.	*Crinoïde*.........	Platacrinus triacondactylus..	37
	Polypiers.........	Lithostrotion basaltiforme..	38
	—	Cyatophyllum cœspitosum..	39
	—	Amplexus coralloïdes.......	40
	—	Lonsdaleia floriformis......	41

Flore du Terrain houiller (*pages :* 127 et 128).

FOUGÈRES.	*Odontopteris*......	Odondopteris schlotheimii..	42
	Pecopteris........	Pecopteris aquilina.........	43
	Sphenopteris......	Sphenopteris kœninghausi...	44
	Nevropteris.......	Nevropteris loshii...........	45

PLANCHE IV.
Flore du Terrain houiller (suite) (*pages :* 128, 129, 130.

LYCOPODIACÉES.	*Lepidodendron*.....	Tronc de lepidodendron.....	46
	—	Lepidodendron crenatum....	47
	—	Lepidodendron elegans......	48
CALAMITES.	*Calamites*.........	Calamites suckovii.........	49
	—	Calamites cannæformis......	50
	—	Extrémité de la racine d'une calamite................	51
SIGILLARIÉES.	*Sigillaria et leur extrémité inférieure.*	Sigillaria pachyderma......	52
	—	Stigmaria ficoïdes..........	53
	—	Sigillaria lævigata..........	54
	—	Stigmaria, racine de sigillaria	55
CONIFÈRES.	*Conifères et leurs fruits*.............	Walchia hypnoïdes.........	56
	—	Walchia schlotheimii........	57
	—	Fragment de bois de conifères.	58
	—	Trigonocarpum ovatum.....	59
ASTÉROPHYLLITES.	—	Astérophyllite foliata.......	60
	—	Annularia brevifolia........	61
	—	Sphenophyllum dentatum...	62

LISTE DES FOSSILES.   III

PLANCHE V.

TERRAIN PERMIEN (page : 141).

FIGURES.

MOLLUSQUES :
  Brachiopodes.   *Spirifer*............ Spirifer undulatus.......... 63
                 Productus.......... Productus aculeatus........ 64
                 —   Productus calvus........... 65
                 —   Productus horridus......... 66

FLORE :
  Nœggerathiées.   *Entre conifères et*
                   cycadées.......... Nœggerathia expansa...... 67

DEUXIÈME ÉPOQUE DU MONDE ORGANISÉ.

TERRAIN DU TRIAS (pages: 144, 145, 146).

MOLLUSQUES :
  Céphalopodes.   *Ceratites*........... Ceratites nodosus........... 68
                  Ammonites......... Ammonites nodosus........ 69
  Gastéropodes.   *Helcion*............. Helcion lineata............. 70
  Acéphales.   *Avicule*............ Avicula socialis............ 71
                  Possidonie......... Possidonia minuta.......... 72
                  Myophore.......... Myophoria lineata.......... 73
                  Trigonie........... Trigonia vulgaris........... 74

ZOOPHYTES :
  Echinodermes.   *Encrine*............ Encrinus moniliformis...... 75
                  Amorphozoaires.... Stellispongia variabilis...... 76

FLORE :
  Fougère.   *Nevropteris*........ Nevropteris elegans......... 77
  Cycadées.   *Pterophyllum*....... Pterophyllum pleiningerii... 78
  Conifères.   *Voltzia*............ Voltzia heterophylla........ 79

PLANCHE VI.

TROISIÈME ÉPOQUE DU MONDE ORGANISÉ.

TERRAIN DU LIAS (pages : 153, 155, 156).

REPTILES.   *Ichthyosaure*....... Ichthyosaurus communis.... 80
                   —   Tête de l'ichthyosaurus pla-
                                       tyodon................. 81
                   Plésiosaure......... Plesiosaurus dolichoderus... 82
                   Pterodactyle........ Pterodactylus longirostris... 83
                   Coprolite........... Contenant des os d'ichthyo-
                                       saure.................... 84

LISTE DES FOSSILES.

Terrain du Lias (suite).

FIGURES.

REPTILES.	*Coprolite*.........	Présentant l'empreinte des replis du canal intestinal..	85
	—	Du canal intestinal.........	85
POISSONS.	*Tetragonolepis*.....	Restauré................	86
	—	Dent de l'acrodus nobilis....	87
	—	Portion de nageoire de l'hybodus................	88
MOLLUSQUES :			
Céphalopodes.	*Ammonites*........	Ammonites Bucklandi......	89
	—	Ammonites margaritatus....	90
	—	Ammonites nodotianus.....	91
	—	Ammonites Walcoti........	92
	—	Ammonites catæna.........	93
	Nautile...........	Nautilus truncatus.........	94
	Belemnites........	Belemnites pistiliformis.....	95
	—	Belemnites sulcatus........	96
	—	Poche d'encre de seiche.....	97

PLANCHE VII.

Terrain du Lias (suite) (*pages :* 156 et 157).

MOLLUSQUES :			
Acéphales.	*Trigonie*..........	Trigonia Clavellata........	98
	Plagiostome.......	Plagiostoma giganteum.....	99
	Plicatule..........	Plicatula spinosa..........	100
	Pecten............	Pecten lugdunensis........	101
	Gryphée..........	Gryphea arcuata..........	102
	Avicule...........	Avicula inæquivalvis.......	103
Brachiopodes.	*Spirifer*...........	Spirifer Walcoti...........	104
ZOOPHYTES :			
Echinodermes.	*Oursin*............	Diadema seriale............	105
	Asterie...........	Asteria lumbricalis.........	106
	—	Palœocoma Fustembergii....	107

Étage inférieur de l'Oolite (*pages :* 160 et 161).

MAMMIFÈRES.	*Marsupiaux*.......	Thylacotherium Prevosti....	108
	—	Phascolotherium............	109
MOLLUSQUES.	*Ammonites*........	Ammonites Humphrysianus..	110
	—	Ammonites striatulus.......	111
	—	Ammonites bullatus........	112
	—	Ammonites Brongnartii.....	113

LISTE DES FOSSILES

PLANCHE VIII.

Étage inférieur de l'Oolite (suite) (*pages :* 160, 162, 163).

FIGURES

MOLLUSQUES :
Gastéropode.	*Pleurotomaire*......	Pleurotomaria conoïdea.....	114
Acéphales.	*Ostrea*............	Ostrea acuminata..........	115
	Gryphée..........	Gryphéa cymbium.........	116
Brachiopodes.	*Terebratules*......	Terebratula digona........	117
	—	Terebratula globata.......	118
	—	Terebratula spinosa.......	119
BRYOZOAIRES.	—	Entalophora cellarioides.....	120
	—	Bidiastopora cervicornis.....	121
	—	Eschara ranvilliana.........	122

ZOOPHYTES :
Echinodermes.	*Encrinites*........	Apiocrinus elegans.........	123
	—	Apiocrinus rotundus........	124
	—	Articulations d'encrine......	125
	Oursins...........	Hyboclypus gibberulus......	126
	Polipiers.........	Montlivaltia caryophyllata...	127
	—	Anabacia orbulites.........	128
	—	Cryptocœmia bacciformis...	129

PLANCHE IX.

Flore de l'étage inférieure de l'Oolite (*page :* 163).

FOUGÈRES.	*Pachypteris*.......	Pachypteris lanceolata......	130
	Pecopteris........	Pecopteris Desnoyersi......	131
	Coniopteris.......	Coniopteris Murrayana.....	132
CYCADÉES.	*Pterophyllum*......	Pterophyllum williamsonis..	133
ÉQUISÉTACÉES.	—	Equisetum columnare......	134
CONIFÈRES.	*Voisin des arthrotanis de la terre du Diémen*..........	Brachyphyllum............	135

Étage moyen de l'Oolite (*pages :* 166 et 167).

CRUSTACÉS.	—	Eryon arctiformis..........	136
INSECTES.	—	Libellula.................	137
MOLLUSQUES :			
Céphalopodes.	*Ammonites*........	Ammonites Jason..........	138
	Belemnites........	Belemnites hastatus........	139
Gastéropodes.	*Nérinées*..........	Nerinea mosæ............	140
		Nerinea Godhallii..........	141
Acéphales.	*Ostrea*............	Ostrea Marshii............	142
	Astarte...........	Astarte elegans............	143

LISTE DES FOSSILES.

PLANCHE X.

Étage moyen de l'oolite (suite) (*pages:* 167 et 168).

FIGURES.

MOLLUSQUES :
Acéphales. — *Astarte*............ Astarte minima............ 144
Gryphæa........... Gryphæa dilatata........... 145
Diceras............ Moule de diceras arietina.... 146
Brachiopodes. *Térébratules*....... Terebratula Thurmanni..... 147
— Terebratula impressa....... 148
ZOOPHYTES. *Oursins*............ Ananchites bicordatus...... 149
— Cidaris coronata........... 150
— Hemicidaris crenularis....: 151
— Cidaris glandiferus......... 152
Crinoïdes.......... Apiocrynus royssianus...... 153
— Calice de Millericrinus nodotianus................... 154
— Calice de comatula costata... 155
Polypiers.......... Phytogyra magnifica........ 156
— Thecosmilia annularis...... 157
— Dendraræa ramosa......... 158
— Thamnastrœa.............. 159
Amorphozoaire..... Cribrospongia reticulata.... 160

PLANCHE XI.

Étage oolitique supérieur (*pages:* 173 et 174).

MAMMIFÈRES. *Famille des kanguroos (marsupiaux)*. Plagiaulax Becklesii........ 161
— Plagiaulax minor.......... 162
MOLLUSQUES :
Acéphales. *Trigonie*........... Trigonia gibbosa........... 163
Pholadomye........ Pholadomya acuticosta...... 164
Mya............... Mya rugosa................ 165
Ostrea............ Ostrea deltoïda............ 166
Exogyre........... Exogyra virgula............ 167
Térébratule........ Terebratula sella........... 168
CRUSTACÉS d'eau
douce. *Cypris*............. Cypris gibbosa............. 169
— Cypris granulata........... 170
FLORE. *Cycadées*.......... Mantellia nidiformis........ 171
— Zamia feneonis............ 172

LISTE DES FOSSILES. VII

QUATRIÈME ÉPOQUE DU MONDE ORGANISÉ.

TERRAIN CRÉTACÉ.

Étage inférieur : Dépôts Wealdiens et Néocomiens

(*pages*: 177, 178, 179).

			FIGURES.
REPTILES.	—	Mâchoire de Megalausaure..	173
	—	Dent de l'Iguanodon........	174
MOLLUSQUES:			
Céphalopodes.	*Crioceras*..........	Crioceras Duvalii...........	175
	Ancyloceras........	Ancyloceras................	176

PLANCHE XII.

Étage inférieur de la Craie (suite) (*pages*: 180 et 181).

MOLLUSQUES:			
Céphalopodes.	*Ptychoceras*........	Ptychoceras................	177
	Hamites............	Hamites...................	178
	Scaphites..........	Scaphites æqualis..........	179
Gastéropodes.	*Fusus*..............	Fusus neocomiensis........	180
	Ptecoceras.........	Ptecocera oceani...........	181
Acéphales.	*Cardia*.............	Cardium peregrinum.......	182
	Trigonie...........	Trigonia alæformis.........	183
	Lima...............	Lima elegans..............	184
	Chama.............	Chama ammonia...........	185
	Janira.............	Janira atava...............	186
	Exogyre............	Exogyra supplicata.........	187
	Ostrea.............	Ostrea Couloni............	188
Brachiopodes.	*Rhynconella*........	Rhynconella sulcata........	189
CRUSTACÉS d'eau douce.	*Cypris*.............	Cypris spinigera...........	190
	—	Cypris Valdensis...........	191
ACÉPHALE d'eau douce.	*Unio*...............	Unio......................	192
ZOOPHYTES:			
Echinoïdes.	*Oursins*............	Spantagus retusus..........	193

PLANCHE XIII.

Étage moyen de la Craie: Grès vert (*pages*: 182, 183, 184).

MOLLUSQUES:			
Céphalopodes.	*Turrulites*..........	Turrulites catenatus........	194
Gastéropodes.	*Pterodonta*.........	Pterodonta inflata..........	195
	Avellana...........	Avellana cassis............	196
	Solarium...........	Solarium ornatum..........	197

VIII LISTE DES FOSSILES.

Étage moyen de la Craie : Grès vert (suite).

FIGURES.

MOLLUSQUES :
Acéphales.	Nucula............	Nucula pectinata............	198
	Plicatule..........	Plicatula placunea........	199
	Inoceramus........	Inoceramus sulcatus........	200
	—	Inoceramus concentricus.....	201
	Exogyres..........	Exogyra sinuata............	202
	—	Exogyra carinata............	203
	Ostrea............	Ostrea aquila..............	204
	—	Ostrea columba............	205
Brachiopodes.	Térébratelle........	Terebratella astieriana......	206

ZOOPHYTES :
Polypiers.	Cyathina..........	Cyathina bowerbankii......	207
Forammifères.	Chrysalidina.......	Chrysalidina gradata.......	208
	Cuneola...........	Cuneolina pavonia.........	209
Amorphozoaires.	Siphonia...........	Siphonia pyriformis........	210

PLANCHE XIV.

Étage supérieur de la Craie (pages: 186 et 187).

REPTILES.	—	Tête de mosasaure de Maëstricht...................	211
MOLLUSQUES :			
Céphalopodes.	Ammonites........	Ammonites varians.........	212
	—	Ammonites monile.........	213
	—	Ammonites rhotomagensis..	214
	Baculites..........	Baculites.................	215
	Turrulites.........	Turrulites costatus.........	216
	Bélemnite..........	Belemnites mucronatus.....	217
Gastéropodes.	Volute.............	Voluta elongata............	218
	Phorus............	Phorus canaliculatus........	219
	Pleurotomaire......	Pleurotomaria santonensis..	220
	Nérinée...........	Nerinea bisulcata..........	221
Acéphales.	Pholadomye.......	Pholadomya æquivalvis.....	222
	Trigonie...........	Trigonia scabra............	223
	Spondyle..........	Spondylus spinosus.........	224
	Ostrea............	Ostrea vesicularis..........	225
	Catillus...........	Catillus cuvieri............	226

PLANCHE XV.

Étage supérieur de la Craie (suite) (pages: 187 et 188).

Brachiopodes.	Crania............	Crania ignabergensis.......	227
	Térébratules.......	Terebratula Defranci.......	228
	—	Terebratula octoplicata.....	229

LISTE DES FOSSILES.

Étage supérieur de la Craie (suite).

FIGURES.

MOLLUSQUES :
- Brachiopodes. *Rudistes* .... Spherulites ventricosa 230
  - — Hippurites toucasianus 231
  - — Hippurites bioculata 232
  - — Hippurites organisans 233
  - — Caprina aiguilonni 234

ZOOPHYTES :
- Échinodermes. *Oursins* .... Spatangus cor anguinum 235
  - — Ananchites ovatus 236
  - — Galerites albogalerus 237
- Polypiers. *Meandrina* .... Meandrina pyrenaïca 238
- Foraminifères. Lituola 239
  - Flabellina 240
- Amorphozoaires. Camerospongia fungiformis.. 241
  - Cosnipora cupulliformis 242

PLANCHE XVI.

CINQUIÈME ÉPOQUE DU MONDE ORGANISÉ.

TERRAIN TERTIAIRE.

Période Éocène (*pages :* 199, 200, 202, 203, 206).

MAMMIFÈRES. *Anoplotérium* .... Anoploterium commune 243
- — Molaire inférieure d'anoplotérium commune 244
- *Xiphodon* .... Xiphodon gracile. — Contour restauré 245
- *Palæothérium* ...... Palæotherium magnum 246
- — Contour restauré du palæotherium magnum 247

MOLLUSQUES :
- Gastéropodes. *Turritelle* .... Turritella imbricataria 248
  - *Cyprea* .... Cyprea elegans 249
  - *Tiphis* .... Typhis tubifer 250
  - *Mitra* .... Mitra scabra 251
  - *Terebellum* .... Terebellum fusiforme 252
  - *Cerithium* .... Cerithium mutabile 253
  - — Cerithium hexagonum 254
  - — Cerithium giganteum 255
  - *Cassis* .... Cassis cancellata 256
  - *Helix* .... Helix Hemispherica 257
  - *Ampullaria* .... Ampullaria acuta 258

LISTE DES FOSSILES.

PLANCHE XVII.

Période Éocène (suite) *(pages : 199, 200, 203, 206).*

FIGURES.

MOLLUSQUES :
Gastéropodes.	*Lymnées*............	Lymnea longiscata.........	259
	—	Lymnea pyramidalis........	260
	Physa............	Physa columnaris..........	261
	Cyclostomes........	Cyclostoma Arnouldi........	262
	Paludides..........	Paludina lenta............	263
	Planorbis..........	Planorbis evomphalus......	264
Acéphales.	*Crassatella*.........	Crassatella sulcata.........	265
	Cardium...........	Cardium porulosum........	266
	Cardita............	Cardita planiscota.........	267

ZOOPHYTES :
Echinoderme.	*Laganum*..........	Laganum reflexum.........	268
Foraminifères.		Nummulites...............	269
		Coupe verticale de nummulites....................	270
		Spirolina..................	271
		Nummulites planulata......	272
FLORE.		Graine de chara très-grossie.	273

PLANCHE XVIII.

Période Miocène *(pages : 210, 211, 212).*

MAMMIFÈRES.	*Mastodonte*.........	Tête de Mastodonte.........	274
	—	Dent de Mastodonte très-réd.^{te}	275
	Dinothérium........	Tête de Dinothérium........	276
	—	Défense inférieure de Dinothérium giganteum.......	277
CRUSTACÉS.	*Cancer*............	Cancer macrocheilus.......	278
	Balanus............	Balanus crassus............	279

MOLLUSQUES :
Gastéropodes.	*Rostellaria*..........	Rostellaria pespelecani.....	280
	Cérithes...........	Cerithium plicatum........	281
	Cones.............	Conus mercati.............	282
	Helix.............	Helix morognesi............	283
	Carinaria..........	Carinaria Hugardi..........	284
Acéphales.	*Ostrea*.............	Ostrea longirostris..........	285
	Pecten............	Pecten pleuronectes.........	286
ZOOPHYTES.		Meandropora...............	287
PLANTES.		Comptomia acutiloba.......	288
		Feuille d'orme.............	289
		Palmacites................	290

LISTE DES FOSSILES. XI

PLANCHE XIX.

Période Pliocène (*pages* : 227 et 228).

		FIGURES.
MAMMIFÈRES.	Mégatherium	291
MOLLUSQUES :		
Gastéropodes.	*Pleurotomère*...... Pleurotoma rotata	292
	Murex............ Murex alveolatus	293
	Buccinum......... Buccinum prismaticum	294
	Volute............ Voluta lamberti	295
	Cyprœa........... Cyprœa coccinelloïdes	296
Acéphales.	*Panopœa*.......... Panopœa aldrovandi	297
	Astarte........... Astarte Basteroti	298

TERRAIN QUATERNAIRE (*pages*: 240, 241, 242).

MAMMIFÈRES.	Tête de mammouth (Elephas primigenius)	299
	Dent de mammouth	300
	Tête d'ursus speleus	301
	Dent d'ursus speleus	302
	Tête d'hyœna spelea	303
	Dent d'hyœna spelea	304
	Mâchoire de Felix spelea	305
	Dents de tigre (Canine et molaire)	306

PLANCHE XX.

Terrain quaternaire (suite) (*pages* : 241, 242, 245).

MAMMIFÈRES.	Dent de rhinoceros	307
	Dent d'hyppopotame	308
	Dent de cochon	309
	Dent de cheval	310
	Dent de tapir	311
	Mâchoire de renne	312
	Dent de daim	313
	Dent de bos ferus	314
	Mâchoire de rat (Arvicola)	315

Armes et instruments de l'âge de pierre.

	Une flèche en bois de renne	316
	Deux couteaux en silex	317 318
	Glaive en silex	319
	Scie en silex	320
	Hache en silex	321
	Aiguille en corne de renne	322
	Poinçon en corne de cerf	323
	Polissoirs en bois de cerf	324

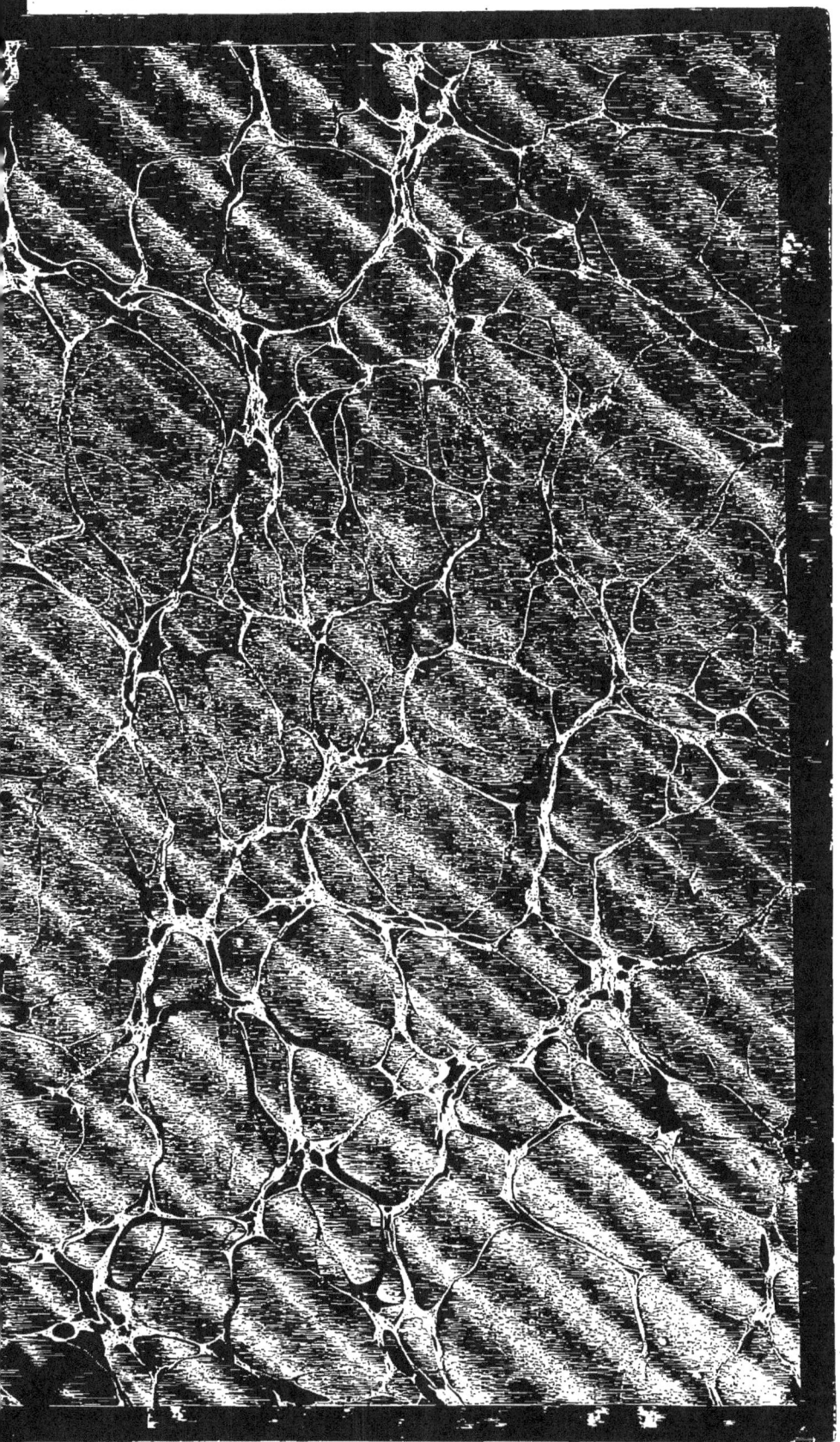